Dipl.-Ing. Albert Herhahn (†)
Prof. Dipl.-Ing. Arnulf Winkler

Elektroinstallation nach DIN VDE 0100

17., völlig überarbeitete und aktualisierte Auflage

Vogel Buchverlag

Die Deutsche Bibliothek – CIP-Einheitsaufnahme

Herhahn, Albert:
Elektroinstallation nach DIN VDE 0100 / Albert Herhahn ;
Arnulf Winkler. – 17., völlig überarb. und aktualisierte Aufl. –
Würzburg : Vogel, 1992
    (Vogel-Fachbuch : Technik : Service-Fibel)
    16. Aufl. u. d. T.: Herhahn, Albert: Sicherheitsfibel für die
    Elektroinstallation
    ISBN 3-8023-1442-5
NE: Winkler, Arnulf [Bearb.]

ISBN 3-8023-1442-5
17. Auflage. 1992
Satz: Satz-Offizin Hümmer GmbH, Waldbüttelbrunn
Druck und Bindung: Franz Spiegel Buch GmbH, Ulm-Jungingen

Vorwort

Die Sicherheitsfibel erleichtert dem Elektrofachmann Studium und Anwendung der VDE-Bestimmungen. Sie ist in seiner Umgangssprache geschrieben. Das Sicherheitslexikon im Anhang ermöglicht es, gesuchte Informationen schnell aufzufinden. Neue übersichtliche Tabellen ersparen zeitraubendes Suchen im Text. Sie geben auf einen Blick knappe und doch präzise Antwort.

Auch in zahlreichen Meisterkursen und Berufsschulen hat sich die Sicherheitsfibel als Lehrmittel bewährt, das die Behandlung der Errichtungsbestimmungen wesentlich verbessert und rationalisiert.

Wuppertal

Albert Herhahn

Vorwort zur 17. Auflage

Worin liegt das Besondere der Sicherheitsfibel bei dieser 17. Auflage? Kurz gesagt wird der reine Formalismus der Bestimmungen auf das Wesentliche reduziert. Selbst fachlich richtig entscheiden (unter Beachtung von Bestimmungen), hilft unnötigen Ballast zu entfernen – dabei unterstützt diese Sicherheitsfibel den Elektroinstallateur.

Die Zahl der tödlichen Elektrounfälle durch Stromeinwirkungen hat bis heute beständig abgenommen. Die Schäden durch Brände verzeichnen demgegenüber steigende Tendenz. Durch elektrische Anlagen entstandene Brände spielen dabei eine Rolle, deshalb wurde das Kapitel zum Brandschutz wesentlich erweitert.

Es war zunächst geplant, bei dieser 17. Auflage alle Hinweise und Vergleiche zur alten VDE 0100/6.77 außer acht zu lassen. Da aber den Elektroinstallateuren der neuen Bundesländer Schutzmaßnahmen unter den alten Begriffen bekannt sind, ferner die alten Begriffe auch noch in vielen VDE-Bestimmungen verwendet werden und für alte Anlagen gelten, hat sich der Verfasser entschlossen, die vergleichenden Tabellen und Hinweise weitgehend in der gewohnten Form beizubehalten.

Der Elektroinstallateur wird zusätzlich die Bestimmungen, auf die die Fibel viele Hinweise enthält, besonders berücksichtigen müssen. Das richtige Verständnis dieser Bestimmungstexte wird ihm hier vermittelt.

Die Fibel ist deshalb auch als Einführung bestens geeignet. Das umfangreiche Stichwortverzeichnis ermöglicht, sowohl die erläuternden Stellen in der Fibel als auch die maßgeblichen Stellen in den Normen selbst schnell zu finden.

Es wird der Stand der Normung vom April '92 wiedergegeben. Entwürfe werden nur dann hinzugezogen, wenn deren Erscheinen als endgültige Norm in Kürze zu erwarten ist oder wenn sie besondere Bedeutung haben. Es wird bewußt auf die Änderung der Schutzmaßnahmenbezeichnung, wie sie in den Normen ab November 1991 enthalten ist, verzichtet (z. B. heißt es jetzt TT-System statt früher TT-Netz).

Der Verfasser ist nach wie vor für kritische Hinweise und Anregungen dankbar.

Essen   Arnulf Winkler

Inhaltsverzeichnis

1 Was der Elektroinstallateur vor dem Lesen von VDE-Bestimmungen wissen und beachten muß

1.1 Sicherheit und Risiko

Diese Sicherheitsfibel befaßt sich mit der sogenannten äußeren Sicherheit. Damit ist für den Elektroinstallateur gemeint, daß er sichere Anlagen zu errichten hat und daß sein Handeln sicherheitsgerecht sein muß, um Schäden an anderen Personen und Sachen zu vermeiden.

Dabei ist zu bedenken, daß es nirgendwo eine völlige Sicherheit gibt. Es bleibt bei allen Tätigkeiten und innerhalb aller Anlagen ein *Risiko*, ein sogenanntes Restrisiko, bestehen. Dieses verringert sich mit höherem Aufwand, mit besserem sicherheitsgerechten Handeln. Wie groß ein *Restrisiko* sein darf, läßt sich generell nicht festlegen. Es muß von der Allgemeinheit als vertretbares Risiko anerkannt und angenommen werden. Es hat die Eigenschaft, daß es durch immer bessere elektrische Anlagen zwangsweise immer kleiner wird. Die Gemeinschaft stellt immer höhere Anforderungen an die Sicherheit elektrischer Anlagen.

Der Elektroinstallateur erfüllt seine Verpflichtung hinsichtlich dieses Restrisikos weitgehend, wenn er die in den zuständigen DIN-VDE-Bestimmungen bzw. weiteren Vorschriften, z. B. Unfallverhütungsvorschriften, festgelegten Forderungen einhält (s. a. Kapitel 2, Rechtliche Bedeutung). Damit erfüllt er jedoch nur eine *formale Sicherheit*.

Er ist darüber hinaus verpflichtet, von ihm aufgrund seiner Ausbildung erkennbare Gefahrenquellen und Gefährdungen über die Forderungen von Bestimmungstexten hinaus zu vermeiden bzw. zu beseitigen.

Die Sicherheit bzw. der Schutz vor Schäden wird in zwei Gruppen eingeteilt:

☐ Schutz vor Personenschäden,
☐ Schutz vor Sachschäden.

Einen Überblick über den Bereich möglicher Personenschäden durch elektrische Anlagen gibt Tabelle 1.4, bei den Brandschäden sind es die Tabellen 1.5 und 1.6.

1.2   DIN VDE 0100

Beruhend auf den Vorschriften der Feuerversicherer (1. Fassung 1882) erschienen 1896 die ersten VDE-Bestimmungen als *Sicherheitsvorschriften für elektrische Starkstromanlagen*.
Aus diesen Anfängen entstand auf nicht staatlicher Basis das heutige Vorschriftenwerk.

Die Sicherheitsfibel bezieht sich in erster Linie auf DIN VDE 0100, wobei bis zur 12. Auflage alleine die Ausgabe *VDE 0100/5.73* mit *VDE 0100 g/7.76* maßgeblich war. Wie im Vorwort bereits erläutert mußte auch *VDE 0100* nach den römischen Verträgen innerhalb der Europäischen Gemeinschaft harmonisiert werden. Dabei wurden die Einteilung und viele Begriffe von diesen Harmonisierungsdokumenten übernommen. Die Tabelle 1.1 gibt einen Überblick über die neue Einteilung, Tabelle 1.2 stellt die Inhalte der Fassung Ausgabe 5.73 denen der harmonisierten Fassung gegenüber.

Diese neue *DIN VDE 0100* ist in Einzelteile aufgeschlüsselt, die nach und nach erscheinen. Den Stand der erschienenen Teile zum Zeitpunkt Oktober 1991 gibt die Tabelle 1.3 an. Daraus ist zu ersehen, daß noch nicht alle Teile angepaßt wurden. Bis zu einer vollständigen Neufassung sind die bisherige und die harmonisierte Fassung nebeneinander zu verwenden. Der Elektroinstallateur sollte daher die vom VDE-Verlag herausgegebene HandwerkerSammelmappe mit Nachträgen beziehen. Er ist dann sicher, jeweils die neuesten Ergänzungen, den neuesten Stand der Bestimmungen zu haben.

Führt der Elektroinstallateur in einer bestehenden Anlage Reparaturen aus, so muß er als Maßstab die zur Zeit der Errichtung der Anlage gültige Fassung heranziehen. Bei einer Erweiterung ist jedoch zumindest der Raum, in dem erweitert wird, dem neuesten Stand der Bestimmungen anzupassen.

Werden jedoch gravierende, gefährliche Mängel gefunden, so ist der Elektroinstallateur verpflichtet, den Auftraggeber davon nachweisbar zu informieren. Er sollte ihn außerdem davon überzeugen, die elektrische Anlage anzupassen. Hierbei ist in Wohnungen vor allem auf den Schutz durch FI-Schutzeinrichtungen entsprechend *Teil 739* hinzuweisen.

Es läßt sich nicht vermeiden, daß in der Sicherheitsfibel auch auf viele andere VDE-Bestimmungen und DIN-Normen hingewiesen wird, die sich der Elektroinstallateur im Bedarfsfall ebenfalls beschaffen muß.

Je nach Erscheinungszeitpunkt gibt es für VDE-Bestimmungen verschiedene Bezeichnungen. Ursprünglich wurde nur gesagt *VDE 0100*. Dann hieß die harmonisierte Fassung zunächst *DIN 57 100, Teil xx/VDE 100 Teil xx*. Die neueste Schreibweise ist einfach *DIN VDE 0100, Teil xx*.

14

Tabelle 1.1 Einteilung der harmonisierten Neufassung von VDE 0100 (s. auch Beiblatt 3 zu VDE 0100) mit Hinweisen auf die Fassung 5.73 (in Klammern)

100	**Anwendungsbereich, allgemeine Anforderungen (§§ 1 und 2)**
200	**Allgemein gültige Begriffe (§ 3)**
300	**Allgemeine Angaben zur Planung elektrischer Anlagen**
400	**Schutzmaßnahmen**
410	Schutz gegen gefährliche Körperströme (§§ 4 bis 14)
420	Schutz gegen thermische Einflüsse
430	Schutz von Leitungen und Kabeln (§ 41 b)
443	Schutz bei Überspannungen (§§ 17, 18)
450	Schutz bei Unterspannungen
460	Schutz durch Trennen und Schalten (z. T. § 31)
481	Auswahl von Schutzmaßnahmen unter Berücksichtigung der äußeren Einflüsse (z. T. §§ 43 bis 48)
482	Auswahl von Schutzmaßnahmen, Brandschutz
500	**Auswahl und Errichtung elektrischer Betriebsmittel**
510	Allgemeines (z. T. §§ 6, 29, 30, 40)
520	Auswahl und Errichten von Kabeln, Leitungen und Stromschienen (§§ 41 a und 42)
523	Strombelastbarkeit von Kabeln und Leitungen, mechanische Festigkeit
530	Schalt- und Steuergeräte (z. T. § 31)
537	Trenn- und Schaltgeräte
540	Erdung, Schutzleiter, Potentialausgleichsleiter (z. T. §§ 6, 10, 12, 20, 21, z. T. VDE 0190)
550	Sonstige elektrische Betriebsmittel (§§ 25, 26, 30, 32 bis 38)
559	Leuchten und Beleuchtungsanlagen (§ 32)
560	Betriebsmittel für Sicherheitszwecke
600	**Prüfungen (§§ 22 bis 24)**
700	**Bestimmungen für Betriebsstätten, Räume und Anlagen besonderer Art**
701	Baderäume und Duschecken (§ 49)
702	Schwimmbäder (§ 49)
703	Saunen (§ 49)
704	Baustellen (§ 55)
705	Landwirtschaftliche Betriebsstätten (§ 56)
706	Begrenzte leitfähige Räume (z. T. §§ 32 und 33)
707	Erdungen für Datenverarbeitungsanlagen
708	Elektrische Anlagen auf Campingplätzen und in Caravans
709	Elektrische Anlagen für Marinas und Wassersport-Fahrzeuge

720	Feuergefährdete Betriebsstätten (§ 50)
721	Caravans, Boote und Jachten sowie ihre Stromversorgung auf Camping- bzw. an Liegeplätzen
722	Fliegende Bauten, Wagen und Wohnwagen nach Schaustellerart (§ 57)
723	Unterrichtsräume mit Experimentierständen (§ 54) Laboratorien
724	Elektrische Anlagen in Möbeln und ähnlichen Einrichtungsgegenständen (§ 59)
725	Hilfsstromkreise (§ 60)
726	Hebezeuge (§ 28)
728	Ersatzstromversorgungsanlagen (z. T. § 53)
729	Schaltanlagen und Verteiler (§ 30)
730	Verlegen von Leitungen in Hohlwänden sowie in Gehäusen aus vorwiegend brennbaren Baustoffen nach DIN 4102 (z. T. § 42)
731	Elektrische Betriebsstätten und abgeschlossene elektrische Betriebsstätten
732	Hauseinführungen (z. T. § 42)
736	Niederspannungsstromkreise in Starkstromanlagen mit Nennspannungen über 1 kV
737	Feuchte und nasse Bereiche und Räume, Anlagen im Freien
738	Springbrunnen
739	Zusätzlicher Schutz in Wohnungen durhc Schutzeinrichtungen mit $I_{\Delta n} \leqq 30$ mA

In der Sicherheitsfibel wird der Kürze wegen, wie im Sprachgebrauch üblich, die kurze Bezeichnung *VDE 0100* beibehalten. Bei Hinweisen auf §§ beziehen sich diese auf die Fassung *VDE 0100/5.73* mit *VDE 0100g/ 7.76*. Bei Hinweisen auf Teile beziehen sich diese auf die harmonisierte Fassung.

Hat sich nun sehr viel beim Übergang auf die neue Norm geändert? Es sind viele neue Begriffe eingeführt worden, aber physikalisch-technisch hat sich im Grunde nur folgendes geändert:

☐ Festlegen neuer Abschaltzeiten im TN-Netz,
☐ größere Mindest-Isolationswiderstände,
☐ Verpflichtung zur Anwendung hochempfindlicher FI-Schutzeinrichtungen in verschiedenen Bereichen, vor allem in Wohnungen,
☐ Änderung der Belastbarkeit von Kabeln und Leitungen, vor allem bei Leitungshäufungen,
☐ viele Einzelausführungen für Räume besonderer Art.

16

Tabelle 1.2 Übergang der §§ der alten Fassung VDE 0100/5.73 einschließlich deren Änderung zu den Teilen der harmonisierten Fassung DIN VDE 0100 mit Angabe des Endes der Gültigkeit (Stand Nov. 91)

Paragraph, Teil, Abschnitt	Ende der Gültigkeit (mit Übergangsfrist)	Enthalten in der Neufassung DIN VDE 0100	Änderung der Neufassung und Bemerkungen
VDE 0100/05.73			
05.73 § 2	noch gültig	ergänzt durch Abschnitt «Beginn der Gültigkeit» in jeder Folgenorm der Reihe DIN VDE 0100	
05.73 § 2	4.82	ersetzt durch DIN VDE 0100 Teil 100/05.82	
05.73 § 3	3.82	ersetzt durch DIN VDE 0100 Teil 200/04.82	ersetzt durch Teil 200/7.85
05.73 § 4	11.85	ersetzt durch DIN VDE 0100 Teil 410/11.83	
05.73 § 5	11.85	ersetzt durch DIN VDE 0100 Teil 410/11.83	
05.73 § 6	11.85	ersetzt durch DIN VDE 0100 Teil 410 u. Teil 540/5.86	
05.73 § 7	11.85	ersetzt durch DIN VDE 0100 Teil 410/11.83	
05.73 § 8	11.85	ersetzt durch DIN VDE 0100 Teil 410/11.83	
05.73 § 9	11.85	ersetzt durch DIN VDE 0100 Teil 410 u. Teil 540/11.83	
05.73 § 10	11.85	ersetzt durch DIN VDE 0100 Teil 410 u. Teil 540/11.83	
05.73 § 11	11.85	ersetzt durch DIN VDE 0100 Teil 410/11.83	
05.73 § 12	11.85	ersetzt durch DIN VDE 0100 Teil 410/11.83	
05.73 § 13	11.85	ersetzt durch DIN VDE 0100 Teil 410/11.83	
05.73 § 14	11.85		
05.73 § 15	ohne Festlegung	ersetzt durch DIN VDE 0100 Teil 410/11.83	
05.73 § 16	noch gültig		
05.73 § 17	noch gültig		
05.73 § 18	–		
05.73 § 19		ersetzt durch VDE 0100 g/7.76	
05.73 § 20	11.85	ersetzt durch DIN VDE 0100 Teil 540/11.83	ersetzt durch Teil 540/586
05.73 § 21	11.85	ersetzt durch DIN VDE 0100 Teil 540/11.83	
05.73 § 22			
05.73 § 23		ersetzt durch DIN VDE 0100 Teil 600/11.87	
05.73 § 24			
05.73 § 25	noch gültig		
05.73 § 26	noch gültig		
05.73 § 27		ersetzt durch DIN VDE 0100 Teil 727/11.83	zurückgezogen
05.73 § 28		ersetzt durch DIN VDE 0100 Teil 726/3.90	
05.73 § 29 a)	3.84	ersetzt durch DIN VDE 0100 Teil 510/03.83	ersetzt durch Teil 510/11.84
§ 29 b)	3.85	ersetzt durch DIN VDE 0100 Teil 510/11.84	

17

Paragraph, Teil, Abschnitt	Ende der Gültigkeit (mit Übergangsfrist)	Enthalten in der Neufassung DIN VDE 0100	Änderung der Neufassung und Bemerkungen
05.73 § 30	noch gültig bis 10.88	ersetzt durch DIN VDE 0100 Teil 729/1186	
05.73 § 31 a) 1 u. 2	noch gültig	ersetzt durch VDE 0100 g/7.76	
§ 31 a) 3 u. b)			
05.73 § 32 a) 1	3.84	ersetzt durch DIN VDE 0100	
§ 32 a) 2	11.83	Teil 559/03.83 und	
§ 32 a) 3	3.84	Teil 706/11.82	
§ 32 b)	3.84 •		
05.73 § 33 a), b), c)	4.85	ersetzt durch DIN VDE 0100 Teil 510/11.84	
§ 33 d)	10.88	ersetzt durch DIN VDE 0100 Teil 704	
§ 33 e)	noch gültig	nur gültig mit Änderung in VDE 0100 g/07.76	ersetzt durch Teil 540/5.86
§ 33 f)	4.85	ersetzt durch DIN VDE 0100 Teil 540/11.84	
05.73 § 34	noch gültig		
05.73 § 35	noch gültig		
05.73 § 36	noch gültig		
05.73 § 37	noch gültig		
05.73 § 38	noch gültig		
05.73 § 39	ohne Festlegung		
05.73 § 40	5.89	ersetzt durch DIN VDE 0100 Teil 510/6.87	
05.73 § 41 a)	6.83	ersetzt durch DIN VDE 0100 Teil 430/06.81 u. Teil 523/06.81	
§ 41 b)		ersetzt durch VDE 0100m/7.76	
§ 41 c)		ersetzt durch VDE 100 k/6.77	
§ 41 d)	6.83	ersetzt durch DIN VDE 0100 Teil 430/06.81 u. Teil 523/06.81	
05.73 § 42 a) bis g)	31.10.87	ersetzt durch DIN VDE 0100 Teil 520/11.85	
§ 42 a) 3 (Beton)	5.83	ersetzt durch DIN VDE 0100 Teil 520	
§ 42 h)	3.84	ersetzt durch DIN VDE 0100 Teil 732/03.83	
05.73 § 43	31.1.88	ersetzt durch DIN VDE 0100 Teil 731/02.86	
05.73 § 44	31.1.88	ersetzt durch DIN VDE 0100 Teil 731/02.86	
05.73 § 45	8.86	ersetzt durch DIN VDE 0100 Teil 737/02.86	
05.73 § 46	ohne Festlegungen		
05.73 § 47	ohne Festlegungen		
05.73 § 48	8.86	ersetzt durch DIN VDE 0100 Teil 737/02.86	
05.73 § 49	5.85	ersetzt durch DIN VDE 0100 Teil 701/05.84	
05.73 § 50	3.84	ersetzt durch DIN VDE 0100 Teil 720/03.83	
05.73 § 51		ersetzt durch VDE 0100 g/7.76	
05.73 § 52	noch gültig	einschließlich Änderung in VDE 0100 g/7.76	

05.73 § 53	4.85	ersetzt durch DIN VDE 0100 Teil 728/04.84	
05.73 § 54	noch gültig		
05.73 § 55	10.88	ersetzt durch DIN VDE 0100 Teil 704/11.87	ersetzt durch Teil/11.84
05.73 § 56	11.83	ersetzt durch DIN VDE 0100 Teil 705/11.82	
05.73 § 57		ersetzt durch VDE 0100 g/7.76	
05.73 § 58	ohne Festlegungen		
05.73 § 59	ohne Festlegungen		
05.73 § 60	31. 10. 93	ersetzt durch DIN VDE 0100 Teil 725/11.91	
05.73 Tabelle 1		ersetzt durch DIN VDE 0298, Teil 3	
05.73 Tabelle 2			
VDE 0100 g/**07.76**			
g/07.76 § 3 f), k), l)	4.82	ersetzt durch DIN VDE 0100 Teil 200/04.82	ersetzt durch Teil 200/7.85
g/07.76 § 22			
g/07.76 § 23		ersetzt durch DIN VDE 0100 Teil 600	Entwurf DIN VDE 0100, Teil 600/2.86
g/07.76 § 24			
g/07.76 § 27	11.84	ersetzt durch DIN VDE 0100 Teil 727/11.83	
g/07.76 § 28	3.84	ersetzt durch DIN VDE 0100 Teil 726/03.83	
g/07.76 § 31 a) 1 u. 2	noch gültig		
g/07.76 § 32 a) 2	11.83	ersetzt durch DIN VDE 0100 Teil 559/03.83 u. Teil 706/11.82	
g/07.76 § 33 e)	noch gültig		
g/07.76 § 51	11.84	ersetzt durch DIN VDE 0100 Teil 736/11.83	
g/07.76 § 53 b) 1	4.85	ersetzt durch DIN VDE 0100 Teil 728/04.84	
g/07.76 § 57 außer f3)	11.84	ersetzt durch DIN VDE 0100 Teil 722/05.84	
§ 57 f) 3	noch gültig		
VDE 0100m/**07.76**			
m/07.76 § 41 b)	6.83	ersetzt durch DIN VDE 0100 Teil 430/06.81 u. Teil 523/06.81	
VDE 0100 v_1/06.77			
v_1 06.77 § 41 c)	6.83	ersetzt durch DIN VDE 0100 Teil 430/06.81 u. Teil 523/06.81	

Tabelle 1.3 Überblick über bisher erschienene Teile von VDE 0100, Stand Nov. 91

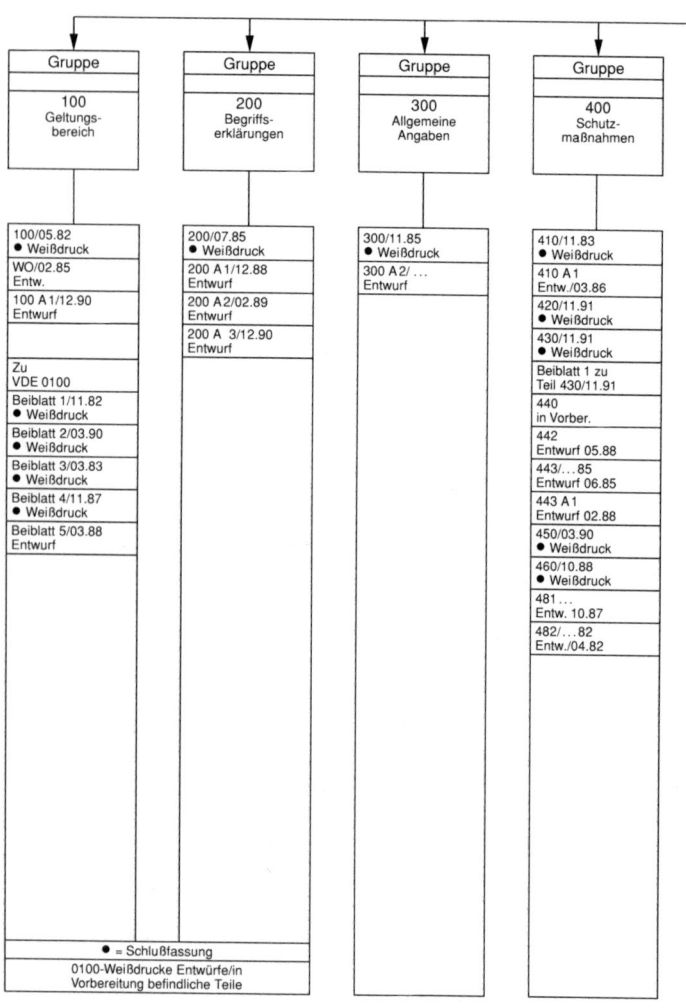

Gruppe	Gruppe	Gruppe	Gruppe
100 Geltungsbereich	200 Begriffserklärungen	300 Allgemeine Angaben	400 Schutzmaßnahmen
100/05.82 ● Weißdruck	200/07.85 ● Weißdruck	300/11.85 ● Weißdruck	410/11.83 ● Weißdruck
WO/02.85 Entw.	200 A1/12.88 Entwurf	300 A2/... Entwurf	410 A1 Entw./03.86
100 A1/12.90 Entwurf	200 A2/02.89 Entwurf		420/11.91 ● Weißdruck
	200 A3/12.90 Entwurf		430/11.91 ● Weißdruck
Zu VDE 0100			Beiblatt 1 zu Teil 430/11.91
Beiblatt 1/11.82 ● Weißdruck			440 in Vorber.
Beiblatt 2/03.90 ● Weißdruck			442 Entwurf 05.88
Beiblatt 3/03.83 ● Weißdruck			443/...85 Entwurf 06.85
Beiblatt 4/11.87 ● Weißdruck			443 A1 Entwurf 02.88
Beiblatt 5/03.88 Entwurf			450/03.90 ● Weißdruck
			460/10.88 ● Weißdruck
			481... Entw. 10.87
			482/...82 Entw./04.82

● = Schlußfassung

0100-Weißdrucke Entwürfe/in Vorbereitung befindliche Teile

20

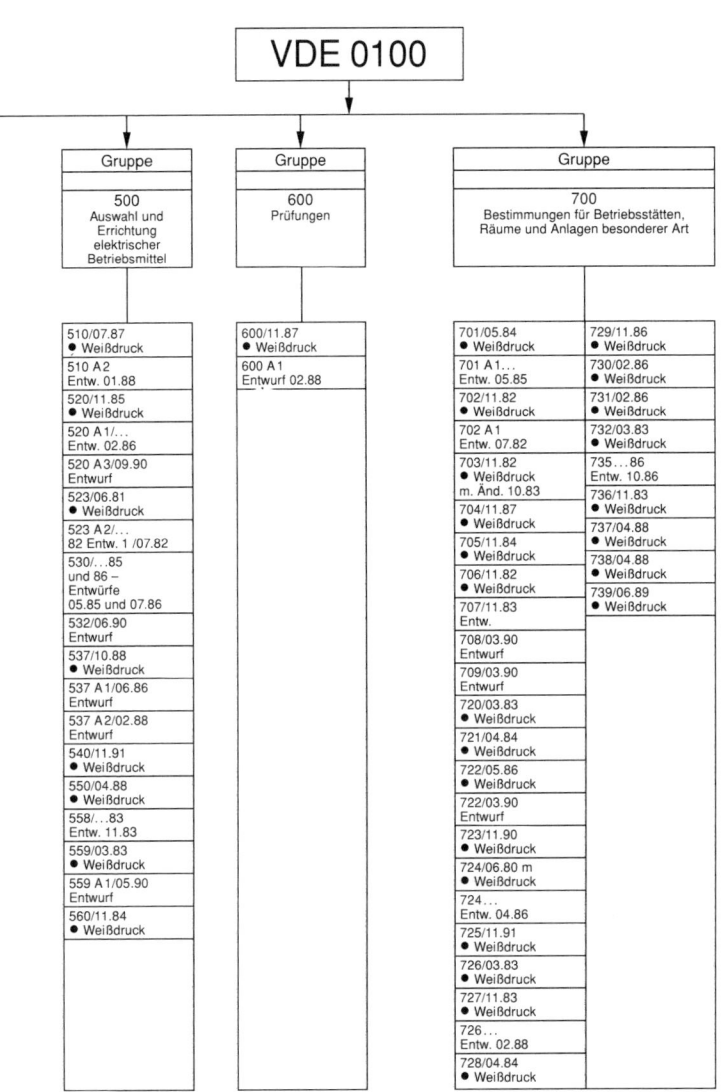

VDE 0100

Gruppe	Gruppe	Gruppe
500 Auswahl und Errichtung elektrischer Betriebsmittel	600 Prüfungen	700 Bestimmungen für Betriebsstätten, Räume und Anlagen besonderer Art

Gruppe 500:

510/07.87 • Weißdruck
510 A 2 Entw. 01.88
520/11.85 • Weißdruck
520 A 1/... Entw. 02.86
520 A 3/09.90 Entwurf
523/06.81 • Weißdruck
523 A 2/... 82 Entw. 1 /07.82
530/...85 und 86 – Entwürfe 05.85 und 07.86
532/06.90 Entwurf
537/10.88 • Weißdruck
537 A 1/06.86 Entwurf
537 A 2/02.88 Entwurf
540/11.91 • Weißdruck
550/04.88 • Weißdruck
558/...83 Entw. 11.83
559/03.83 • Weißdruck
559 A 1/05.90 Entwurf
560/11.84 • Weißdruck

Gruppe 600:

600/11.87 • Weißdruck
600 A 1 Entwurf 02.88

Gruppe 700:

701/05.84 • Weißdruck
701 A1... Entw. 05.85
702/11.82 • Weißdruck
702 A 1 Entw. 07.82
703/11.82 • Weißdruck m. Änd. 10.83
704/11.87 • Weißdruck
705/11.84 • Weißdruck
706/11.82 • Weißdruck
707/11.83 Entw.
708/03.90 Entwurf
709/03.90 Entwurf
720/03.83 • Weißdruck
721/04.84 • Weißdruck
722/05.86 • Weißdruck
722/03.90 Entwurf
723/11.90 • Weißdruck
724/06.80 m • Weißdruck
724... Entw. 04.86
725/11.91 • Weißdruck
726/03.83 • Weißdruck
727/11.83 • Weißdruck
726... Entw. 02.88
728/04.84 • Weißdruck

729/11.86 • Weißdruck
730/02.86 • Weißdruck
731/02.86 • Weißdruck
732/03.83 • Weißdruck
735...86 Entw. 10.86
736/11.83 • Weißdruck
737/04.88 • Weißdruck
738/04.88 • Weißdruck
739/06.89 • Weißdruck

1.3 Die Sprache der VDE-Bestimmungen

Jedes Teilgebiet der Technik hat eine eigene Sprache, die man lernen muß. Leider haben viele Begriffe in unterschiedlichen VDE-Bestimmungen nicht immer dieselbe Bedeutung. Die Nennspannung (in Zukunft Bemessungsspannung) eines Isolationsmeßgerätes nach *VDE 0413, Teil 1* ist etwas ganz anderes als die Nennspannung einer elektrischen Anlage nach *VDE 0100, Teil 200*. Die für den Elektroinstallateur hinsichtlich *VDE 0100* und damit hinsichtlich der Sicherheit wichtigen Begriffe enthält *VDE 0100, Teil 200*.

Begegnet dem Elektroinstallateur ein neuer Begriff oder ein alter Begriff in einem anderen Zusammenhang, so muß er dessen Bedeutung unbedingt klären. Wie geht er dabei am besten vor?

Zu den VDE-Bestimmungen gibt es ein Sachverzeichnis, das immer wieder angepaßt und ergänzt wird. Hier sucht er das Wort und findet damit den Hinweis auf die VDE-Bestimmungen, in denen es verwendet oder definiert wird. Er muß dann die Definition aus derjenigen Bestimmung anwenden, die für seinen Anwendungsfall maßgeblich ist. Leider ist das nicht immer so einfach. Sucht er z. B. die schon erwähnte Definition der Nennspannung eines Netzes in *VDE 0100, Teil 200, Teil 2.2.1*, so liest er:

> *Nennspannung (einer Anlage):*
> *Spannung, durch die eine Anlage oder ein Teil einer Anlage gekennzeichnet ist.*

Auf derart unbefriedigende, mehr oder weniger nichtssagende Definitionen wird er leider häufig stoßen. Hier hilft nur sein eigenes Mitdenken. Er muß jetzt wissen, daß sich die Nennspannung im Drehstromnetz auf die Nennspannung zwischen den Außenleitern, beim Einphasennetz auf die zwischen den aktiven Leitern (L, N) bezieht. Kann er die in VDE-Bestimmungen verwendeten Begriffe nicht verstehen, so sollte er die *DKE (Deutsche Kommission für Elektrotechnik)* in Frankfurt anschreiben und eine Klärung verlangen.

Einige für die Sicherheitsfibel wichtige Begriffe werden im Kapitel 3 behandelt. Ferner hilft das Stichwortverzeichnis, um mit dem geringsten Zeitaufwand die wichtigsten Informationen über Begriffe und deren Verwendung in den VDE-Bestimmungen zur Errichtung elektrischer Anlagen mit Nennspannung bis 1000 V zu erhalten.

1.4 Was ist gefährlich?

1.4.1 Personenschäden
(Tabelle 1.4)

Schäden durch einen Körperstrom
Gefährlich ist der elektrische Strom, ganz besonders der Wechselstrom mit einer Frequenz von 16 2/3 bis 60 Hz.

Bei allen Überlegungen über die elektrische Sicherheit gegen Personenschäden muß zunächst geklärt werden, welcher Schutzpegel erzielt werden sollte. Es gibt davon im wesentlichen 3:

> Spürbarkeitsgrenze ca. 0,5 mA$\sim$
> Loslaßgrenze ca. 10 mA$\sim$
> Einsatz von Herzkammerflimmern ca. 30 mA$\sim$

Die *Spürbarkeitsgrenze*, die teilweise auch auf 0,25 mA verringert wird, besagt, daß kleinere Ströme nicht mehr bemerkt werden.

Oberhalb der *Loslaßgrenze*, also bei Strömen von mehr als 10 mA$\sim$ besteht die Gefahr, daß ein Loslassen der berührten Teile nicht mehr möglich ist. Bei Strömen $\geq$ 30 mA$\sim$ muß man mit Störung der Herzfunktion rechnen (Schwellwert für Herzkammerflimmern).

Diese Werte gelten für Durchströmungszeiten von mehr als einer Herzperiode, also von mehr als einer Sekunde. Bei kürzeren Zeiten sind viel größere Ströme zulässig. Das zur Zeit international anerkannte Diagramm zeigt Bild 1.1. Hierin sind die zulässigen Durchströmungszeiten als Funktion des Stromes aufgetragen.

Im Bereich 1 treten normalerweise keine Wirkungen auf.
Im Bereich 2 kann man normalerweise immer loslassen.
Im Bereich 3 besteht üblicherweise keine Gefahr des Herzkammerflimmerns, bei längeren Zeiten tritt aber Atemstillstand auf.
Im Bereich 4 tritt Herzkammerflimmern mit mehr als 50% Wahrscheinlichkeit ein.

Gleichströme sind wesentlich ungefährlicher, weil keine Verkrampfungen eintreten und man normalerweise loslassen kann.

In Sonderfällen gibt es schärfere Bestimmungen. So ist z. B. bei Herzoperationen der Strom auf max. 10 µA$\sim$ begrenzt.

Die zulässigen Spannungsgrenzen ergeben sich aus diesen zulässigen Stromwerten in Verbindung mit dem Wiederstand des menschlichen Körpers.

Tabelle 1.4   Personenschäden durch elektrische Anlagen

Personenschäden durch elektrische Anlagen

Mechanische Sekundärschäden

- Fehlsteuerungen → Betr. gesamte Steuerungstechnik (z. B. Motor läuft unbeabsichtigt an)
- Mech. mangelhaft → Gehäusefestigkeit, Teile fliegen weg, kein Schutz bei rotierenden Teilen
- Explosion → Bergbau, Chem. Industrie Operationsräume (DIN VDE 0165 und 0166)

Verbrennungen

- Infolge Elektrisierung → Bei an sich nicht gefährlicher Durchströmung erfolgt Unfall durch Schreckwirkung (z. B. auch bei Anwendung hochempfindlicher FI-Schalter ohne PE!)
- Brand durch el. Anlage → Tote und Verletzte bei Bränden durch elektrische Anlagen!
- Lichtbogen → Unter Last gezogener Trenner, Gleichstrom-Lichtbögen Berührung mit Hochspannung

Gefährliche elektrische Durchströmung (Gefährlicher Körperstrom)

- Gefährliches indirektes Berühren → Bei Körperschlüssen. Schutz durch «Schutzmaßnahmen bei indirektem Berühren» (Zusatzschutz, Fehlerschutz)
- Gefährliches direktes Berühren → Schutz durch «Schutzmaßnahmen gegen direktes Berühren bzw. bei direktem Berühren» (Grundschutz)

24

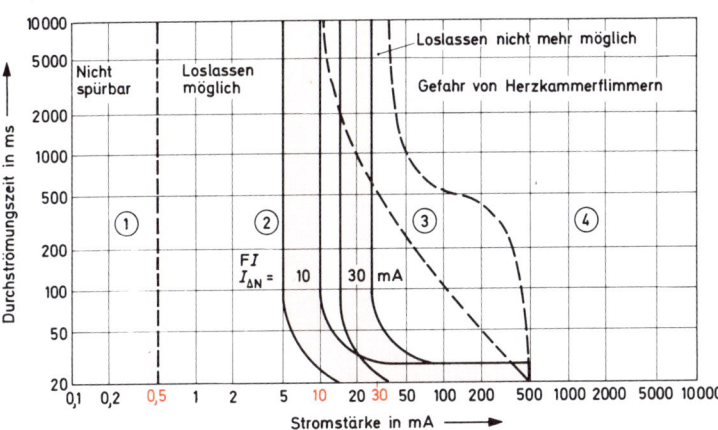

Für den Normalfall, wenn die Berührung durch die Hände erfolgt und die Füße nicht isoliert stehen, gilt als zulässige Spannungs-Zeit-Abhängigkeit das Diagramm in Bild 1.2.

Auf diese Diagramme sind die Bestimmungen über die Schutzmaßnahmen in elektrischen Anlagen hinsichtlich der Personenschäden ausgerichtet, z.B. die maximal zulässigen Abschaltzeiten (s. Abschnitt 5.3.1 und *Teil 410)*.

Sonderfälle, bei denen nur 25 V Berührungsspannung zulässig sind, werden bei den Schutzmaßnahmen bzw. bei den Anlagen in speziellen Bereichen, z.B. Landwirtschaft, behandelt.

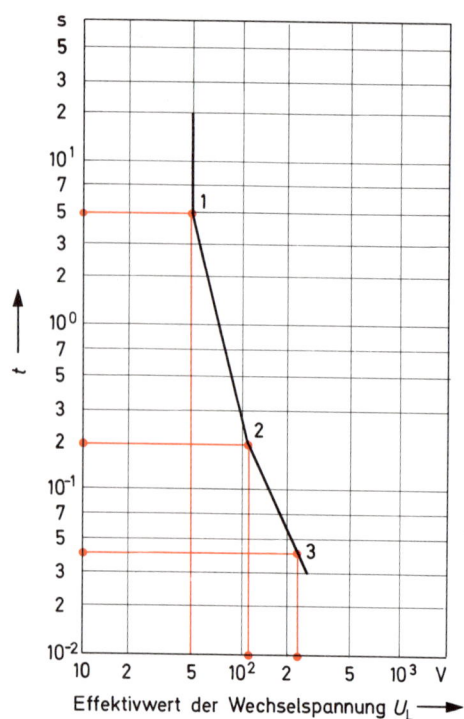

Effektivwert der Wechselspannung U_L —▶

Bild 1.2 Höchstzulässige Dauer von Berührungsspannungen nach *HD 384.4.41/Februar 1980*. Wichtige Punkte (nach *VDE 0100 Teil 410*):
1. für Zeiten ab 5 s sind 50 V Berührungsspannung zulässig
2. für 0,2 s sind 110 V zulässig (Steckdosen bis 35 A)
3. für 40 ms sind 250 V zulässig (FI-Schutzschalter, Krankenhäuser)

Schäden durch Lichtbögen

Schäden durch Lichtbögen betreffen fast ausschließlich Personen, die an der elektrischen Anlage arbeiten.

Die Beachtung der Bestimmungen aus *DIN VDE 0105*, Betrieb elektrischer Anlagen, über das Arbeiten unter Spannung ist unbedingt erforderlich, ebenso wie die Benutzung der persönlichen Schutzausrüstung (Helm, Gesichtsschutz, Handschuhe, usw.), auch wenn das von anderen belächelt werden sollte.

Größte Vorsicht ist bei Spannungsmessungen in Verteilungen erforderlich! Bei Vielfachmeßgeräten ist die Verwechslung von Meßbereichen leicht möglich! Dann schützen auch die eingebauten Sicherungen nicht zuverlässig, die Meßgeräte explodieren oder leiten Kurzschlüsse mit Lichtbögen ein. Möglichst sollten in Verteilungen nur zweipolige Spannunsprüfer nach *DIN VDE 0680 Teil 5* verwendet werden.

Schäden durch Verbrennungen
(Teil 420)

Im Handbereich zugängliche Teile elektrischer Betriebsmittel dürfen keine Temperaturen erreichen, die zu Verbrennungen führen können. Die maximal zulässigen Temperaturen enthält die Tabelle 1.5

Tabelle 1.5 Zur Vermeidung von Verbrennungen bei bestimmungsgemäßem Betrieb maximal zulässige Temperaturen von Oberflächen elektrischer Betriebsmittel im Handbereich (nach VDE 0100 Teil 420)

Zugängliche Teile	Material der zugänglichen Oberflächen	Maximale Temperaturen ($°C$)
beim Betrieb in der Hand gehaltene Teile	metallisch nicht metallisch	55 65
Teile, die berührt werden müssen, aber nicht in der Hand gehalten werden	metallisch nicht metallisch	70 80
Teile, die bei normalem Betrieb nicht berührt zu werden brauchen	metallisch nicht metallisch	80 90

1.4.2 Sachschäden (Teil 420)

Die Sachschäden durch elektrischen Anlagen, sei es infolge von Bränden oder Explosionen, sind ganz erheblich. Bedenkt man ferner, daß bei solchen Schäden inzwischen mehr Menschen getötet oder verletzt werden als durch eine direkte Durchströmung, muß dem Brand- und Explosionsschutz besondere Aufmerksamkeit auch in Hinsicht auf den Personenschutz gewidmet werden.

Darüber hinaus ist zu beachten, daß die elektrische Anlage die Ausbreitung der Brände entlang der Kabelkanäle begünstigen kann. Ferner muß, vor allem in Fluchtwegen, die sogenannte Brandlast, also die Verbrennungswärme der verlegten Leitungen, berücksichtigt werden. Einen Zusammenhang zwischen Bränden und elektrischen Anlagen gibt die Tabelle 1.6 wieder. In ihr sind auch die wesentlichen Schutzmaßnahmen angegeben.

Jeder elektrische Strom ist mit einer Wärmeentwicklung verbunden. Zur Vermeidung zu hoher Temperaturen muß entweder der Strom begrenzt werden oder die Wärme muß abgeführt werden können.

Man kann die Stromkreise in gewünschte Stromkreise und ungewünschte Stromkreise einteilen (siehe Tabelle 1.7). In gewünschten und erforderlichen Stromkreisen wird der Schutz durch Anpassung der Leiterquerschnitte an die erforderlichen Ströme gelöst (s. *VDE 0100, Teil 430 und 523, VDE 0298, Teil 4*, Abschnitt 6.4). Bei Betriebsmitteln können auch besondere Kühlungsmaßnahmen sowie speziell angepaßte Schutzeinrichtungen angewendet werden.

Neben der Leitungserwärmung durch Dauerlast oder durch Kurzschluß besteht immer die Gefahr, daß leicht entzündliche Stoffe in die Nähe von sich erwärmenden Betriebsmitteln, z.B. Leuchten, kommen. Hier müssen entsprechende Abstände eingehalten werden. Ferner kann in gewollten Stromkreisen durch eine örtliche Widerstandserhöhung, z.B. infolge einer lockeren Verbindung, an dieser Stelle eine erhöhte Temperatur auftreten, die ggfs. einen Schaden hervorruft. Die Verwendung richtiger Klemmen und der feste Sitz von Schrauben vermeiden diesen Fehler.

Die Verteilungen müssen so gebaut sein, daß Schaltfunken nicht zu Bränden führen können. Ablagerungen von brennbaren Stäuben auf sich erwärmenden Betriebsmitteln müssen vermieden werden, ebenso wie das Verhindern der Wärmeabgabe bei Betriebsmitteln.

Heizsysteme mit Gebläse müssen so gesichert sein, daß die Heizung auf keinen Fall ohne Gebläse eingeschaltet sein kann (*Teil 420*). Werden Gebläse und Heizung durch getrennte Schütze geschaltet, sind diese so zu verriegeln, daß diese Bedingung auch beim Kleben des die Heizung schaltenden Schützes erfüllt ist.

Tabelle 1.6   Zusammenhang zwischen elektrischen Anlagen und Bränden

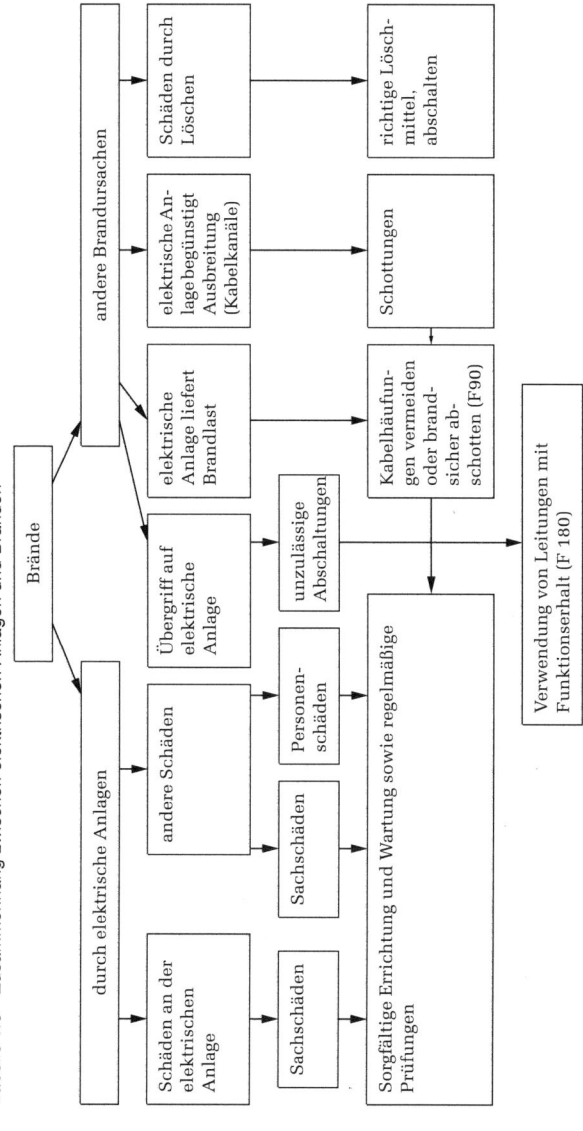

Tabelle 1.7 Brände durch elektrische Anlagen

Prüfen durch:	Schutzart	Fehlerart		
B	Überstromschutz	Leitungserwärmung bei Dauerlast	durch gewollte Stromkreise (Betriebsstromkreise)	Brände durch elektrische Anlagen
B M (Z_{sch})	Kurzschluß durch Sicherungen	Leitungserwärmung bei Kurzschluß		
B	Abstände einhalten	Näherung leicht entzündlicher Stoffe an Betriebsmittel		
E	richtige Klemmstellen, festen Sitz erproben	örtliche Widerstandserhöhung, z. B. an Kontakten		
B	Abstände, Einkapselung, Zwischenlagen	Schaltfunken		
B	Abdeckungen	Schaltfunken		
B	Abdeckungen	Ablagerung von brennbaren Stäuben		
B	reinigen, richtiger Einbau	Verhinderung der Wärmeabgabe bei Betriebsmitteln (z. B. Leuchten)		
B M	sorgfältige Isolierung Isolationswiderstand zwischen Leitern	Kurzschlußstelle mit Übergangswiderstand	durch ungewollte Stromkreise (Fehlerstromkreise)	
M B	sorgfältige Isolierung	Isolationsfehler mit Übergangswiderstand (Erdschluß)		
B	Überspannungsschutz einbauen, Blitzschutzanlage	Überschläge durch Überspannungen (Blitz u. a.)		
	B: Besichtigen E: Erproben M: Messen			

Tabelle 1.8 Verzeichnis der elektrotechnischen Sicherheitsvorschriften, Richtlinien und Merkblätter des Verbandes der Sachversicherer (Auszug)

		Form
1.	Sicherheitsvorschriften für Starkstromanlagen bis 1000 V	2046
2.	Sicherheitsvorschriften für Starkstromanlagen in landwirtschaftlichen Betrieben und Intensiv-Tierhaltung	2057
3.	Überspannungsschutz	2192
4.	Merkblatt zur Schadenverhütung «Elektrische Anlagen in der Landwirtschaft»	2067
5.	Richtlinien für den Brandschutz «Elektrische Leuchten»	2005
6.	Merkblatt zur Brandverhütung «Blitzschutzanlagen»	2006
7.	Merkblatt «Brandschutz in Räumen für elektronische Datenverarbeitungsanlagen (EDVA)»	2007
8.	Richtlinien für den Brandschutz bei freiliegenden Kabelbündeln innerhalb von Gebäuden sowie in Kanälen und Schächten	2013
9.	Erläuterungen zum Merkblatt «Brandschutz» in Räumen für elektronische Datenverarbeitungsanlagen (EDVA)»	2014
10.	«Elektrische Geräte und Einrichtungen»	2015
11.	Brandschutzrichtlinien für die Errichtung elektrischer Anlagen in baulichen Anlagen aus vorwiegend brennbaren Baustoffen	2023
12.	Brandschutzrichtlinien für den Einbau elektrischer Betriebsmittel in Einrichtungsgegenständen	2024
13.	«Brandschutz in Kabel-, Leitungs- und Stromschienenanlagen»	2025
14.	Merkblatt zur Schadenverhütung «Fundamenterder»	2028
15.	Richtlinien zur Schadenverhütung «Überspannungsschutz in elektrischen Anlagen»	2031
16.	Richtlinien für die Anwendung von Elektrowärmegeräten zur Tierzucht und Tierhaltung	2073
17.	Merkblatt zur Schadenverhütung «Antennen»	2080
18.	Elektrische Anlagen in der Landwirtschaft	2067
19	Verbrennungswärme von Leitungen und Kabeln	2134

Zusammengefaßt in:
«Handbuch der Schadenverhütung»

Neben gewollten Stromkreisen gibt es immer ungewollte Stromkreise. In diesen ist normalerweise der Widerstand, z. B. der Isolationswiderstand, so groß, daß keine Gefährdungen auftreten. Verringert sich dieser Widerstand in einem ungewollten Stromkreis, z. B. durch die Beschädigung einer Isolation, entsteht dort örtlich Wärme, die bei Leistung ab etwa 100 W je nach dem Material der Umgebung zu Bränden führen kann (Kurzschlußstellen oder Erdschlußstellen mit Übergangswiderstand).

Bei Funkenbildungen können viel kleinere Stromstärken Explosionen einleiten. Für Anlagen in explosionsgefährdeten Betriebsstätten gelten daher besondere Bestimmungen (s. *VDE 0165, VDE 0170* Abschnitt 8.1).

Besonderes Interesse an der Vermeidung von Sachschäden haben die Feuer- und Sachversicherer. Für besondere Gefährdungen, z. B. Leuchtstofflampen, Kabelhäufung usw. gibt der *Verband der Sachversicherer* (VdS) für den Elektroinstallateur wichtige, interessante und leicht verständliche Druckschriften heraus. Ein Auszug darüber ist in Tabelle 1.8 enthalten. Hinsichtlich des Brandes durch elektrische Anlagen sei der Elektroinstallateur noch auf folgendes hingewiesen: Wenn es brennt, fällt der Verdacht zunächst auf die elektrische Anlage. Abgesehen davon, daß es später häufig nicht mehr nachweisbar ist, wodurch der Brand entstand, sollte man bei dieser Beurteilung vorsichtig sein. Bei einer durch Brand zerstörten elektrischen Anlage läßt sich kaum unterscheiden, ob diese Grund für den Brand war oder erst durch den Brand selbst zerstört wurde (s. «Brandursache Elektrizität» in der Schriftenreihe der kriminalistischen Studiengemeinschaft). Leider gibt es über Brände durch elektrische Anlagen keine Statistik.

Eine weitere, neuerdings häufig auftretende Schadensursache sind Fehlsteuerungen im Zusammenhang mit frei programmierbaren Steuerungen. Setzt der Elektroinstallateur diese ein, muß er sich eingehend mit der Materie und deren Programmierung beschäftigen.

1.5 Grundregeln zur Erfüllung sicherheitstechnischer Forderungen

Im leider oft übertriebenen Bestreben, auch alle Sonderfälle in den Bestimmungen zu behandeln oder bestimmte Vorstellungen einzelner Länder bei harmonisierten Fassungen zu übernehmen, geht die grundsätzliche Aussage der Bestimmungen verloren. Sie werden unverständlich, nicht begründbar. Der Elektroinstallateur darf sich dadurch nicht beirren lassen. Er muß sich immer wieder von unnötigen Texten befreien und sich auf die für seinen Fall maßgebliche Zielsetzung besinnen.

Voraussetzung für ein sicherkeitsgerechtes Handeln sind:

> Besinnen auf die Zielsetzung und Willen zum sicherheitsgerechten Handeln!
>
> Kenntnis der Gefährdungsmöglichkeiten, dazu erforderlich Kenntnis der Grundlagen der Elektrotechnik, der Mechanik und der Werkstoffkunde.
>
> Praktische Erfahrung beim Bau und beim Betrieb elektrischer Anlagen, möglichst übernommen von erfahrenen Elektroinstallateuren.
>
> Kenntnis der wichtigsten Forderungen aus VDE-Bestimmungen für den Normalfall.
>
> Fähigkeit, sich in Sonderfällen in Bestimmungen zurecht zu finden, diese kritisch zu beurteilen und für den Einzelfall anzuwenden.
>
> Stetige Weiterbildung anhand aktueller Fachliteratur und durch Kurse.

Sicherheitsgerechtes Handeln ist nicht schwer, wenn man es will! Zur Erstellung sicherer elektrischer Anlagen gelten folgende Grundregeln:

Grundregel 1

> Aktive Teile *(s. VDE 0100, Teil 200, 2.3.1)* mit Spannungen über 25 V Wechsel- bzw. 60 V Gleichspannung gegen Erde oder untereinander, sollten nie direkt berührbar sein, auch wenn 50 V~ zulässig sein sollten (Grundschutz).

Dieser Schutz gegen direktes Berührungen muß den zu erwartenden thermischen, mechanischen, chemischen und elektrischen Anforderungen entsprechen. Beschädigungen müssen unmittelbar beseitigt werden. Eine Ausnahme liegt beim Arbeiten unter Spannung entsprechend *VDE 0105* vor.

Grundregel 2

Alle leitfähigen Teile, die nicht aktive Teile sind und bei Zerstörung des Grundschutzes Spannung gegen andere leitfähige Teile annehmen können, sind durch einen Schutzleiter niederohmig, zuverlässig und mit ausreichendem Querschnitt untereinander zu verbinden.

Grundregel 3

Nur Installationsmaterial und Betriebsmittel verwenden, das den VDE-Bestimmungen entspricht. Dieses muß ordnungsgemäß verarbeitet und eingesetzt werden. Hierbei ist auf die bestimmungsgemäße Verwendung zu achten. Bei Unklarheiten hierüber soll der Hersteller befragt und die Einsatzmöglichkeit bestätigt werden.

Zu beachten sind dabei vor allem Umwelteinflüsse wie Temperatur, Feuchtigkeit, Vibration, mechanische Belastungen, aggressive Umgebung, ferner besondere Räume, besondere Brand- und Explosionsgefahren u. a. m.

Grundregel 4

Der Überstromschutz und der Kurzschlußschutz sind sicherzustellen *(VDE 0100, Teil 430 und 523, VDE 0298, Teil 3 und Teil 4)*.

Ausführungen hierzu enthält das Kapitel 6.

Grundregel 5

Alle Maßnahmen, die die Entstehung oder die Ausbreitung von Bränden ermöglichen, sind zu beachten (Wärmeabfuhr, Schottung, Brandlasten)!

Zur Erfüllung dieser Grundregeln sind an Hilfsmitteln erforderlich:

Der Wille, diese Regeln einzuhalten.
Das Besichtigen schon während der Arbeit ist das beste Mittel zur Erkennung von Gefahrenquellen.
Sicherheitsgerechtes Werkzeug
Meßeinrichtungen für die wichtigsten Prüfungen (Spannung, Isolationswiderstand, Schutzleiterwiderstand u. a. m., s. Kapitel 9)

Diese Grundregeln ersetzen nicht die Sicherheitsregeln der Berufsgenossenschaft, die sich auf die Sicherheit beim Arbeiten selbst beziehen, während die erwähnten Grundregeln für die Erstellung sicherer Anlagen gelten.

1.6 Grundsätzliche Möglichkeiten zum Personenschutz

Zum Schutz gegen Personenschäden gibt es 5 grundsätzliche Möglichkeiten, die in der Tabelle 1.9 aufgeführt sind und wie folgt erläutert werden.

Bei der Anwendung *kleiner, ungefährlicher Spannungen* sind Schutzmaßnahmen an sich überhaupt nicht erforderlich. Es muß nur sichergestellt sein, daß höhere Spannungen von übergeordneten Netzen nicht in solche Netze mit kleiner Spannung übertreten können. Die Erfüllung dieser Forderung führt zu der Schutzmaßnahme *Schutzkleinspannung*. Brandschutz ist damit nicht gesichert.

Isolieren und Abdecken bzw. Abstände herstellen ist die wichtigste Schutzmaßnahme, worauf bereits in der Grundregel 1 hingewiesen wurde. Bei Geräten führt dieses zur *Schutzisolation*, wobei besondere Anforderungen an die Isolation bzw. an die doppelte Isolation gestellt werden. Auch Leitungen, Verteilungen und andere Betriebsmittel können ebenfalls schutzisoliert ausgeführt werden.

Verbindet man zwei Punkte, zwischen denen eine gefährliche Spannung auftreten könnte, durch einen Leiter, bricht diese Spannung weitgehend zusammen. Nach diesem Prinzip arbeiten die *Schutzmaßnahmen mit Potentialausgleichsleiter bzw. Schutzleiter*. Daß der Schutzleiter darüber hinaus noch zur Erfüllung eines geringen Netzinnenwiderstandes hinsichtlich der Abschaltbedingungen beitragen muß, sei hier nur erwähnt. Das wird in Abschnitt 5.1.2 sowie bei der Behandlung des TN-Netzes mit Überstrom-Schutzeinrichtung näher erläutert.

Bei der *Fehlerstrombegrenzung* nach Betrag werden die Widerstände im Gefährdungsstromkreis so hoch gemacht, daß keine gefährlichen

Tabelle 1.9 Grundsätzliche Schutzmöglichkeiten gegen gefährliche Durchströmung (Vergleich alter und neuer Benennungen s. Tab. 3.2 und 7.1)

Nr.	Schutz durch	Daraus abgeleitete Schutzmaßnahmen	
		in Anlagen	bei Geräten (VDE 0106)
1	Kleine Spannung	Funktionskleinspannung Schutzkleinspannung	Geräteklasse III Kennzeichen*
2	Isolieren und Abdecken	Schutzmaßnahmen gegen gefährliches direktes Berühren Schutzisolierung	Betriebsisolation und Schutzisolation Geräteklasse II Kennzeichen:
3	Potentialausgleich (Schutzleiter)	Potentialausgleich (z.B. Badezimmer, Fundamenterder) Schutzmaßnahmen in TN-, TT- und IT-Netzen mit Schutzleiter	Geräte mit Schutzleiter Geräteklasse I
4	Fehlerstrombegrenzung nach Betrag und/oder Dauer	Schutztrennung	
		Schutzleitungssystem mit Zwangsabschaltung, (IT-Netz) hochempfindliche Schutzschalter mit Differenzstromauslöser (FI-Schalter, FI/LS-Schalter, LS/DI-Schalter in TT- u. TN-Netzen)	Begrenzung der zulässigen Ableitströme, z.B. auch bei medizinischen Geräten sowie allgemein bei Geräten der Schutzklasse II
5	Fehlen von Erdpotential	Keine zusätzlichen Schutzmaßnahmen erforderlich Schutz durch nicht leitende Räume	Schutzklasse 0

* Kennzeichen nach DIN 40100.

Ströme fließen können. Das gilt z.B. für die Schutzmaßnahme Schutztrennung mit einem Verbraucher. Bei den Fehlerstrom-Schutzschaltern wird durch sehr kurze Abschaltzeiten zusätzlich erreicht, daß trotz größerer Fehlerströme die Gefährdungsgrenze nicht überschritten wird (Bild 1.1).

Fehlt in Räumen das Erdpotential, ist es nicht möglich, bei Berührung eines Außenleiters eine Gefährdung hervorzurufen. In solchen Fällen kann auf Schutzmaßnahmen verzichtet werden (*Schutz durch nicht leitende Räume*). Es wird nur generell empfohlen, Geräte der Schutzklasse 0 nicht zu verwenden, da bei diesen nicht sichergestellt ist, daß sie nicht doch in Räumen verwendet werden, in denen ein Erdpotential vorhanden ist. Die Schutzklasse 0 entsprechend *VDE 0106* wurde im Rahmen der Harmonisierung eingeführt und ist in Deutschland nicht anzuwenden.

1.7 Allgemeine Leitsätze für das sicherheitsgerechte Gestalten technischer Erzeugnisse *(DIN VDE 1000/DIN 31 000)*

Vor der Beschäftigung mit irgendeiner VDE-Bestimmung sollte der Elektroinstallateur diese viel zu wenig bekannten und beachteten Leitsätze durcharbeiten. Sie entsprechen sozusagen dem § 1 der Straßenverkehrsordnung und sind damit Grundlage jeglichen sicherheitsgerechten Arbeitens. In allen Fällen, bei denen man in den speziellen VDE-Bestimmungen keine konkreten Angaben findet, muß und kann man auf sie zurückgreifen.

Für den Elektroinstallateur ist besonders Abschnitt 5.9, «Elektrische Energie» wichtig. Beispielhaft sei daraus zitiert:

«5.9.1.1 Elektrische Betriebsmittel müssen unter Berücksichtigung der Betriebszustände, die der Benutzer oder Dritte herbeiführen können, so gestaltet sein, daß der Benutzer oder Dritte aktive Teile (s. Abschnitt 3.7.5) ohne Hilfsmittel oder Werkzeuge nicht berühren bzw. sich ihnen nicht gefahrbringend nähern können (siehe jedoch Abschnitt 5.9.1.2.3).

5.9.1.3.1 Elektrische Betriebsmittel müssen so hergestellt sein, daß Personen auch bei einem Fehler der Betriebsisolierung des elektrischen Betriebsmittels oder beim Auftreten von Lichtbögen gegen gefährliche Berührungsspannungen geschützt sind. Zu diesem Zweck müssen elektrische Betriebsmittel so ausgeführt sein, daß eine der in den folgenden Aufzählungen a) bis c) angegebenen Schutzmaßnahmen verwirklicht ist.

a) Die Körper (s. Abschnitt 3.7.6) sind so hergestellt, daß sie in eine der mit Schutzleiter wirkenden Schutzmaßnahme einbezogen werden können. Zu diesem Zweck ist sichergestellt, daß die vorgesehenen Anschlußmittel und Verbindungsstellen elektrisch und mechanisch einwandfrei beschaffen sind und daß alle Körper untereinander und mit dem Schutzleiter sicher verbunden sind.

b) Berührbare leitfähige Teile sind nicht vorhanden oder von Teilen, die im Fehlerfalle des Versagens der Betriebsisolierung eine gefährliche Berührungsspannung annehmen können, durch eine zusätzlich zur Betriebsisolierung (Schutzisolierung) getrennt. Es sind keine Vorrichtungen vorhanden, wo solche Teile mit einem Schutzleiter verbunden werden können.

c) Die elektrischen Betriebsmittel werden mit Spannungen betrieben, von denen auch im Fehlerfalle keine Gefahr ausgehen kann (siehe Abschnitt 5.9.1.2.3 a)

Anmerkungen zu der Aufzählung a) bis c):
Die hier aufgeführten Schutzmaßnahmen enthalten die Grundsätze für die Schutzklassen I, II bzw. III in einzelnen besonderen VDE-Bestimmungen für elektrische Betriebsmittel.

Die Aufstellung der Punkte a) bis c) enthält die Grundlage für *VDE 0100, Teil 410 «Schutzmaßnahmen gegen gefährliche Körperströme».*

Ein Entwurf dieser Norm *VDE 1000 Teil 10* vom Dezember 1988 legt die Begriffe Elektrofachkraft und elektrotechnisch unterwiesene Personen fest. Die Texte stimmen überein mit den Definitionen aus *DIN VDE 0105, Teil 1/7.83).*

2 Elektrotechnische Normen – Entwürfe – Gesetze – Verordnungen

2.1 Rechtliche Bedeutung

2.1.1 Grundsätzliches

Drei Gesichtspunkte sind vom Elektroinstallateur zu beachten:

☐ zivilrechtliche Verpflichtung durch Verträge,
☐ strafrechtliche Verpflichtung durch Gesetze,
☐ Verordnungen der Länder.

Wird bei einer Auftragsvergabe vereinbart, daß die Elektroinstallation nach den derzeit gültigen VDE-Bestimmungen zu erstellen ist, besteht kein Zweifel, daß im zivilrechtlichen Sinne danach zu handeln ist, wenn sich der Elektroinstallateur nicht Schadenersatzforderungen aussetzen will. Sinnvolle oder vom Auftraggeber gewünschte Abweichungen von VDE-Bestimmungen, die strafrechtlich durchaus zulässig sind, müssen vorher mit dem Auftraggeber vereinbart werden (s. Abschnitt 2.5).

Im strafrechtlichen Sinne sind die VDE-Bestimmungen keine Gesetze, sondern vermutete Rechtsauffassung. Ihre Beachtung schützt zunächst vor strafrechtlichen Folgen; es sei denn, der Elektroinstallateur hätte aufgrund seiner Fachkenntnisse Fehler oder Unvollkommenheiten erkennen und anders handeln müssen. Verurteilungen in derartigen Fällen sind aber nur ganz vereinzelt bekannt.

Abweichungen von VDE-Bestimmungen sind zulässig, wenn sie begründet sind und dabei mindestens die gleiche Sicherheit bzw. das gleiche Restrisiko wie bei Erfüllung der Bestimmung erreicht werden. Streitigkeiten entstehen meist dann, wenn bei Auftragsvergabe keine eindeutigen Leistungsverzeichnisse bzw. exakte Vertragstexte festgelegt wurden.

2.1.2 VDE-Bestimmungen und andere Vorschriften bzw. Gesetze, Bauordnungen

In der Bundesrepublik Deutschland ist geltendes Recht nur das, was von den im *Grundgesetz* anerkannten Gewalten als Gesetz beschlossen wird (Artikel 122 des Grundgesetzes = GG). Recht aus der Zeit vor dem Zusammentritt des Bundestages gilt fort, wenn es dem Grundgesetz nicht widerspricht (Artikel 123 GG). Bestimmungen und Normen, die von privaten Gremien erarbeitet und veröffentlicht wurden, sind nicht rechtsverbindlich. Nach Artikel 40 GG können jedoch Hoheitsträger durch Gesetz ermächtigt werden, Rechtsverordnungen zu erlassen. In der Tabelle 2.1 wird versucht, die Hierarchie von Gesetzen und Bestimmungen darzustellen.

Tabelle 2.1   Hierarchie von Gesetzen und Bestimmungen

Beispiele:

Gesetze:	Gewerbeordnung, Energiewirtschaftsgesetz, Gerätesicherheitsgesetz
Verordnungen:	Arbeitsstättenverordnung, Bauordnungen, Autonome Satzungen der Berufsgenossenschaften (Unfallverhütungsvorschriften)
Durchführungsanweisungen:	z. B. zu den UVV und zum Gerätesicherheitsgesetz
Anerkannte Regel der Technik:	Was sich in der Praxis bewährt hat und von der Mehrzahl der Fachleute anerkannt ist (z. B. viele VDE-Bestimmungen)
Regel bzw. Stand der Technik:	Übliche Ausführungen. Z. B. DIN, die meisten VDE-Bestimmungen. Üblicher Inhalt von Veröffentlichungen
Stand von Wissenschaft und Technik:	Neuester Stand der Wissenschaft und Forschung (maßgeblich z. B. bei Kernkraftwerken)

Die *Gewerbeordnung* ist ein über 100 Jahre altes Gesetz. Es ermächtigt in § 24 die Bundesregierung, zum Schutz von Beschäftigten und Dritten Rechtsverordnungen für überwachungsbedürftige Anlagen zu erlassen. Darunter fallen u. a. Aufzugsanlagen, elektrische Anlagen in besonders gefährdeten Räumen (z. B. bei Explosionsgefahr).

Aus dem Jahr 1968 stammt das *Gesetz über technische Arbeitsmittel (Gerätesicherheitsgesetz, Maschinenschutzgesetz),* das zuletzt am 18. Februar 1986 geändert wurde. Mit seinen Durchführungsverordnungen, die letzte vom 26.11.1980, bestimmt es, daß technische Arbeitsmittel nur in den Verkehr gebracht werden dürfen, wenn sie nach den allgemein anerkannten Regeln der Technik sowie denen der Arbeitsschutz- und Unfallverhütungsvorschriften so beschaffen sind, daß Benutzer und Dritte bei ihrer bestimmungsgemäßen Verwendung gegen Gefahren aller Art geschützt sind.

Von den allgemein anerkannten Regeln der Technik darf abgewichen werden, soweit die gleiche Sicherheit auf andere Weise gewährleistet ist.

Auch die zweite Durchführungsverordnung zum *Energiewirtschaftsgesetz* bestimmt, daß elektrische Anlagen und Verbrauchsgeräte nach den anerkannten Regeln der Elektrotechnik einzurichten und zu unterhalten sind.

Als solche Regeln gelten die Bestimmungen des Verbandes deutscher Elektrotechniker.

Was allgemein anerkannte Regel der Technik ist, hat das Reichsgericht in seiner Entscheidung vom 11.10.1910 rechtsverbindlich festgelegt. Diese Entscheidung ist fortgeltendes Recht.

Die hier in Betracht kommenden Regeln der Technik sind dann allgemein anerkannt, wenn die Fachleute, die sie anzuwenden haben, davon überzeugt sind, daß die betreffenden Regeln den sicherheitstechnischen Anforderungen entsprechen. Es genügt nicht, daß nur im Fachschrifttum die Ansicht vertreten oder in Fachschulen die Ansicht gelehrt wird, die Regel entspreche den technischen Erfordernissen. Die Regel muß in der Fachpraxis erprobt und bewährt sein. Es ist unerheblich, ob einzelne Fachleute oder eine kleine Gruppe von Fachleuten die Regeln nicht anerkennen oder überhaupt nicht kennen. Maßgebend ist die Durchschnittsmeinung, die sich in Fachkreisen gebildet hat.

Die *Gewerbeaufsicht* hat das Recht und die Pflicht, bei Betriebsmitteln, die ein Sicherheitsrisiko darstellen, die Beseitigung der Mängel zu fordern und – falls die genau bezeichneten Mängel nicht behoben werden –

41

ihre Verwendung zu verbieten. Es gibt aber keinerlei rechtliche Grundlage, eine bestimmte Konstruktion zu fordern. In den Richtlinien für das Gestalten von VDE-Bestimmungen und Normen ist festgelegt, daß Konstruktionsvorschriften zu vermeiden sind ebenso wie *Formulierungen, die den Anschein erwecken, daß Rechtsbefugnisse ausgeübt werden.*

Eine besondere Stellung nehmen die *Unfallverhütungsvorschriften* ein. Vor allem ist hier die *VBG 4 «Elektrische Anlagen und Betriebsmittel»* für den Elektroinstallateur wichtig. Die Unfallverhütungsvorschriften dienen in erster Linie dem Schutz der Versicherten in Betrieben. In technischer Hinsicht berufen sie sich auf zu beachtende VDE-Bestimmungen, vor allem auf die für den Betrieb elektrischer Anlagen *VDE 0105*. Im Anhang zu den Unfallverhütungsvorschriften ist angegeben, welche VDE-Bestimmungen verbindlich (im Rahmen des Versicherungsschutzes) zu beachten sind.

Für den Elektroinstallateur weiterhin wichtig ist die *Verordnung über allgemeine Bedingungen für die Elektrizitätsversorgung von Tarifkunden (AVBltV)*. Sie regelt zusammen mit den *Technischen Anschlußbedingungen (TAB)* die Bedingungen, unter denen die Elektrizitätsversorgungsunternehmen elektrische Energie abzugeben haben. Die allgemeinen Versorgungsbedingungen haben die allgemeinen Geschäftsbedingungen zum Inhalt, nach denen die EVU ihre Tarifkunden beliefert. Sie gehen auf Musterbedingungen zurück, die Ende der 30er Jahre und Anfang der 40er Jahre in der Wirtschaft entwickelt worden sind. Nach der Verordnung über die allgemeinen Versorgungsbedingungen, die sich auf die Errichtung, Erweiterung, Änderung und Unterhaltung von elektrischen Anlagen hinter der Hausanschlußsicherung bezieht, müssen elektrische Materialien und Geräte sowie Energieverbrauchsgeräte ebenfalls dem in der Europäischen Gemeinschaft gegebenen Stand der Sicherheitstechnik entsprechen. Für den Anschlußnehmer bedeutet dies im Ergebnis: Die elektrischen Betriebsmittel entsprechen dem in der Europäischen Gemeinschaft gegebenen Stand der Sicherheitstechnik, wenn sie den VDE-Bestimmungen entsprechen. Für den Installateur sind nach der Verordnung über die Versorgungsbedingungen die Regeln der Technik maßgebend. Das sind inhaltlich die gleichen Regeln, die auch in der zweiten Durchführungsverordnung des Energiewirtschaftsgesetzes zitiert sind und damit wiederum die VDE-Bestimmungen.

Für Wohnungen gibt es ein *Bundesbaugesetz*, für viele Sonderbauten, z.B. Krankenhäuser, Geschäftsbauten, Garagen, Schulen und andere mehr gibt es *Bauordnungen* der einzelnen Länder. Der Elektroinstallateur sollte sich diese bei Sonderbauten ansehen. Zumindest muß er aber eventuell im *Bauschein* aufgeführte, von den Bauordnungen abgeleitete Auflagen beachten.

42

2.2 Bezeichnung von VDE-Bestimmungen und von deren Entwürfen

Die Sicherheitsfibel befaßt sich in erster Linie mit VDE-Bestimmungen, die die sicherheitstechnischen Forderungen für elektrische Anlagen und Einrichtungen enthalten. Seit 1971 erschien diese parallel als DIN-Norm, sie enthielten damit z.B. folgende Bezeichnungen: *DIN 57 100, Teil 100,/VDE 0100, Teil 100*. Diese komplizierte Bezeichnung wurde 1985 dahingehend geändert, daß es nur noch lautet *DIN VDE 0100, Teil 540*.

Im Rahmen der Europäischen Gemeinschaft müssen viele dieser VDE-Bestimmungen, z.B. auch *VDE 0100, harmonisiert* werden. Das soll bezwecken, daß innerhalb dieser Gemeinschaft gleichlautende Bestimmungen bestehen. Darüber hinaus gibt es noch die internationale elektrotechnische Kommission (IEC), die grundsätzliche Bestimmungen weltweit erarbeitet.

Die Harmonisierungsdokumente und die von der IEC-Kommission entworfenen und international harmonisierten Entwürfe erscheinen auch als rosa gedruckte VDE-Entwürfe. Sie sind für den Elektroinstallateur völlig uninteressant, da es in den meisten Fällen nicht abzusehen ist, wann diese internationalen Texte in nationale Normen umgewandelt werden.

Nationale Entwürfe von VDE-Bestimmungen erscheinen als Gelbdrucke. Diese können möglicherweise auch für den Elektroinstallateur interessant sein. Es ist ihm aber nicht zuzumuten, sie neben den gültigen Bestimmungen in Weißdruck zu kennen und durchzuarbeiten. Diese Gelbdrucke enthalten einen Warnvermerk für den Anwender, daß noch Änderungen bis zur endgültigen Fassung möglich sind. Die Ausführung einer elektrischen Anlage nach Entwürfen sollte daher nur nach Vereinbarung mit dem Auftraggeber erfolgen.

2.3 Weitere für den Elektroinstallateur neben VDE 0100 wichtige VDE-Bestimmungen

Die vielseitigen Erfahrungen, die bei Installationen in Räumen für spezielle Zwecke gesammelt wurden, finden ihren Niederschlag in entsprechenden Bestimmungen. Bereits *VDE 0100/5.73* enthielt derartige Sonderbestimmungen für:

☐ elektrische Betriebsstätten,
☐ feuchte und nasse Räume,
☐ Anlagen im Freien,
☐ Baderäume und Duschecken,

- □ feuergefährdete Betriebsstätten,
- □ Ladestation für Akkumulatoren,
- □ Ersatzstromversorgungen,
- □ Prüffelder,
- □ Baustellen,
- □ landwirtschaftliche Betriebe,
- □ Schaltanlagen,
- □ Hilfsstromkreise.

Hinzugekommen sind mit *VDE 0100g/7.76* Bestimmungen für:

- □ Antriebe und Antriebsgruppen,
- □ Hebezeuge,
- □ fliegende Bauten,
- □ Wagen und Wohnwagen nach Schaustellerart,
- □ isolierte Starkstromleitungen und Kabel,
- □ Prüfung der Schutzmaßnahmen und des Isolationswiderstandes.

Bestimmungen wurden ferner erarbeitet für:

- □ Schwimmbäder und -hallen,
- □ Wohnwagen, Campingplätze und Boote.

Die harmonisierte *DIN VDE 0100* ist noch weiter aufgegliedert, wie das die Übersicht in Tabelle 1.1 zeigt.
Zusätzlich zu *VDE 0100* sind behandelt in

VDE 0105: Betrieb von Starkstromanlagen (15 Teile),
VDE 0106: Schutz gegen elektrischen Schlag, *Teil 1* und *Teil 100*,
VDE 0107: medizinisch genutzte Räume,
VDE 0108: Starkstromanlagen in Bauten für Menschenansammlungen (8 Teile),
VDE 0113: Bearbeitungs- und Verarbeitungsmaschinen,
VDE 0128: Errichten von Leuchtröhrenanlagen mit Nennspannung über 1000 V,
VDE 0160: Ausrüstung von Starkstromanlagen mit elektronischen Betriebsmitteln,
VDE 0165: Errichten elektrischer Anlagen in explosionsgefährdeten Bereichen,
VDE 0166: Elektrische Anlagen und deren Betriebsmittel in explosionsgefährdeten Bereichen,
VDE 0190: Einbeziehen von Gas- und Wasserleitungen in den Hauptpotentialausgleich von elektrischen Anlagen,
VDE 0298: Verwendung von Kabeln und Leitungen für Starkstromanlagen, Teile 1 bis 4,
VDE 0710: Leuchten, u.a.m. (s.a. Tabelle 8.1).

Auf die Behandlung weiterer Gerätebestimmungen der Gruppe *DIN VDE 0700* oder auf die der Gruppe 800, Fernmeldeanlagen, wird in dieser Fibel bewußt verzichtet. Hinsichtlich sicherheitstechnischer Forderungen legen diese Bestimmungen teilweise andere Grenzwerte fest, z. B. für den zulässigen Schutzleiterwiderstand. Im Prinzip berufen sie sich jedoch in bezug auf die Schutzmaßnahmen auf *VDE 0100*.

Es wäre unrealistisch, wollte man von jedem Fachmann die Kenntnis aller dieser Bestimmungen über spezielle Anwendungsgebiete verlangen. Wer es unternimmt, eine Anlage, die außerhalb seines bisherigen Erfahrungsbereiches liegt, zu errichten, erspart sich Experimente und Risiken durch das Studium der in den diesbezüglich Bestimmungen sowie in der entsprechenden Fachliteratur festgelegten Erfahrungen.

2.4 Gültigkeit von VDE-Bestimmungen und deren Entwürfen

Zur Gültigkeit gehört zunächst der *Beginn der Gültigkeit*. Der in jedem Teil einer VDE-Bestimmung angegebene Zeitpunkt sowie gegebenenfalls Übergangsfristen und Anpassungsforderungen sind für den Elektroinstallateur wichtig, da für ihn die zur Zeit der Planung gültigen VDE-Bestimmungen maßgeblich sind. (s. a. *VOB, Verdingungsordnung für Bauleistungen)*. Er handelt sicherheitsgerecht, wenn er im Einvernehmen mit dem Auftraggeber Änderungen von Bestimmungen im Zeitraum zwischen Planung und Errichtung berücksichtigt.

In jedem Teil einer VDE-Bestimmung wird zudem die *sachliche Gültigkeit*, bisher *Geltungsbereich* jetzt *Anwendungsbereich*, angegeben (s. Tabelle 1.2).

Neue Normen enthalten oft den Hinweis «Ersatz für ...» mit der Angabe von Übergangsfristen. In seinen Unterlagen sollte sich der Elektroinstallateur dann entsprechende Vermerke machen und die ersetzte Norm für Neuanlagen nicht mehr anwenden. Für alte Anlagen sind jedoch grundsätzlich die Bestimmungen maßgeblich, die zur Zeit der Errichtung gültig waren.

Schwierig ist es, wann man Entwürfe berücksichtigen will. Diese werden verschiedentlich zurückgezogen, ohne daß der Bezieher darüber eine Nachricht erhält.

2.4.1 Zum Geltungsbereich von VDE 0100/5.73
(§ 2)

Die Bestimmungen von *VDE 0100/5.73* galten für Starkstromanlagen mit Spannungen bis 1000 V und bis 500 Hz sowie bis 1500 V_, errichtet oder geplant bis April 1982.

Sie waren anzuwenden auf:

☐ das Errichten elektrischer Anlagen,
☐ die Ausrüstung von Kraftfahrzeugen mit elektromotorischem Antrieb.

Zusätzlich sind in § 2 weitere VDE-Bestimmungen aufgeführt, die jeweils in ihrem speziellen Anwendungsbereich zu beachten sind.
Die Bestimmungen von *VDE 0100/5.73* galten nicht für:

☐ elektrische Anlagen in bergbaulichen Betrieben unter Tage,
☐ Förderanlagen in Tages- und Blindschächten,
☐ Flugzeuge.

In elektrochemischen Anlagen und Anlagen zur Versorgung spezieller Verbrauchsmittel mit Nennströmen bis 1000 A je Einheit waren Abweichungen zulässig, wenn eine gleichwertige Sicherheit durch eine andere Maßnahme erreicht wurde.

2.4.2 Zum Anwendungsbereich der harmonisierten Neufassung von DIN VDE 0100
(Teil 100/5.82 bzw. Entwurf 2.85 und Änderung A1/12.90)

Die harmonisierte Neufassung von *DIN VDE 0100* wurde erweitert auf:

☐ bewegliche, nicht schienengebundene elektrische Einrichtungen außer Oberleitungsfahrzeugen,
☐ bestehende Anlagen bei Änderung der Raumart,
☐ vorhandene Steckvorrichtungen nach *VDE 0100/5.73 § 31*

In die ausdrücklich ausgenommenen Bereiche ist zusätzllich aufgenommen:

☐ elektrische Ausrüstung von Kraftfahrzeugen ohne elektrischen Antrieb, soweit diese Fahrzeuge nach der Straßenverkehrsordnung erfaßt sind.

Neu ist, daß Abweichungen für elektrochemische Anlagen, Stromrichteranlagen und Anlagen zur Versorgung spezieller Anlagen, z. B. Elektroöfen mit mehr als 1000 A je Einheit, ausdrücklich zugelassen werden.

Auf den z.Z. der Überarbeitung der Fibel vorliegenden Entwurf *Teil 100* wird besonders hingewiesen. Er paßt einerseits ohne große sachliche Änderungen den Text zum Anwendungsbereich dem Harmonisierungsdokument HD 384.1 an, er enthält darüber hinaus aber auch Anforderungen an die Qualifikation des Errichters.

Der Entwurf Änderung A1, entsprechend dem IEC–Dokument *IEC 64 (CO) 200*, gibt einen recht guten Überblick über die Zielsetzung der Schutzmaßnahmen.

2.5 Prüfstellen und Kennzeichen

Elektrische Betriebsmittel, die den VDE-Bestimmungen entsprechen, werden auf Antrag von der *VDE-Prüfstelle* geprüft und erhalten die Berechtigung, das *VDE-Zeichen* zu führen. (s. Tabelle 2.2). Mit dieser Genehmigung ist eine Produktionsüberwachung durch die Prüfstelle verbunden.

Tabelle 2.2   VDE-Prüfzeichen

Nr.	Zeichen	Bedeutung
1		VDE-Zeichen für Installationsmaterial und Geräte
2	◁VDE▷	VDE-Zeichen für Kabel und nicht harmonisierte Leitungen
3	◁VDE▷ ◁HAR▷	VDE-Zeichen für harmonisierte Kabel und Leitungen
4	schwarz rot	VDE-Kennfaden für nicht harmonisierte Kabel und Leitungen
5	schwarz rot gelb (3 cm) (1 cm) (1 cm)	VDE-Kennfaden für harmonisierte Kabel und Leitungen
6		GS-Zeichen der VDE-Prüfstelle für Geräte, die neben den VDE-Bestimmungen auch dem Gerätesicherheitsgesetz entsprechen
7		VDE-Zeichen für Bauelemente der Elektronik

Entsprechen Geräte darüber hiaus auch dem *Gerätesicherheitsgesetz* allgemein, können sie von einer anerkannten Prüfstelle das *GS-Zeichen* erhalten. Dem Gerätesicheheitsgesetz ist eine Verwaltungsvorschrift beigefügt, in der die Prüfstellen mit ihren genehmigten Prüfbereichen und ihren Prüfzeichen aufgeführt sind.

Bei dem Einsatz von Betriebsmsitteln mit dem VDE-Zeichen muß der Elektroinstallateur trotzdem darauf achten, ob dieses Zeichen auch für die von ihm vorgesehene Anwendung gültig ist. (z. B. Auswahl von Leitungen). In der Europäischen Gemeinschaft müssen auch die entsprechenden Prüfzeichen der anderen Länder anerkannt werden. Die Tabelle 2.3 enthält eine Auswahl.

Tabelle 2.3 Prüfzeichen für Installationsmaterial verschiedener Länder

Land	Zeichen	Land	Zeichen
Belgien		Niederlande	
Dänemark		Norwegen	
Deutschland		Österreich	
Finnland		Schweden	
Frankreich		Schweiz	
Italien			

3 Begriffe und Netzformen – Einteilung der Schutzmaßnahmen

3.1 Allgemein gültige Begriffe
(Teil 200/7.85)

Jedes Arbeitsgebiet hat seine eigene Sprache, eigene Begriffe, deren Definitionen man kennen muß, soll es nicht zu Mißverständnissen kommen. Nach Angabe von Gültigkeitsbeginn und Anwendungsbereich werden daher in jeder VDE-Bestimmung zunächst die in ihr enthaltenen und möglicherweise gegenüber dem allgemeinen Sprachgebrauch oder gegenüber Definitionen in anderen Normen abweichend verwendete Begriffe definiert. Für die ganze Norm *VDE 0100* allgemeingültige und damit wichtige Definitionen enthält der *Teil 200/7.85* gegebenenfalls ergänzt durch die rosa Entwürfe *Teil 200 A2/2.89* und *Teil 200 A3/12.90*.

In dieser Norm, vor allem im mehrsprachigen Teil, weichen die Texte der Definitionen teilweise wesentlich von denen in früheren Fassungen und von denen aus anderen VDE-Bestimmungen ab.

Es kann nicht Aufgabe dieser Sicherheitsfibel sein, alle nunmehr in *VDE 0100 Teil 200/7.85* enthaltenen Begriffsdefinitionen ausführlich zu wiederholen. Dem Elektroinstallateur wird empfohlen, diese Definitionen wie die Vokabeln einer Fremdsprache zu lernen. In der Fibel kann nur angestrebt werden, einige Unklarheiten aufzuzeigen und zu erläutern.

Mit Hilfe des Stichwortverzeichnisses lassen sich dazu leicht die Stellen finden, an denen die verwendeten Begriffe in der Fibel und auch in *VDE 0100* definiert sind. Einige besonders wichtige seien im folgenden angegeben, wobei der Wortlaut nicht unbedingt der neuesten Fassung von *Teil 200* entspricht.

Bild 3.1 zeigt die Festlegung der Begriffe Verteilungsnetz und Verbraucheranlage. Das *Verteilungsnetz* umfaßt alle Leitungen und Kabel vom Stromerzeuger bis zur *Verbraucheranlage* ausschließlich. Die Übergabestelle vom öffentlichen Verteilungsnetz zur Verbraucheranlage ist der *Hausanschlußkasten* (s. Abschnitt 6.9). Die Versorgung von Industrieanlagen erfolgt dagegen meist über Transformatoren oder eigene Verteilungsnetze. Dabei beginnt die Verbraucheranlage an den Ausgangsklemmen der Verteiler.

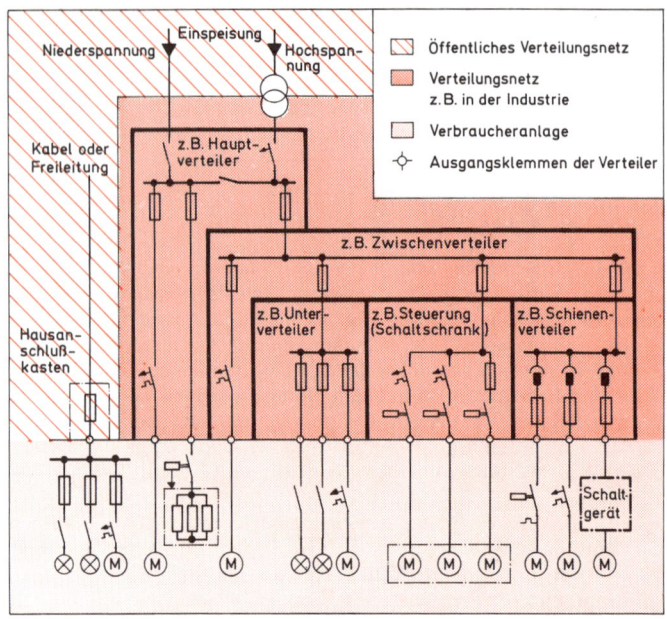

Bild 3.1 Beispiele für die Abgrenzung von Verbraucheranlagen und Verteilungsnetz

Als *aktive Teile* gelten Leiter und leitfähige Teile der Betriebsmittel, die unter normalen Betriebsbedingungen unter Spannung gegen Erde stehen. Hierzu gehören zusätzlich auch N-Leiter (Neutralleiter), nicht aber PEN-Leiter (früher Nulleiter) und die mit diesen in leitender Verbindung stehenden Teile.

Als *Körper* gelten berührbare, leitfähige Teile von Betriebsmitteln, die nicht aktive Teile sind, jedoch im Fehlerfall unter Spannung stehen können (Körperströme jedoch s. *Teil 410*).

Nennspannung eines Netzes ist die Spannung nach der es benannt ist und auf die sich bestimmte Größen des Netzes beziehen.

Höchste Spannung eines Netzes ist der größte Spannungswert, der in einem beliebigen Aufgenblick und an einer beliebigen Stelle unter normalen Betriebsbedingungen auftritt.

50

Hauptstromkreise sind Stromkreise, die Betriebsmittel zum Erzeugen, Umformen, Verteilen, Schalten und Verbrauch elektrischer Energie enthalten.

Hilfsstsromkreise sind solche für zuzsätzliche Funktionen, z. B. Steuerstromkreise (Befehlsgabe, Verriegelung), Melde- und Meßstromkreise.

Als *Freischalten* in Starkstssromanlagen gilt das allpolige Abschalten oder Abtrennen einer Anlage oder eines Betriebsmittels von allen nicht geerdeten Leitern.

Der *Schleifenwiderstand* R_{sch} bzw. die *Schleifenimpedanz* Z_{sch} ist die Summe der Widerstände in einer Stromschleife, bestehend aus dem Widerstand der Stromquelle, dem Widerstand des Außenleiters von einem Pol der Stromquelle bis zur Meßstelle und dem Widerstand der Rückleitung (Schutzleiter, Erder) bis zum anderen Pol der Stromquelle.

Direktes Berühren ist das Berühren aktiver Teile durch Personen oder Nutztiere.

Indirektes Berühren ist das Berühren von Körpern elektrischer Betriebsmittel, die infolge eines Fehlers ihrer Isolation unter Spannung stehen, durch Personen oder Nutztiere.

3.2 Fehlerarten

Alle Fehler, die zu Berührungsspannungen bzw. Fehlerspannungen (s. Abschnitt 3.3) führen, sind dadurch gekennzeichnet, daß ein *Isolationsfehler* eintritt.

Bei einem *Körperschluß* tritt dieser Fehler zwischen der Isolation eines Gerätes und berührbaren Metallteilen auf. Sind diese leitfähigen Teile, also der Körper des Gerätes, an einen Schutzleiter PE bzw. an einen PEN-Leiter angeschlossen, so ist ein solcher Körperschluß gleichzeitig auch ein *Erdschluß*. Die Zerstörung der Isolation zwischen aktiven Leitern wird als *Kurzschluß* bezeichnet.

Alle diese Fehler können vollkommen oder widerstandsbehaftet sein. Schutzmaßnahmen gegen Personenschäden betrachten immer den vollkommenen, widerstandsfreien Schluß, da durch Widerstände an der Fehlerstelle die Berührungsspannung bzw. die Fehlerspannung vermindert wird (Begriffe s. Abschnitt 3.3).

Für Sachschäden (Brände) spielt der *Fehlerwiderstand* eine wesentlich Rolle, da nur durch ihn an der Fehlerstelle eine Wärmeentwicklung auftreten kann. Ein vollkommener Körperschluß oder Kurzschluß wird bei ordnungsgemäßen Überstrom-Schutzeinrichtungen abgeschaltet und führt nicht zum Brand.

Der durch einen Isolationsfehler auftretende Strom wird als *Fehlerstrom* bezeichnet. Seine Größe wird von der treibenden Spannung U_0 und den Widerständen des Fehlerstromkreises, dem *Fehlerschleifenwiderstand*, bestimmt. Dieser besteht aus dem Schleifenwiderstand und dem Fehlerwiderstand an der Fehlerstelle und gegebenenfalls einem Erdausbreitungswiderstand.

3.3 Fehlerspannung und Berührungsspannung

Die Begriffe Fehlerspannung und Berührungsspannung sind klar voneinander zu trennen, wie es die Bilder 3.2 und 3.3 zeigen. Als *Bezugserde* wird dabei ein theoretisch weit entfernter Punkt im Erdreich bezeichnet, dessen Potential sich durch den durch den Erdausbreitungswiderstand fließenden Strom nicht merklich ändert (Begriffe s. Abschnitt 5.1.3).

Der harmonisierte *Teil 200* kennt nur noch die unklaren Begriffe *Berührungsspannung*, die der bisherigen Fehlerspannung entspricht und die *zu erwartende Berührungsspannung*, die nichts anderes ist als die bisherige Berührungsspannung.

Die *Fehlerspannung* im hergebrachten Sinn, so wird sie auch in dieser Sicherheitsfibel weiter verwendet, ist die Spannung, die bei einem Fehler in der Anlage zwischen zwei Punkten auftritt, ohne daß sie von einem Menschen oder Nutztier überbrückt wird.

Die *Berührungsspannung* ist die Spannung, die ein Mensch oder ein Nutztier überbrückt. Gegenüber der Fehlerspannung ist sie immer kleiner. Sie muß berechnet oder gemessen werden unter Berücksichtigung des Innenwiderstands des Menschen (1000 Ω bis etwa 3000 Ω).

Für die Bedingungen bei den einzelnen Schutzmaßnahmen ist die *vereinbarte Grenze der Berührungsspannung* U_L maßgeblich. Es ist der höchstwert der Berührungsspannung (Fehlerspannung?), der zeitlich unbegrenzt bestehen bleiben darf. Für Wechselspannung ist ihr Betrag entweder 50 V oder 25 V.

Will man Fehlerspannung und Berührungsspannung messen, muß man bei der Ermittlung der Fehlerspannung ein möglichst hochohmiges Spannungsmeßgerät verwenden, während die Berührungsspannung als richtig angesehen wird, wenn das Meßinstrument einen Innenwiderstand von ca. 3000 Ω hat.

Bild 3.2
Fehlerspannung U_F und
Berührungsspannung U_B
bei nicht isolierendem
Fußboden:
R Summe der Erdüber-
    gangswiderstände,
E Bezugserde

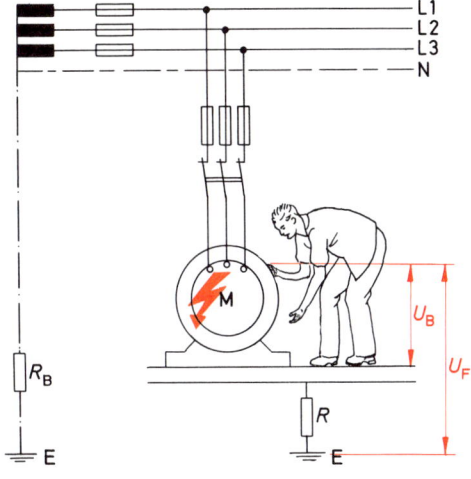

Bild 3.3
Fehlerspannung U_F und
Berührungsspannung U_B
bei isolierendem Fuß-
boden:
R Summe der Erdüber-
    gangswiderstände,
E Bezugserde

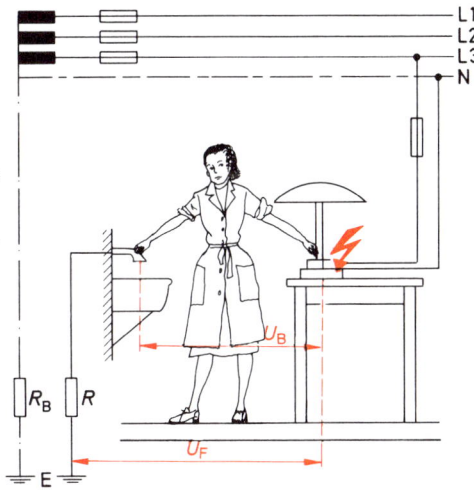

53

3.4 Netz- und Leiterbezeichnungen

Gegenüber *VDE 0100/5.73* werden in der harmonisierten Fassung die Schutzmaßnahmen anders bezeichnet. Sie werden den verschiedenen Verbrauchernetzarten zugeordnet.

Die neuen Leiterbezeichnungen dürften inzwischen allgemein bekannt sein. Die Gegenüberstellung in der Tabelle 3.1 gibt einen Überblick einschließlich einiger Schaltzeichen und der Leiterdarstellungen. Zum Verständnis neuer Bestimmungen und neuerer Literatur muß der Elektroinstallateur die neuen ebenso wie die alten Netzbezeichnungen beherrschen. Die neuen sind in *VDE 0100 Teil 300/11.85* enthalten. Sie setzen sich aus zwei oder drei Buchstaben zusammen.

Tabelle 3.1   Alte und neue Kennzeichnungen von Leitern (s. a. *Teil 300*)

Art		Kennzeichnung		
		alphanumerisch	bisher	durch Schaltzeichen
Wechselstromnetz	Außenleiter 1	L1	R	
	Außenleiter 2	L2	S	
	Außenleiter 3	L3	T	
	Neutralleiter	N	Mp	*
Gleichstromnetz	Positiv	L+	P	+
	Negativ	L−	N	−
	Neutralleiter	M	Mp	
Schutzleiter		PE	SL	*
Neutralleiter mit Schutzfunktion (Null-Leiter)		PEN	SL/Mp	*
Schutzleiter, nicht geerdet		PU	−	
Erder		E	−	
Fremdspannungsarmer Erder		TE	−	
Masse		MM	−	

In den folgenden Bildern wird die bisherige, allgemein bekannte zeichnerische Darstellung der Leiter verwendet.
* jeweils wahlweise.

54

Dabei bedeuten:

T: terra = geerdet,

I: isoliert,

N: die Körper der Betriebsmittel sind mit dem N-Leiter des Netzes verbunden (ehemals Nullung),

S: separat, N- und PE-Leiter sind getrennt (moderne Nullung),

C: common = gemeinsam, PE- und N-Leiter sind als PEN-Leiter gemeinsam geführt.

Der erste Buchstabe bezieht sich immer auf das Netz, der zweite auf die angeschlossenen Geräte. Durch die beiden dritten Buchstaben S und C wird dann die Art des TN-Netzes unterschieden.

Die möglichen und mit diesen Buchstaben gekennzeichneten Netzformen sind in den Bildern 3.4 bis 3.10 dargestellt. Die Tabelle 3.2 gibt dazu eine Gegenüberstellung der neuen Netzbezeichnungen zu den alten an. Diese Tabelle und die Bilder ermöglichen dem Elektroinstallateur einen leichten Übergang von den alten zu den neuen Bezeichnungen. Es sei darauf hingewiesen, daß in der Neufassung auch Änderungen der Bestimmungen über die Schutzmaßnahmen enthalten sind. Diese werden bei deren Behandlung in den Kapiteln 4 bis 6 erläutert.

In den weiteren Bildern der Fibel wird im Gegensatz zu den Bildern 3.4 bis 3.10 die Kennzeichnung der N- und PE- Leiter nach der älteren, gestrichelten Form durchgeführt. Es lassen sich dann die einzelnen Leiter zuverlässiger verfolgen (s. a. Tabelle 3.1).

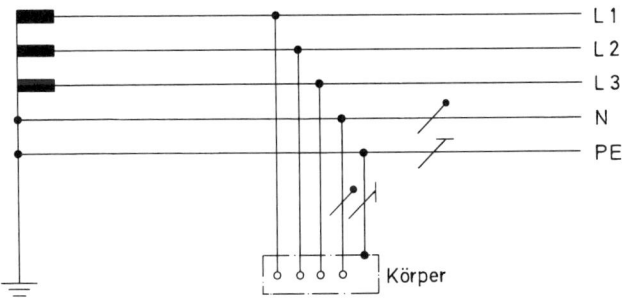

Bild 3.4   TN-Netz (TN-S), Neutralleiter und Schutzleiter im ganzen Netz sind getrennt (moderne Nullung, wenn Schutz durch ÜberstromSchutzeinrichtungen erfolgt.)

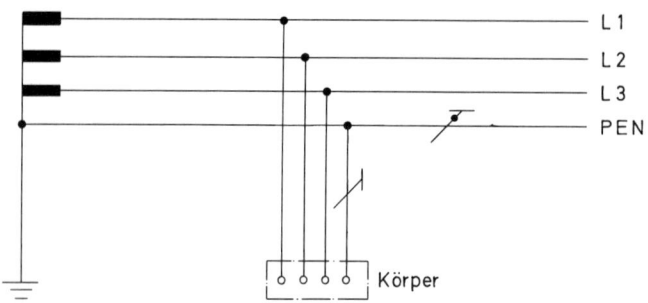

Bild 3.5 TN-Netz (TN-C), Neutralleiter und Schutzleiter sind kombiniert (PEN-Leiter) (klassische Nullung ab 10 mm², bei Schutz durch Überstrom-Schutzeinrichtungen)

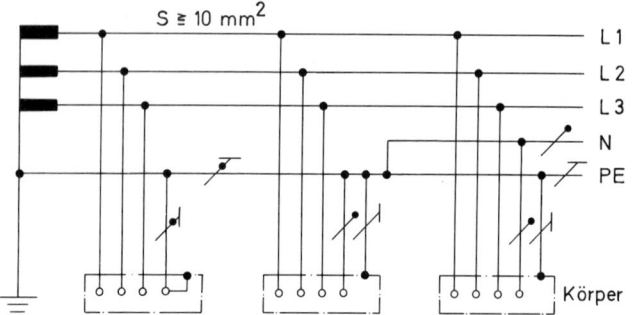

Bild 3.6 TN-Netz (TN-C-S), Aufteilung des PEN-Leiters in Neutralleiter und Schutzleiter im Verlauf des Netzes.

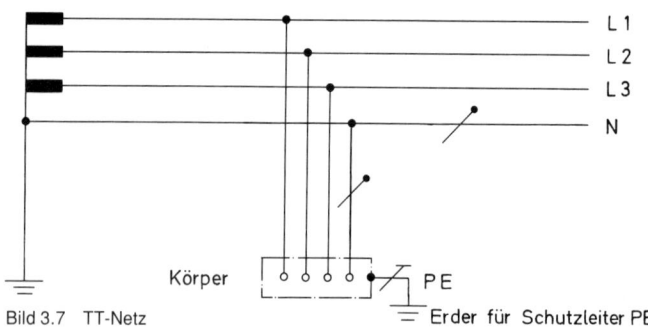

Bild 3.7 TT-Netz

56

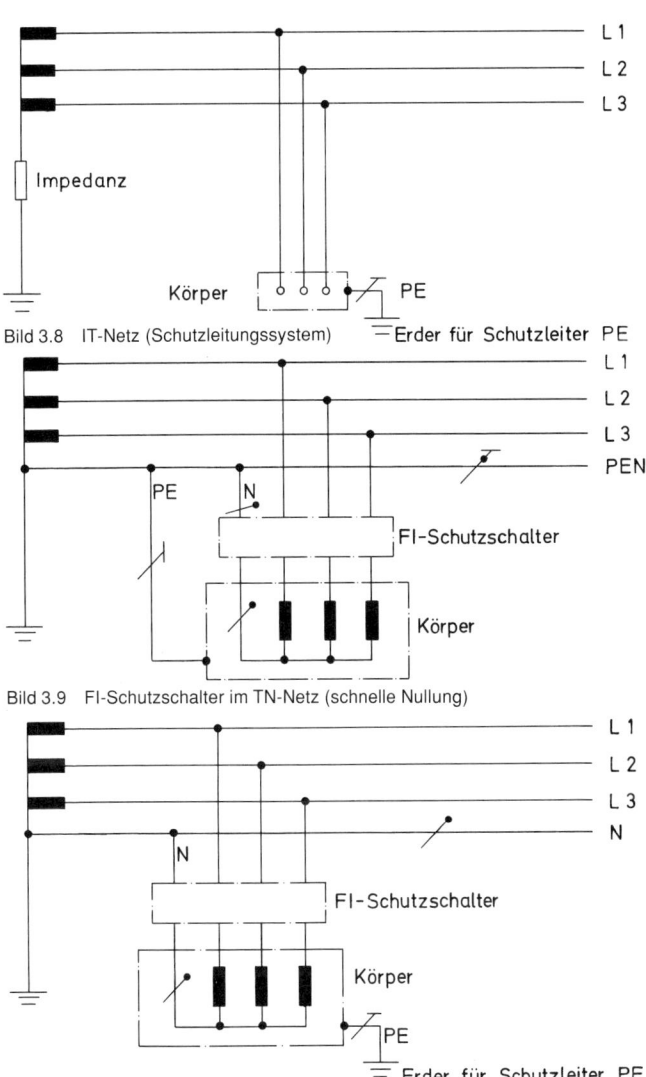

Bild 3.8 IT-Netz (Schutzleitungssystem)

Bild 3.9 FI-Schutzschalter im TN-Netz (schnelle Nullung)

Bild 3.10 FI-Schutzschalter im TT-Netz (Fehlerstrom Schutzschaltung)

Tabelle 3.2 Zuordnung der harmonisierten Netzbezeichnungen nach VDE 0100 Teil 300/11.85 zu den alten Bezeichnungen der Schutzmaßnahmen nach VDE 0100/5.73

Nr.	Netzart*	Bedeutung der Buchstaben	Schutzeinrichtung	Alte Bezeichnung nach VDE 0100/5.73 Schutzmaßnahme	§	Bild-Nr.
1	TT-Netz	Netz geerdet Körper geerdet	Überstrom-Schutzeinrichtung	Schutzerdung (etwa gleich)	9b) 1	3.6
2	TT-Netz	wie vor	FI-Schutzschalter	Fehlerstrom-Schutzschaltung	13	3.9
3	IT-Netz	Netz isoliert Körper geerdet	Überstrom- oder FI-Schutzeinrichtung	Schutzleitungssystem mit Isolationsüberwachung	11	3.7
4	TN-S-Netz	Netz geerdet Körper über PE an Betriebserde	Überstrom-Schutzeinrichtung	Nullung mit getrenntem Schutzleiter (moderne Nullung)	10 a) 2.1	3.3 3.5
5	TN-C-Netz	wie vor, jedoch PE und N gemeinsam	Überstrom-Schutzeinrichtung	Nullung ohne getrennten Schutzleiter, zulässig ab 10 mm² (klassische Nullung)	10 a) 2.2	3.4 3.5
6	TN-S-Netz	wie Nr. 4	Schutzschalter mit Differenzstrom-Auslöser (FI- oder LS/DI-Schalter); dahinter nur TN-S-Netz!	«Schnelle Nullung». Nullungs-Schutzschaltung	–	3.8
	TN-C-Netz	wie Nr. 5				

* In Zukunft soll hier «Netzart» durch «System» ersetzt werden.

58

3.5 Einteilung der Schutzmaßnahmen

Die Tabelle 3.3 gibt einen Überblick über die Struktur der Schutzmaßnahmen für den Personenschutz. Grundlage ist immer der Schutz gegen direktes Berühren, der *Grundschutz*. Als *Vollschutz* besagt er, daß man aktive Teile überhaupt nicht berühren kann. Für besondere Bereiche, die nur Fachkräften oder unterwiesenen Personen zugänglich sind, kann der Schutz als teilweiser Schutz ausgebildet werden. In elektrischen Anlagen ist dann aber auch *VDE 0106, «Schutz gegen elektrischen Schlag», Teil 100 «Anordnung von Betätigungselementen in der Nähe berührungsgefährlicher Teile»* zu beachten.

Die harmonisierte Fassung läßt für den Fall, daß der Schutz gegen direktes Berühren beschädigt ist, als *Zusatzschutz* hochempfindliche FI-Schutzeinrichtungen zu. Es wird damit ein *Schutz bei direktem Berühren* erreicht.

Der Grundschutz als Vollschutz und als Zusatzschutz bedingt immer, daß ein *Schutz bei indirektem Berühren (Fehlerschutz)* vorhanden ist. Dieser kann in drei Gruppen eingeteilt werden.

Die Schutzmaßnahmen der *Gruppe I* wirken ohne Schutzleiter. Beim ersten Fehler tritt bei ihnen keine Zwangsabschaltung des Netzes ein.

Die Schutzmaßnahmen der *Gruppe II* beruhen auf dem Vorhandensein eines Schutzleiters bzw. eines Potentialausgleichsleiters. Bei ihnen erfolgt beim ersten Fehler (Körperschluß, Erdschluß) eine Zwangsabschaltung des Netzes. Diese Abschaltung kann entweder durch Überstrom-Schutzeinrichtungen oder durch Fehlerstrom-Schutzeinrichtungen erfolgen.

Eine Sonderstellung nimmt die *Gruppe III* ein, bei der üblicherweise beim ersten Fehler keine Abschaltung erfolgt, sondern beim Schutzleitungssystem lediglich eine Meldung gegeben wird. Erst bei einem weiteren Fehler auf einem anderen Außenleiter muß eine Abschaltung erfolgen. In diese Gruppe kann auch die Schutztrennung mit mehreren Verbrauchern und einem nicht geerdeten Schutzleiter (PU-Leiter) eingeordnet werden.

Bei allen diesen Schutzmaßnahmen kann ein Zusatzschutz erfolgen. Am bekanntesten ist die Ausführung der Geräte in Schutzklasse II, Schutzisolierung. Ferner können bei den Schutzmaßnahmen der Gruppen I und II in besonders gefährdeten Bereichen hochempfindliche FI-Schutzeinrichtungen zusätzlich eingebaut werden (Personenschutz).

Tabelle 3.3 Struktur der Schutzmaßnahmen nach DIN VDE 0100, Teil 410.

Schutz gegen direktes Berühren
(Grundschutz)

Vollschutz

| Isolieren | 5.1 |
| Abdecken-Umhüllen | 5.2 |

Immer bei $U_\sim > 50\,V/$ $U_- > 120\,V$ möglichst auch bei $U_\sim > 25\,V$ und $U_- > 60\,V$

teilweiser Schutz

| Hindernisse | 5.3 |
| Abstände | 5.4 |

bei nur für Fachkräfte zugänglichen Bereichen

Zusätzlicher Schutz gegen el. Schlag, DIN VDE 0106 T. 100

Zusatzschutz

Zusätzlicher Schutz durch FI-Schutzeinrichtungen $I_{DN} \leqq 30$ mA   5.5

Nur in Verbindung mit anderen Schutzmaßnahmen.

Schutz bei indirektem Berühren
(Fehlerschutz)

Gruppe I
ohne Schutzleiter ohne Zwangsabschaltung

Gruppe II
mit Schutzleiter, mit Zwangsabschaltung beim 1. Fehler

Gruppe III
mit Schutzleiter Abschaltung bei 2. Fehler

Schutzisolierung
5.1.1
Schutzkleinspannung   5.1.2
Funktionsklein-spannung   5.1.3
Schutztrennung mit 1 Verbraucher
5.1.4
Schutz durch nichtleitende Räume   5.1.5
Schutz durch erdfreien Potentialausgleich   5.2.1

Abschaltung durch Überstrom-Schutzeinrichtung 6.1.7.1
TT-Netz   6.1.4
(Schutzerdung)
TN-Netz   6.1.3
(Nullung)

Schutz durch FI-Schutzeinr. 6.1.7.2
TT-Netz   6.1.4
(FI-Schutzschaltung)
TN-Netz   6.1.3
(schnelle Nullung)

IT-Netz mit Isolationsüberwachung
6.1.5
(Schutzleitungs-System)
Schutztrennung mit mehreren Verbrauchern   6.5.3

Zusatzschutz:
FI-Schutzeinrichtung oder Schutzisolierung

Zusatzschutz
Schutzisolierung

60

4 Schutzmaßnahmen gegen direktes Berühren

(Teil 410, 5)

Schutz gegen direktes Berühren ist Schutz gegen gefährliche Körperströme bei fehlerfreier Elektroinstallation, der Grundschutz (s. Tabelle 3.3, Definition Kapitel 3). Als Körperstrom wird in Teil 410 der Strom durch einen menschlichen Körper bezeichnet, während als Körperschlußstrom grundsätzlich derjenige bei Körperschluß in elektrischen Betriebsmitteln gemeint ist.

In Grundregel 1 wird in Abschnitt 1.5 der Sicherheitsfibel gefordert, daß aktive Teile mit gefährlichen Spannungen bei einer ordnungsgemäßen Anlage nicht berührbar sein dürfen. Exakt muß die Forderung lauten, daß nicht gleichzeitig berührungsgefährliche Teile und Erdpotential berührbar sein dürfen. Die Definition dieses Begriffes, z.B. auch bei Meßgeräten in VDE 0411, ist unterschiedlich. Gemeint ist, daß berührbare Teile durchaus Spannung führen können, wenn diese nur nicht zu gefährlichen Strömen oder gefährlichen Entladungen führen können. Der Strom kann durch hohe Widerstände auf ungefährliche Werte beschränkt werden, die Energie eines aufgeladenen Kondensators muß entsprechend klein sein. Für den letzten Fall liegen exakte Grenzwerte noch nicht vor. Hinsichtlich der zeitlichen Begrenzung durch einen Fehlerstrom-Schutzschalter siehe Abschnitt 5.3.

4.1 Bestimmungen

Die Bestimmungen über den Schutz gegen direktes Berühren sind in *VDE 0100 Teil 410* in den *Abschnitten 5*: Schutz gegen direktes Berühren und *Abschnitt 4*: Schutz sowohl gegen direktes als auch bei indirektem Berühren erheblich umfangreicher enthalten als dieses in *§ 4 von VDE 0100/5.73* der Fall war.

Die folgenden Ausführungen über den Schutz gegen direktes Berühren entsprechen der jetzt gültigen Fassung. Für den Errichter und Betreiber einer elektrischen Anlage ist darüber hinaus *VDE 0106, Teil 100/3.83, «Anordnung von Betätigungselementen in der Nähe berührungsgefährlicher Teile»* wichtig. Er befaßt sich mit den Schutzzonen um zu betätigende Teile wie Schalter, Überstromauslöser usw. innerhalb von Schaltschränken.

4.2 Schutz durch Isolierung
(Teil 410, 5.1)

Was ist Isolierung? In den VDE-Bestimmungen ist das nicht exakt definiert. Zunächst weiß jeder Elektroinstallateur, was damit gemeint ist: Aktive Teile werden so mit einem Isolierstoff umgeben, daß sie nicht mehr direkt berührbar sind. Danach sind Luftstrecken keine Isolierung. Ferner geht aus der Forderung in *Abschnitt 5.1*

> *Aktive Teile müssen vollständig mit einer Isolierung umgeben werden, die nur durch Zerstörung entfernt werden kann,*

hervor, daß mit Isolierung das gemeint ist, was nur durch eine Zerstörung entfernt werden kann, also z.B. die Isolierung einer Leitung, einer eingegossenen Dosenklemme, u.a.m.

Wird das abisolierte Ende eines Drahtes in einer Schraubklemme befestigt, ist die Isolierung damit für das Leitungsende nur noch eine Abdeckung oder Umhüllung nach *Abschnitt 5.2* in *Teil 410*. Es muß dann die angegebene Schutzart eingehalten werden.

Die Isolierung muß allen zu erwartenden mechanischen, chemischen, elektrischen und thermischen Beanspruchungen, denen sie ggfs. im Betrieb ausgesetzt wird, dauerhaft standhalten. Farben und Lacke sind grundsätzlich keine Isolierung. Die Beurteilung dieser Bedingung stellt an den Elektroinstallateur erhebliche Anforderungen hinsichtlich seiner mechanischen und physikalischen Kenntnisse.

Die elektrische Sicherheit der Isolierung wird durch Messen des Isolationswiderstandes geprüft. Die mechanische Festigkeit kann der Elektroinstallateur normalerweise noch selbst beurteilen. Hinsichtlich der thermischen und chemischen Beanspruchung muß er sich ggfs. auf die Angaben des Herstellers verlassen.

4.3 Schutz durch Abdeckungen oder Umhüllungen
(Teil 410, 5.2)

Sinngemäß zu der oben definierten Isolierung sind Abdeckungen und Umhüllungen alle ohne Zerstörung zu entfernenden Isolierstoffe, darüber hinaus aber auch alle leitfähigen Teile, die einen genügenden Abstand zu aktiven Teilen haben und durch ihre mechanische Festigkeit einen ausreichenden Schutz bieten. Dazu gehören z. B. metallische Schaltschränke oder Abdeckungen von Motorklemmen usw. An den Ersteller derartiger Umhüllungen und Abdeckungen werden hohe Anforderungen gestellt, da er in eigener Verantwortung entscheiden muß, was den zu erwartenden Beanspruchungen entsprechend der Forderung in *Abschnitt 5.2.3* genügen wird.

Hinsichtlich der Bedingungen für den Schutz gegen das Eindringen von Fremdkörpern und Wasser werden exakte Forderungen gestellt. Wie für Betriebsmittel allgemein gelten auch für elektrische Anlagen die *IP-Schutzgrade* nach *DIN 40 050*. Die offizielle Bezeichnung hierfür lautet: *Schutzgrad nach DIN 40 050 IP XX*.

Für XX sind zwei Zahlen einzusetzen. Die erste betrifft den Schutzgrad für den Berührungs- und Fremdkörperschutz (Tabelle 4.1). Die zweite Zahl gibt den Schutzgrad für Wasserschutz an (Tabelle 4.2).

Für Abdeckungen und Umhüllungen in der Elektroinstallation wird grundsätzlich die Schutzart IP 2X gefordert, d. h. Fremdkörper von mehr als 12 mm Durchmesser dürfen nicht eindringen können; ein besonderer Wasserschutz wird nicht generell gefordert.

Für obere horizontale Oberflächen von Abdeckungen oder Umhüllungen, die leicht zugänglich sind, muß der höhere Schutzgrad von mindestens IP 4X erfüllt werden. Hierbei dürfen, z. B. an der Oberfläche von zugänglichen Verteilungen, nur noch Spalten oder Löcher mit max. 1 mm Ausdehnung vorhanden sein. Das ist bei der Einführung von Leitungen oder beim Eigenbau von Verteilungen zu beachten. Für Betriebsmittel gelten teilweise andere Schutzgradbezeichnungen (Leuchten s. Tabelle 7.3, Schalter Tabelle 7.6). Eine Vereinheitlichung wird z. Z. angestrebt.

Abdeckungen und Umhüllungen dürfen sinngemäß nur mit Schlüssel oder Werkzeug entfernt werden können, wenn nicht sichergestellt ist, daß vor dem Entfernen das Abschalten der Spannung an allen aktiven Teilen zwangsweise erfolgt. Ein Entfernen ohne diese Bedingung ist zulässig, wenn sich darunter eine zweite Zwischenabdeckung wenigstens vom Schutzgrad IP 2X befindet.

Tabelle 4.1   Schutzgrade für den Berührungs- und Fremdkörperschutz; 1. Kennziffer von IP XX nach DIN 40050

1. Kennziffer	Schutzgrad (Berührungs- und Fremdkörperschutz)
0	Kein besonderer Schutz
1	Schutz gegen Eindringen von festen Fremdkörpern mit einem Durchmesser größer als 50 mm (große Fremdkörper)[1] Kein Schutz gegen absichtlichen Zugang, z.B. mit der Hand, jedoch Fernhalten großer Körperflächen
2	Schutz gegen Eindringen von festen Fremdkörpern mit einem Durchmesser größer als 12 mm (mittelgroße Fremdkörper)[1] Fernhalten von Fingern oder ähnlichen Gegenständen
3	Schutz gegen Eindringen von festen Fremdkörpern mit einem Durchmesser größer als 2,5 mm (kleine Fremdkörper)[1,2] Fernhalten von Werkzeugen, Drähten oder ähnlichem von einer Dicke größer als 2,5 mm
4	Schutz gegen Eindringen von festen Fremdkörpern mit einem Durchmesser größer als 1 mm (kornförmiger Fremdkörper)[1,2] Fernhalten von Werkzeugen, Drähten oder ähnlichem von einer Dicke größer als 1 mm
5	Schutz gegen schädliche Staubablagerungen. Das Eindringen von Staub ist nicht vollkommen verhindert; aber der Staub darf nicht in solchen Mengen eindringen, daß die Arbeitsweise des Betriebsmittels beeinträchtigt wird (staubgeschützt)[3] Vollständiger Berührungsschutz
6	Schutz gegen Eindringen von Staub (staubdicht) Vollständiger Berührungsschutz

[1] Bei Betriebsmitteln der Schutzgrade 1 bis 4 sind gleichmäßig oder ungleichmäßig geformte Fremdkörper mit drei senkrecht zueinander stehenden Abmessungen größer als die entsprechenden Durchmesser-Zahlenwerte am Eindringen gehindert.
[2] Für die Schutzgrade 3 und 4 fällt die Anwendung dieser Tabelle auf Betriebsmittel mit Abflußlöchern oder Kühlluftöffnungen in die Verantwortung des jeweils zuständigen Fachkomitees.
[3] Für den Schutzgrad 5 fällt die Anwendung dieser Tabelle auf Betriebsmittel mit Abflußlöchern in die Verantwortung des jeweils zuständigen Fachkomitees.

Tabelle 4.2 Schutzgrade für den Wasserschutz; 2. Kennziffer aus IP XX nach DIN 40050

2. Kennziffer	Schutzgrad (Wasserschutz)
0	Kein besonderer Schutz
1	Schutz gegen tropfendes Wasser, das senkrecht fällt Es darf keine schädliche Wirkung haben (Tropfwasser)
2	Schutz gegen tropfendes Wasser, das senkrecht fällt Es darf bei einem bis zu 15° gegenüber seiner normalen Lage gekippten ABetriebsmitel (Gehäuse) keine schädliche Wirkung haben (schrägfallendes Tropfwasser)
3	Schutz gegen Wasser, das in einem beliebigen Winkel bis 60° zur Senkrechten fällt Es darf keine schädliche Wirkung haben (Sprühwasser)
4	Schutz gegen Wasser, das aus allen Richtungen gegen das Betriebsmittel (Gehäuse) spritzt Es darf keine schädliche Wirkung haben (Spritzwasser)
5	Schutz gegen einen Wasserstrahl aus einer Düse, der aus allen Richtungen gegen das Betriebsmittel (Gehäuse) gerichtet wird Er darf keine schädliche Wirkung haben (Strahlwasser)
6	Schutz gegen schwere See oder starken Wasserstrahl Wasser darf nicht in schädliche Mengen in das Betriebsmittel (Gehäuse) eindringen (Überfluten)
7	Schutz gegen Wasser, wenn das Betriebsmittel (Gehäuse) unter festgelegtem Druck- und Zeitbedingungen in Wasser getaucht wird Wasser darf nicht in schädlichen Mengen eindringen (Eintauchen)
8	Das Betriebsmittel (Gehäuse) ist geeignet zum dauernden Untertauchen in Wasser bei Bedingungen, die durch den Hersteller zu beschreiben sind (Untertauchen)*

* Dieser Schutzgrad bedeutet normalerweise ein luftdicht verschlossenes Betriebsmittel. Bei bestimmten Betriebsmitteln kann jedoch Wasser eindringen, sofern es keine schädliche Wirkung hat.

4.4 Schutz durch Hindernisse
(Teil 410, 5.3)

Hindernisse stellen nur einen Schutz gegen das zufällige direkte Berühren dar. Sie bilden nur einen teilweisen Schutz. Anwendung findet dieser Schutz in Räumen, die ausschließlich Elektrofachkräften bzw. unterwiesenen Personen zugänglich sind. Diese Hindernisse, die durchaus umgangen oder beseitigt werden können, bestehen üblicherweise nur aus einfachen Geländern oder Gitterwänden.

Die Sicherheit beruht auf den Anweisungen, die das Wartungspersonal erhält, das zu diesen Betriebsstätten Zugang hat. Weitere Angaben über die Ausführung eines Schutzes durch Hindernisse befinden sich in *VDE 0100, Teil 731/2.86* (siehe auch Abschnitt 8.15).

4.5 Schutz durch Abstand
(Teil 410, 5.4)

Der Schutz beruht darauf, daß gegeneinander Spannung führende Teile so weit voneinander entfernt sind, daß sie nicht gleichzeitig berührt werden können. Normalerweise gilt hierfür ein Abstand von 2,50 m (Definition des «Handbereiches» siehe *Teil 200, 2.3.11*). An Stellen, an denen üblicherweise jedoch sperrige oder lange leitfähige Gegenstände gehandhabt werden, müssen die Abstände entsprechend vergrößert werden. Diese Art Berührungsschutz findet vor allem bei nicht isolierten Freileitungen Anwendung. Der Mindestabstand vom Boden oder von Gebäuden unter Berücksichtigung des Standortes sowie der Abmessung der Geräte oder Arbeitsmittel, die in der Nähe oder unterhalb der Leitungen eingesetzt werden können, ist festgelegt *(DIN VDE 0210 und 0211)*.

4.6 Zusätzlicher Schutz durch Fehlerstrom-Schutzeinrichtungen
(Teil 410, 5.5)

In Abschnitt 1.4 und Bild 1.1 wird dargestellt, daß durch die Begrenzung von Fehlerströmen auf sehr kurzen Zeiten und $I_{\Delta n} \leqq 30$ mA Fehlerstrom-Schutzeinrichtungen auch einen Schutz bei direktem Berühren herstellen. Aber: Durch Fehlerstrom-Schutzschalter kann niemals der Schutz gegen direktes und indirektes Berühren ersetzt werden. Der Elektroinstallateur sollte auch niemals erwägen, die Fehlerstrom-Schutzschaltung wegen dieses zusätzlichen Schutzes ohne Schutzleiter zu verwenden (s. Abschnitt 5.3.4 bis 5.3.7)

5 Schutzmaßnahmen bei indirektem Berühren

Im Gegensatz zum Schutz gegen direktes Berühren handelt es sich jetzt um einen Schutz beim Berühren von Körpern, die nur im Fehlerfall unter Spannung stehen bzw. stehen würden *(Schutz gegen gefährliche Körperströme im Fehlerfall)*, wenn nicht für diesen Fehlerfall eine zusätzliche Schutzmaßnahme angewendet wurde. Dadurch soll das Bestehenbleiben einer gefährlichen Berührungsspannung verhindert werden.

Einteilung

Diese Schutzmaßnahmen bei indirektem Berühren lassen sich in drei Gruppen nach Tabelle 5.1 einteilen. Diese Tabelle zeigt gleichzeitig eine Gegenüberstellung der §§ aus *VDE 0100/6.77* zu den Abschnitten aus der harmonisierten Fassung *VDE 0100 Teil 410*. Dazu einige Erläuterungen (s. a. Tabelle 3.3).

Gruppe I

Sie enthält die Schutzmaßnahmen, bei denen im Fall eines einzelnen Körper- oder Erdschlusses keine Zwangsabschaltung erfolgt. Die Begriffe *Schutzisolierung*, *Schutzkleinspannung* und *Schutztrennung* sind auch in der neuen Fassung, wenn auch teilweise mit anderen Bedingungen, geblieben. Hinzugefügt sind als Schutzmaßnahmen die *Funktionskleinspannung*, der *Schutz durch nicht leitende Räume* und der *Schutz durch erdfreien, örtlichen Potentialausgleich*. Bei dem Schutz durch nicht leitende Räume handelt es sich um die Angaben, die in *VDE 0100/5.73, § 6a (2.2.2)* kurz enthalten waren.

Gruppe II

Sie umfaßt die Schutzmaßnahme mit Zwangsabschaltung bei einem Körper- bzw. Erdschluß. Es sind ausschließlich Schutzmaßnahmen mit Schutzleiter. In der Tabelle sind sie unterteilt nach solchen, bei denen die Abschaltung durch eine Überstrom-Schutzeinrichtung oder durch eine Fehlerstrom-Schutzeinrichtung erfolgt. Die bisherigen Begriffe *Schutzerdung*, *Nullung*, *Fehlerstrom-Schutzschaltung* und *Fehlerspannungs-Schutzschaltung* gibt es unverständlicherweise in der

67

Tabelle 5.1 Schutzmaßnahmen bei indirektem Berühren. Einteilung und Gegenüberstellung der Fassungen von VDE 0100/5.73 zu denen aus Teil 410 der harmonisierten Fassung

Nr.	Bisherige bzw. neue Bezeichnung	Behandelt in		Sicherheitsfibel Abschnitt
		VDE 0100/5.73	VDE 0100 Teil 410	
I. Schutzmaßnahmen ohne Abschalteinrichtung im Fehlerfall				
1	Schutzisolierung	§ 7	6.2	5.1.1
2	Schutzkleinspannung	§ 8	4.1	5.1.1
3	Funktionsklein-spannung	–	4.3	5.1.3
4	Schutztrennung	§14	6.5	5.1.4
5	Schutz durch nichtleitende Räume	§ 6, 2.2.2)	6.3	5.1.5
6	Schutz durch örtlichen erdfreien Potentialausgleich*	in besonderen Räumen	6.4	5.2.1
II. Schutzmaßnahmen mit Zwangsabschaltung bei einem Körperschluß a) Abschaltung durch Überstrom-Schutzeinrichtungen				
7	Schutzerdung (TT-Netz)	§ 9	6.1.4 mit 6.1.7.1	5.2.2
8	Nullung (TN-Netz)	§ 10	6.1.3 mit 6.1.7.1	5.2.3
b) Abschaltung durch Schutzschalter				
9	Fehlerstrom-Schutzschaltung (TT-Netz)	§ 13	6.1.4 mit 6.1.7.2	5.2.6
10	Schnelle Nullung (TN-Netz)	–	6.1.3 mit 6.1.7.2	5.2.4
11	Fehlerspannungs-Schutzschaltung	§ 12	6.1.4 mit 6.1.7.3	5.2.5
III. Schutzmaßnahmen mit Abschaltung in Sonderfällen				
12	Schutzleitungssystem (IT-Netz)	§ 11	6.1.5	5.2.6

* Der Schutz durch örtlichen, erdfreien Potentialausgleich kann auch den Gruppen II oder III zugeordnet werden (Abschnitt 5.2.1)

harmonisierten Fassung nicht mehr. Die Tabelle 3.2 enthält die Gegenüberstellung der alten Schutzmaßnahmen-Bezeichnung zu der neuen Auffassung, bei der lediglich die Netzart mit der verwendeten Schutzeinrichtung angegeben wird. Die Anforderungen sind teilweise abweichend.

Die Fehlerspannungs-Schutzschaltung wird hier nur noch der Vollständigkeit halber angegeben. Ihre Anwendung ist praktisch völlig verschwunden. Die VDE-Bestimmungen über FU-Schutzschalter sind vor vielen Jahren zurückgezogen worden.

Gruppe III

Sie enthält die Schutzmaßnahmen mit Zwangsabschaltung in Sonderfällen, vor allem das bisherige *Schutzleitungssystem*. Diese Namen gibt es in der Neufassung ebenfalls nicht mehr. Hier erfolgt eine Abschaltung normalerweise erst bei einem Doppelerdschluß. Der erste Fehler wird lediglich gemeldet. Es ist jedoch auch möglich, durch die Isolationsüberwachungseinrichtungen bereits beim ersten Fehler die Abschaltung des Netzes hervorzurufen.

Ausnahmen

Schutzmaßnahmen werden nicht gefordert *(Ausnahmen Teil 410, 8)*:

☐ bei Spannungen bis 25 V Wechselspannung bzw. 60 V Gleichspannung gegen Erde,

☐ bei Schweißeinrichtungen, Glüh- und Schmelzöfen sowie elektrochemischen Anlagen z. B. für Elektrolyse, kann von einem Berührungsschutz abgesehen werden, wenn dieser technisch und aus Betriebsgründen nicht durchführbar ist. In diesen Fällen sind andere Maßnahmen zu treffen, z. B. isolierender Standort, isolierende Fußbekleidung, isoliertes Werkzeug. Darüber hinaus sind Warnschilder anzubringen.

Schutzmaßnahmen bei indirektem Berühren werden nicht gefordert in Anlagen und bei Betriebsmitteln mit:

☐ Spannungen bis 250 V gegen Erde für Betriebsmittel der öffentlichen Stromversorgung zur Messung elektrischer Arbeit und Leistung, z. B. Elektrizitätszähler, Tarifschaltgeräte, die in regelmäßigen Fristen von Prüfstellen überprüft werden. (Für diese Betriebsmittel wird jedoch die Schutzisolierung empfohlen.)

Bei Wechselspannung bis 1000 V und Gleichspannung bis 1500 V können Schutzmaßnahmen entfallen für:

☐ Metallrohre mit isolierenden Auskleidungen, Metallrohre zum Schutz von Mehraderleitungen oder Kabeln, Metalldosen mit isolierender Auskleidung (Unterputzdosen und Verbindungs- und Abzweigdosen), Metallumhüllungen oder Metallmäntel von Leitungen sowie Bewehrungen von Leitungen oder Kabeln, Metallmäntel von Kabeln, sofern die Kabel nicht im Erdreich verlegt sind;

☐ Stahl- und Stahlbetonmaste in Verteilungsnetzen;

☐ Dachständer und mit diesen leitend verbundene Metallteile in Verteilungsnetzen.

5.1 Die Bausteine der Schutzmaßnahmen

5.1.1 Isolierung

Neben der Sicherheit, daß eine Isolation bzw. Isolierung den mechanischen, thermischen und chemischen Einflüssen gewachsen ist, ist die wesentliche Kenngröße der Isolationswiderstand. Isolationswiderstände der aktiven Leiter einer elektrischen Anlage oder eines Betriebsmittels gegen Erde bzw. gegen den Schutzleiter bzw. gegen berührbare, leitfähige Teile oder auch gegeneinander sind in ihrer räumlichen und materiellen Darstellung sehr komplizierte Gebilde. Sie bestehen nicht nur aus der speziell angebrachten Isolierung, sondern zusätzlich aus Luftstrecken oder auch aus teilweise verschmutzten und feuchten Kriechstrecken. Die elektrische Ersatzschaltung ist in Bild 5.1 darge-

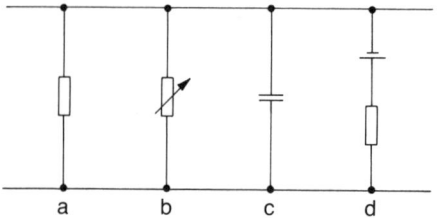

Bild 5.1 Ersatzschaltung für Isolationswiderstände
a konstanter Wirkwiderstand
b veränderlicher Wirkwiderstand
c kapazitiver Widerstand
d elektrolytische Spannung mit Vorwiderstand

70

stellt. Darin ist der Zweig a der eigentliche, konstante Isolationswiderstand, dem der variable Widerstand in Zweig b parallel geschaltet ist. Der Kondensator im Zweig c oder die elektrolytische Spannung im Zweig d spielen zunächst für die Sicherheit eines Isolationswiderstandes keine Rolle, sie müssen lediglich bei der Messung (siehe Kapitel 9) beachtet werden.

Dieses komplexe Gebilde ist von folgenden Faktoren abhängig:

☐ Betrag der anliegenden Spannung,
☐ Zeit (Alterung),
☐ klimatische Bedingungen (Feuchte),
☐ Schaltzustand des Netzes bzw. Vorgeschichte.

Steigert man die Spannung an einer Isolationsstrecke, so nimmt der Betrag des Isolationswiderstandes normalerweise ab, bis es endgültig zu einem Durchschlag kommt. Die Isolation muß somit für die im Betrieb und im Störungsfall anliegende Spannung fest genug sein.

Alterung und Feuchtigkeit verringern den Isolationswiderstand. Dieser muß daher bei trockenen Neuinstallationen wesentlich höher sein, als es aus betrieblichen Gründen unbedingt erforderlich ist.

Neben dem Isolationswiderstand muß der Elektroinstallateur bei der Beurteilung seiner Arbeit sehr darauf achten, ob Isolationswiderstände nicht durch mechanische Beschädigungen, z. B. an scharfen Kanten bei Einführungen, zerstört werden können.

5.1.2 Potentialausgleich und Schutzleiter

Die umfangreiche und komplizierte Elektroinstallation sowie die immer größere Anwendung von elektrischen Geräten in praktisch allen Räumen eines Gebäudes führt im Zusammenhang mit leitfähigen Rohrsystemen oder leitfähigen Konstruktionsteilen bei einem Körperschluß zu einer völlig unübersichtlichen Ausbreitung von Fehlerspannungen. In solchen Fällen hilft ein zuverlässiger und konsequent durchgeführter Potentialausgleich
(s. Grundregel 2, Abschnitt 1.5).

Definitionen *Teil 200 (Tabelle 5.2)*

> *Potentialausgleich ist die elektrische Verbindung, die die Körper elektrischer Betriebsmittel und fremde leitfähige Teile auf gleiches oder annähernd gleiches Potential bringt (2.4.9).*

Tabelle 5.2   Bezeichnungen von Schutz- und Potentialausgleichsleitern nach DIN VDE 0100. Teil 200

2.4.5 Schutzleiter (Symbol PE) [826-04-05]

Ein Leiter, der für einige Schutzmaßnahmen gegen gefährliche Körperströme erforderlich ist, um die elektrische Verbindung zu einem der nachfolgenden Teile herzustellen:

– Körper der elektrischen Betriebsmittel,
– Fremde leitfähige Teile,
– Haupterdungsklemme,
– Erder,
– geerdeter Punkt der Stromquelle oder künstlicher Sternpunkt.

2.4.6 PEN-Leiter [826-04-06]

Ein geerdeter Leiter, der zugleich die Funktionen des Schutzleiters und des Neutralleiters erfüllt.
Anmerkung: Die Bezeichnung PEN resultiert aus der Kombination der beiden Symbole PE für den Schutzleiter und N für den Neutralleiter.

2.4.7 Erdungsleiter [826-04-07]

Nationale Anmerkung: Zur Zeit wird zum Teil noch der Begriff «Erdungsleitung» verwendet.
Ein Schutzleiter, der die Haupterdungsklemme oder -schiene mit dem Erder verbindet.

2.4.8 Haupterdungsklemme, Haupterdungsschiene [826-04-08]

Eine Klemme oder Schiene, die vorgesehen ist, die Schutzleiter, die Potential-ausgleichsleiter und gegebenenfalls die Leiter für die Funktionserdung mit der Erdungsleitung und den Erdern zu verbinden.
Nationale Anmerkung: Der Ausdruck «Haupterdungsschiene» ist mit dem in einigen VDE-Bestimmungen üblichen Ausdruck «Potentialausgleichs-schiene» vergleichbar.

2.4.9 Potentialausgleich [826-04-09]

Elektrische Verbindung, die die Körper elektrischer Betriebsmittel und fremde leitfähige Teile auf gleiches oder annähernd gleiches Potential bringt.

2.4.10 Potentialausgleichsleiter [826-04-10]

Ein Schutzleiter zum Sicherstellen des Potentialaugleiches.

Die ältere, bessere Definition lautete:

Potentialausgleich ist das Beseitigen von Potentialunterschieden (Spannungen), z.B. zwischen Schutzleitern (Null-Leitern, PEN-Leitern), leitfähige Rohrleitungen und leitfähigen Gebäudeteilen sowie zwischen diesen Rohrleitungen und Gebäudeteilen ggfs. untereinander.

Potentialausgleichsleiter ist ein Schutzleiter zum Sicherstellen des Potentialausgleichs *(2.4.10).*

Auch hier sei die ältere Definition angegeben:

Potentialausgleichsleitung ist eine zum Herstellen des Potentialausgleichs dienende elektrisch leitende Verbindung. Sie darf wie der Schutzleiter (grün-gelb) gekennzeichnet werden *(Teil 510/11.91).*

Das durch *VDE 0190* geforderte Einbeziehen metallischer Rohrleitungen in den Potentialausgleich ist in die Errichtungsbestimmungen einbezogen worden. Zur Erläuterung, wie der Potentialausgleich durchzuführen ist, sei auf Bild 5.1 verwiesen.

Potentialausgleich, Wirkungsweise und Ausführung
(s. Bild 5.2)

Verbindet man zwei Punkte, zwischen denen eine gefährliche Fehlerspannung entsteht, mit einem Leiter, so bricht die Spannung zwischen diesen Punkten zusammen. Es kommt je nach Art der Spannungsquellen zu einem Strom über diesen Potentialausgleichsleiter. Übersteigt dieser die Abschaltwerte vorgeschalteter Schutzeinrichtungen, kommt es zu einer Zwangsabschaltung. Bleibt ein Strom bestehen, muß der Widerstand des Potentialausgleichsleiters so klein sein, daß dieser bestehenbleibende Strom keinen Spannungsfall erzeugt, der größer als die zulässige Berührungsspannung ist.

Der Potentialausgleichsleiter kann aus einer isolierten Leitung bestehen. Dann wird er wie der Schutzleiter grün-gelb gekennzeichnet. Es können jedoch auch andere Leiter wie Schienen oder Konstruktionsteile

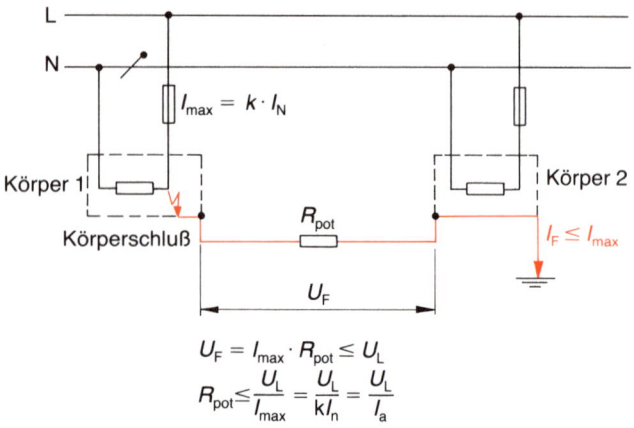

$$U_F = I_{max} \cdot R_{pot} \leq U_L$$
$$R_{pot} \leq \frac{U_L}{I_{max}} = \frac{U_L}{k I_n} = \frac{U_L}{I_a}$$

Bild 5.2   Wirkung und Bedingung für den Potentialausgleich. Hierin sind:

U_F Fehlerspannung, die bestehen bleiben kann

R_{pot} Widerstand des Potentialausgleichsleiters

I_{max} maximaler Strom über den Potentialausgleichsleiters, der im Sinne des Berührungsschutzes längere Zeit bestehenbleiben kann.

oder blanke Leitungen verwendet werden, die nicht grün-gelb gekennzeichnet werden müssen *(Teil 510)*.

Die erforderlichen Mindestquerschnitte aus Kupfer oder Aluminium waren in *Teil 540/5.86, Tabelle 8* angegeben. Bei Anwendung der Werte von Tabelle 5.3 der Sicherheitsfibel, Schutzleiterquerschnitte, und Begrenzung des Querschnittes des Hauptpotential-Ausgleichsleiters auf mindestens 6 mm² Cu ist der Installateur sicher, daß der Potentialausgleichsleiter den maximal möglichen Strom ohne zu große Erwärmung aushalten kann.

Es genügt jedoch, für den Hauptpotentialausgleich den halben Querschnitt des größten Schutzleiters, mindestens 6 mm² Cu bei maximal 25 mm² zu verwenden. Für den zusätzlichen Potentialausgleich ist der halbe Querschnitt des Schutzleiters, der an die Körper angeschlossen ist, ausreichend. Es ist selbstverständlich, daß Potentialausgleichsleiter mechanisch sicher angeschlossen werden müssen. Sie sind in ihrem Verlauf zu schützen, wenn sie nicht aufgrund ihres Querschnittes mechanisch fest genug sind.

Tabelle 5.3   Zuordnung der Querschnitte von Schutzleitern zu denen der Außenleiter (nach VDE 0100 Teil 540/5.86 Tabelle 2)

1	2	3	4	5
Nennqerschnitte				
Außenleiter	Schutzleiter oder PEN-Leiter		Schutzleiter getrennt verlegt oder Erdungsleitung	
mm^2	Isolierte Starkstrom-leitungen mm^2	0,6/1-kV-Kabel mit 4 Leitern mm^2	geschützt CU/Al mm^2	ungeschützt CU* mm^2
bis 0,5	0,5	–	2,5/4	4
0,75	0,75	–	2,5/4	4
1	1	–	2,5/4	4
1,5	1,5	1,5	2,5/4	4
2,5	2,5	2,5	2,5/4	4
4	4	4	4	4
6	6	6	6	6
10	10	10	10	10
16	16	16	16	16
25	16	16	16	16
35	16	16	16	16
50	25	25	25	25
70	35	35	35	35
95	50	50	50	50
120	70	70	50	50
150	70	70	50	50
185	95	95	50	50
240	–	120	50	50
300	–	150	50	50
400	–	185	50	50

* Ungeschützte Verlegung ist mit Aluminiumleitern nicht zulässig.
Die Werte der Tabelle sind nur gültig, wenn der Schutzleiter aus dem gleichen
Material besteht wie die Außenleiter. Trifft dies nicht zu, ist der Querschnitt des
Schutzleiters so festzusetzen, daß sich die gleiche Leitfähigkeit ergibt. Ergeben
sich dabei nicht genormte Querschnitte, so ist der in der Normreihe am nächsten
liegende Querschnitt auszuwählen.
In IT-Netzen braucht der Querschnitt eines getrennt verlegten Schutzleiters aus
Fe oder einer Erdungsleitung aus Fe jedoch nicht größer als 120 mm^2 zu sein.

Potentialausgleichsverbindungen, die nicht durch spezielle Leitungen hergestellt werden, müssen den gleichen Leitwert wie eine erforderliche Leitung haben.

In *VDE 0100* werden folgende Formen des Potentialausgleiches unterschieden:

☐ erdfreier, örtlicher Potentialausgleich *(Teil 410, 6.4)*
☐ zusätzlicher, mit dem Schutzleiter verbundener Potentialausgleich (z. B. in Badezimmern nach *Teil 701*),
☐ Hauptpotentialausgleich *(Teil 410, 6.1.2, bzw. VDE 0190)*.

Die Schutzmaßnahme *erdfreier, örtlicher Potentialausgleich* nach *(Teil 410, 6.4)* ist für den Elektroinstallateur nur in seltenen Sonderfällen anwendbar, da er kaum entscheiden kann, ob die anzuschließenden, leitfähigen Teile im Raum nicht doch mit Erde verbunden sind, was nicht zulässig ist. Es ist eine Schutzmaßnahme, die z. B. dann anzuwenden ist, wenn man beim Vorhandensein einer Standortisolation mehrere Betriebsmittel berühren kann, oder wenn in einem Labor über die Erde keine Fremdspannungen verschleppt werden sollen, die Messungen stören können.

Ferner ist er dann anzuwenden, wenn die Abschaltzeiten in einem Netz nicht eingehalten werden können. Das gilt aber praktisch ausschließlich für Verteilungsnetze.

Der *zusätzliche Potentialausgleich*, bei dem z. B. in Badezimmern alle leitfähigen Teile an einen Potentialausgleichsleiter anzuschließen sind, der mit dem Schutzleiter bzw. mit dem Hauptpotentialausgleich zu verbinden ist, spielt eine sehr wichtige Rolle. Wenn er erforderlich ist, wird das bei der Behandlung der speziellen Räume im Kapitel 8 erläutert.

Unumgänglich für jede Elektroinstallation ist der *Hauptpotentialausgleich*, der in Bild 5.3 dargestellt ist (aus *VDE 0190/5.86: Einbeziehen von Gas- und Wasserleitungen in den Hauptpotentialausgleich von elektrischen Anlagen, technische Regel des DVGW*. Einzelheiten für die Verbindung zum Hausanschluß je nach Netzart s. in Bild 5.3). Da seit 1990 Wasserrohrenetze nicht mehr als Erder verwendet werden dürfen, ist seither *VDE 190* entfallen. Die verbleibenden Bestimmungen enthält nun *Teil 540*.

Nach *Teil 410, 6.1.2*, sind an diesen Hauptpotentialausgleich, der durch eine Potentialausgleichsschiene hergestellt wird, folgende leitfähigen Teile anzuschließen:

☐ Hauptschutzleiter (vom Hausanschluß kommend),
☐ Haupterdungsleiter, Fundamenterder,
☐ Blitzschutzerder,

76

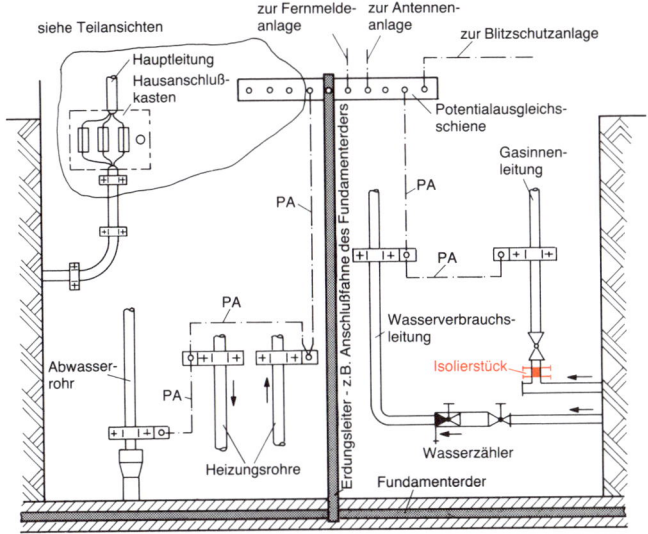

PA: Potentialausgleicher

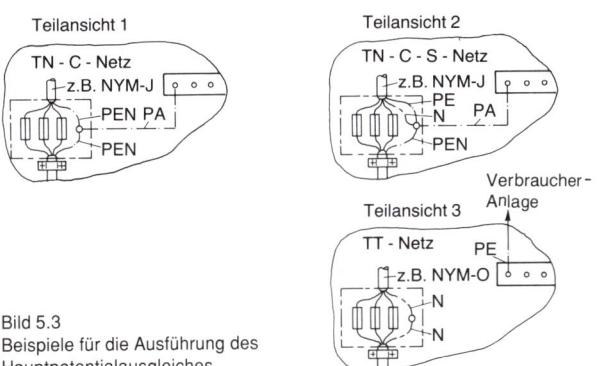

Bild 5.3
Beispiele für die Ausführung des
Hauptpotentialausgleiches

77

- ☐ Hauptwasserrohre,
- ☐ Hauptgasrohre (Gasinnenrohre im Haus),
- ☐ andere metallische Rohrsysteme, z. B. die von Heizungs- und Klimaanlagen,
- ☐ Metallteile der Gebäudekonstruktion, soweit möglich.

Unter Haupt-... ist zu verstehen, daß es sich dabei um Rohre und Leitungen handelt, die unmittelbar nach der Hauseinführung anzuschließen sind.

Durch diesen Hauptpotentialausgleich wird, falls alle Schutzleiter ordnungsgemäß angeschlossen werden, praktisch das ganze Gebäude einschließlich der Körper von elektrischen Betriebsmitteln auf ein einheitliches Potential festgelegt. Bei einer konsequenten Durchführung wird das Auftreten gefährlicher Berührungsspannungen bei diesem Gebäude weitgehend unmöglich gemacht.

Schutzleiter
(Teil 540.5, Teil 510)

Im Gegensatz zu Potentialausgleichsleitern verbindet ein Schutzleiter, Kurzzeichen PE, grundsätzlich den Körper eines Betriebsmittels mit Erde bzw. mit dem Hauptpotentialausgleich (Ausnahme als PU-Leiter bei Schutztrennung mit mehreren Verbrauchern).

Treten bei einem Körperschluß bzw. Erdschluß Fehlerströme auf, die durch Widerstände an der Fehlerstelle unterhalb der Auslösewerte der vorgeschalteten Schutzorgane liegen, hat der Schutzleiter die Funktion eines Potentialausgleichsleiters. Die durch ihn verbundenen Punkte können keine gefährliche Berührungsspannung gegeneinander annehmen.

Seine zweite Aufgabe ist die, bei Körperschlüssen ohne Fehlerwiderstand für einen genügend großen Strom zum Auslösen der Schutzeinrichtungen beizutragen. Sein Widerstand ist dann Teil des Widerstandes der Stromschleife für den Fehlerstrom, somit Teil des Erdungswiderstandes oder Teil des Schleifenwiderstandes. Das Festlegen eines zulässigen Widerstandswertes für ihn alleine, z. B. bei einer Prüfung, ist dann außerordentlich schwierig (s. Kapitel 9).

Neben dem Isolationswiderstand stellen Potential- und Schutzleiter die wichtigsten Bausteine der Schutzmaßnahmen überhaupt dar. Die speziellen Anforderungen hinsichtlich Anschluß- und Widerstandswert werden bei den einzelnen Schutzmaßnahmen behandelt.

Der Schutzleiter ist ein zwingendes Erfordernis aller Schutzmaßnahmen der Gruppe II. Damit ist für die Steckvorrichtungen auch der Schutzkontakt zwingend vorgeschrieben, weil der den Schutzleiter der beweglichen Leitungen mit dem fest verlegten Teil des Schutzleiters verbindet.

An die Schutzkontakte aller Stecker, Steckdosen und Kupplungsdosen muß der Schutzleiter fest angeschlossen sein, auch in Räumen, in denen Schutzmaßnahmen nicht vorgeschrieben sind. Wird in einem solchen Raum eine Schutzmaßnahme der Gruppe II auch nur in einem Falle angewendet – z.B. nur eine einzige Schutzkontakt-Steckdose installiert – sind alle Teile der Anlage in diesem Raum in die Schutzmaßnahme einzubeziehen und alle noch vorhandenen Steckdosen ohne Schutzkontakte zu entfernen und durch solche mit Schutzkontakt zu ersetzen. Ob es allerdings noch solche Anlagen mit Steckdosen ohne Schutzkontakt gibt, erscheint inzwischen fraglich.

Für die Schutzleiter werden Mindestquerschnitte verlangt. Tabelle 5.3 gibt deren Zuordnung zu den Querschnitten der Außenleiter an. Der *Teil 540* macht zusätzlich ausführliche Angaben über die Berechnung des PE-Querschnittes mit recht komplizierten Formeln, die der Elektroinstallateur normalerweise nicht benötigt. Er sollte sich auf die Werte der wiedergegebenen Tabelle beschränken.

Wird ein gemeinsamer Schutzleiter für mehrere Stromkreise verwendet, so ist der Querschnitt dem des stärksten Außenleiters anzupassen. Als Schutzleiter können verwendet werden:

☐ Leiter in mehradrigen Kabeln und Leitungen,
☐ Isolierte oder blanke Leiter in gemeinsamer Umhüllung mit Außenleitern,
☐ fest verlegte blanke oder isolierte Leiter,
☐ geeignete Metallumhüllungen wie Mäntel, Schirme und konzentrische Leiter
☐ Metallrohre oder andere Metallumhüllungen, z.B. Installationskanäle, Gehäuse von Stromschienensystemen,
☐ fremde, leitfähige Teile, wenn sie eine durchgehende elektrische Verbindung jederzeit sicherstellen.

Immer dann, wenn nicht spezielle Leiter für den Schutzleiter verwendet werden, muß bei diesen Teilen eine dauerhafte Verbindung sichergestellt sein. Es darf nicht vorkommen, daß bei Montagen Teile dieser Verbindungen unterbrochen werden. Gasrohre dürfen nicht verwendet werden. Metallene Wasserrohre genügen diesen Anforderungen üblicherweise nicht!

Die Bedingungen für den Schutzleiter entsprechen somit weitgehend den Bedingungen des Potentialausgleichsleiters.

Es bedarf eigentlich keines besonderen Hinweises, daß Schutzleiter und auch Potentialausgleichsleiter sicher und zuverlässig anzuschließen sind. Die Schutzleiterverbindungen müssen daher zwecks Besichtigungen bei Prüfungen zugänglich sein, es sei denn, sie sind vergossen. Innerhalb von Schutzleitern darf auch kein Schaltorgan eingebaut werden. Klemmstellen sind zulässig, sie werden teilweise sogar speziell gefordert, damit bei Prüfungen die Schutzleiterverbindungen geöffnet werden können.

Hinsichtlich zuverlässiger Verbindungen sollte der Elektroinstallateur besser zu viel als zu wenig tun. Ihm ist hier viel Freiheit gelassen, er trägt aber auch die Verantwortung.

Auf die Bedeutung einer zuverlässigen N- bzw. PEN-Leiterverbindung wird in Abschnitt 7.5 einzugehen sein.

5.1.3 Erder

Die üblichste Form eines Potentialausgleiches ist die Verbindung der zu schützenden Anlagenteile oder Betriebsmittel mit der Bezugserde.

Die Betriebserde R_B hat die dauernd zu erfüllende Aufgabe, die Spannung eines Netzes gegen die Bezugserde festzulegen. Die Schutzerde R_A braucht erst dann wirksam zu werden, wenn Ableitströme in einem Netz zu groß werden bzw. wenn ein Fehler (Körperschluß, Erdschluß) im Netz auftritt.

Die gültigen Begriffe aus *Teil 200* zeigt die Tabelle 5.4. In dieser ist die Bezugserde nicht mehr enthalten. Für diese galt in der älteren Fassung (und so wird sie in der Fibel weiterhin auch verwendet):

> *Die Bezugserde ist der Teil der Erde, insbesondere der Erdoberfläche außerhalb des Einflußbereiches eines Erders bzw. einer Erdungsanlage, wo zwischen zwei beliebigen Punkten keine merklichen, vom Erdungsstrom herrührenden Spannungen auftreten.*

Das bedeutet im Grunde genommen, daß das Potential der Bezugserde sich nicht ändert, wenn bei einem Erdschluß der Strom in das Erdreich hineinfließt.

Eine Erdung besteht aus der *Erdungsleitung*, dem *Erder* und dem *Erdausbreitungswiderstand*. Die Erdungsleitung ist wie ein Schutzleiter oder wie ein Potentialausgleichsleiter zu behandeln und zu kennzeichnen, bei isolierten Leitungen also grün-gelb.

Als Erder bezeichnet man den in die Erde eingebetteten Leiter. Er stellt die Verbindung zwischen der Erdungsleitung und der Erde dar. Da er mit diesem Erdreich starken Korrosionserscheinungen unterliegt, muß seine Ausführung hinsichtlich Material und Materialstärke *VDE 0100, Teil 540* entsprechen.

Tabelle 5.4   Bezeichnung von Erdern nach DIN VDE 0100, Teil 200

2.4.1 Erde   [826-04-01]

Das leitfähige Erdreich, dessen elektrisches Potential an jedem Punkt vereinbarungsgemäß gleich null gesetzt wird.
Nationale Anmerkung 1: Das Wort **«Erde»** ist auch die Bezeichnung sowohl für die Erde als Ort, als auch für die Erde als Stoff, z. B. die Bodenarten Humus, Lehm, Sand, Kies, Gestein.
Nationale Anmerkung 2: Der Definitionstext setzt vereinbarungsgemäß den stromlosen Zustand des Erdreichs voraus. Im Bereich von Erdern oder Erdungsanlagen kann das Erdreich ein von Null abweichendes Potential haben. Für diesen Begriff wurde bisher der Begriff «Bezugserde» verwendet.

2.4.2 Erder   [826-04-02]

Ein leitfähiges Teil oder mehrere leitfähige Teile, die in gutem Kontakt mit Erde sind und mit dieser eine elektrische Verbindung bilden.
Nationale Anmerkung: Hierzu zählen auch Fundamenterder (siehe DIN VDE 0100 Teil 540/11.83, Abschnitt 4.1.1).

2.4.3 Gesamterdungswiderstand   [826-04-03]

Der Widerstand zwischen der Haupterdungsklemme/-schiene und Erde.
Nationale Anmerkung 1: Das Wort «Erde» ist hier im Sinne der Definition im Abschnitt 2.4.1 [826-04-01] angewendet, d. h., der Ausbreitungswiderstand nach Abschnitt A.5.11 wird mit berücksichtigt.
Nationale Anmerkung 2: Im VDE-Vorschriftenwerk wird im allgemeinen anstelle des Begriffes «Haupterdungsklemme» der Begriff «Potentialausgleichsschiene» verwendet.

2.4.4 Elektrisch unabhängige Erder   [826-04-04]

Erder, die in einem solchen Abstand voneinander angebracht sind, daß der höchste Strom, der durch einen Erder fließen kann, das Potential der anderen Erder nicht nennenswert beeinflußt.
A 5.10 Ausbreitungswiderstand eines Erders ist der Widerstand zwischen dem Erder und der Bezugserde.

Erder werden in die folgenden vier Hauptgruppen unterteilt:

- ☐ Oberflächenerder, 0,5 bis 1 m tief,
- ☐ Tiefenerder, bis 30 m tief,
- ☐ Fundamenterder, nach DIN 18 015, Teil 1,
- ☐ natürliche Erder.

Oberflächenerder sind Banderder oder Seilerder. Als *Tiefenerder* werden senkrecht in das Erdreich gerammte Staberder oder Rohrerder bezeichnet. Fundamenterder sind Leiter, die in Beton eingebettet sind, der selbst mit der Erde großflächig in Berührung steht. Als *natürlicher Erder* werden alle leitfähigen Teile bezeichnet, die nicht speziell für eine Erdungsanlage gebaut werden, sondern aus anderen Gründen gebaut worden sind und mit Erde in Verbindung stehen. Hierzu gehören z.B. Metallbewehrungen von Kabeln, metallene Wasserleitungen, unterirdische Konstruktionsteile wie Spundwände, Stahlteile von Gebäuden, usw.

Die Neufassung von *Teil 540/11.91* sieht eine andere Einteilung der Erder vor. Danach dürfen als Erder verwendet werden:

- ☐ Staberder oder Rohrerder;
- ☐ Banderder oder Seilerder;
- ☐ Plattenerder;
- ☐ Fundamenterder;
- ☐ Metallbewehrung von im Erdreich eingebettetem Beton;
- ☐ metallene Wasserrohrnetze unter bestimmten Bedingungen;
- ☐ andere geeignete unterirdische Konstruktionsteile, die im Erdreich eigebettet sind oder mit dem Erdreich in Kontakt stehen.

Hinsichtlich der Randbedingungen hat sich jedoch nichts verändert. Neben der *Korrosionsbeständigkeit* (Vorsicht bei verschiedenen Metallen) muß bei der Erstellung von Erdern darauf geachtet werden, daß deren Erdausbreitungswiderstand nicht durch Austrocknen oder durch Gefrieren über den zulässigen Wert hinaus erhöht wird.

Den *Erdausbreitungswiderstand*, der den größten Teil des *Gesamterdungswiderstandes* darstellt, kann man nach den Formeln von Tabelle 5.5 berechnen. In diesen Formeln ist ρ der sogenannte spezifische Erdwiderstand. Er ist in der Tabelle 5.6 für unterschiedliche Bodenarten angegeben. Diese Tabelle enthält ferner Erdausbreitungswiderstände als Funktion der Erderform und der Erderabmessung.

Zur Erläuterung der Begriffe noch einige Ausführungen. Fließt durch den Erder ein Strom in das Erdreich, so verteilt sich dieser dort in irgendeiner Form. Auf jeden Fall ist die Stromdichte in der Nähe des Erders groß und wird mit zunehmender Entfernung geringer. Damit ist aber auch der Spannungsfall je Längeneinheit, die elektrische Feld-

Tabelle 5.5 Formeln zur Berechnung des Ausbreitungswiderstandes R_A für verschiedene Erder. Darin sind:

R_A Ausbreitungswiderstand
ϱ_E spezifischer Erdwiderstand
L Länge des Erders
D Durchmesser eines Ringerders, Durchmesser der Ersatzkreisfläche oder des eines Maschenerders oder Durchmesser eines Halbkugelerders
A Betrag der umschlossenen Fläche eines Ring- oder Maschenerders
a Kantenlänge einer quadratischen Erderplatte, bei Rechteckplatten ist für a einzusetzen: $\sqrt{b \cdot c}$, wobei b und c die beiden Rechteckseiten sind.
I Inhalt eines Einzelfundamentes

Nr.	Erder	Faustformel	Hilfsgröße
1	Banderder (Strahlenerder)	$R_A \approx \dfrac{2 \cdot \varrho_E}{L}$	–
2	Staberder (Tiefenerder)	$R_A \approx \dfrac{\varrho_E}{L}$	–
3	Ringerder	$R_A \approx \dfrac{2 \cdot \varrho_E}{3 \cdot D}$	$D = 1{,}13 \cdot \sqrt[2]{A}$
4	Plattenerder	$R_A \approx \dfrac{\varrho_E}{4{,}5 \cdot a}$	–
5	Fundamenterder	$R_A \approx \dfrac{\varrho_E}{\pi \cdot D}$	$D = 1{,}57 \cdot \sqrt[3]{I}$

stärke, in der Nähe des Erders groß. Die Spannung zwischen dem Erder bzw. der Zuleitung und einem weit entfernten Punkt mit dem Potential null (Bezugserde) verteilt sich nicht gleichmäßig. Es entsteht eine Spannungsverteilung nach Bild 5.4, die man als Spannungstrichter bezeichnet. Diese Spannungstrichter haben je nach Bauart und je nach Bodenbeschaffenheit verschiedene Formen. Charakteristische Kenngrößen sind Bild 5.5 zu entnehmen (Messung von Erdausbreitungswiderständen siehe Kapitel 9).

Durch immer häufigere Verwendung von Kunststoff-Wasserleitungen und Kunststoffkabeln entfallen die natürlichen Erder. Daher ist es zweckmäßig, und wird von einigen Energieversorgungsunternehmen verlangt, daß in das Betonfundament eines Neubaus gut miteinander verschweißte, verzinkte Flacheisen als Ring verlegt werden. Dieser *Fundamenterder* ist dann später an die Hauptpotential-Ausgleichsschiene anzuschließen. Er sollte von keinem Punkt der Kellersohle mehr als 10 m entfernt sein. Problematisch ist seine Einbettung, da diese erfolgen muß,

Tabelle 5.6 Spezifische Erdwiderstände und Erdausbreitungswiderstände als Funktion von Bodenart und Erdausführung

Bodenart	Spezifischer Widerstand in $\Omega\,m$	Erdungswiderstand in Ω					
		Staberder		Banderder			Ringerder
		3 m	6 m	5 m	10 m	20 m	20 m $\varnothing$
Moorboden, Sumpf, Humuserde in feuchter Lage	30	10	5	12	6	3	1
Lehmboden, Tonboden, Ackerboden	100	33	17	40	20	10	4
sandiger Lehm	150	50	25	60	30	15	5
Sandboden, feucht	200	66	33	80	40	20	7
Sandboden, trocken	1000	330	165	400	200	100	32
Kies, feucht	500	166	83	200	100	50	16
Kies, trocken	1000	330	165	400	200	100	32
steiniger Boden	3000	1000	500	1200	600	300	95
Beton							
Zement, rein	50	–	–	20	10	5	1,7
1 mal Zement + 3 mal Sand	150	–	–	60	30	15	5
1 mal Zement + 5 mal Kies	400	–	–	160	80	40	13
1 mal Zement + 7 mal Kies	500	–	–	200	100	50	17

ehe der Elektroinstallateur auf die Baustelle kommt. Für das rechtzeitige Verlegen ist der Architekt verantwortlich, für das sachgerechte Anschließen der Elektroinstallateur.

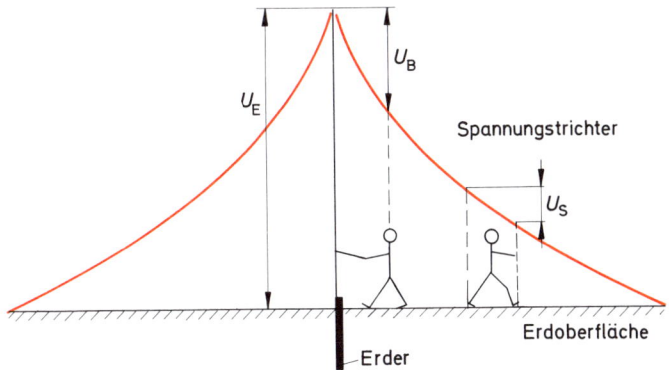

Bild 5.4 Bezeichnung der Erdungsanlagen:
U_E Erderspannung gegen Bezugserde
U_B Berührungsspannung
U_S Schrittspannung

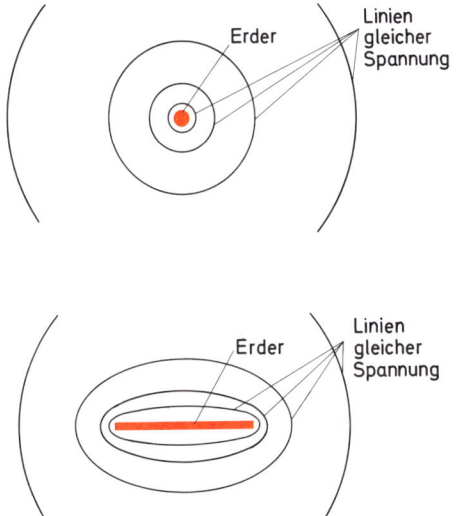

Bild 5.5 Potentialfelder von Stab- und Banderder im homogenen Erdreich

5.1.4 Überstrom-Schutzeinrichtungen

Überstrom-Schutzeinrichtungen dienen zur thermischen Überwachung von Betriebsmitteln. Sie enthalten sozusagen eine «Schwachstelle», durch die die geschützte Einrichtung, seien es Leitungen, andere Betriebsmittel oder Verbrauchsmittel, vor dem Überschreiten ihrer zulässigen Grenztemperatur abgeschaltet werden. Die Überstrom-Schutzeinrichtungen dienen in erster Linie dem Sachschutz (Brandschutz). Zu ihnen gehören:

☐ Leitungsschutz-Sicherungen,
☐ Leitungs-Schutzschalter,
☐ Gerätesicherungen,
☐ Motorstrom-Schutzschalter
  in Verteilungsnetzen außerdem
☐ Überstrom-Schutzrelais.

Die Überstrom-Schutzeinrichtungen werden dabei den Erfordernissen der zu schützenden Betriebsmittel angepaßt. Die *Leitungs-Schutzeinrichtungen* müssen zusätzlich innerhalb der Schutzmaßnahmen bei indirektem Berühren mit Schutzleiter (Gruppe II) den Personenschutz übernehmen. Dann müssen jedoch die Bedingungen der Personenschutzmaßnahme der jeweiligen Charakteristik der Überstrom-Schutzeinrichtung angepaßt werden (Erdungswiderstand, Schleifenwiderstand).

Charakteristisch für die Schutzeinrichtungen ist ihre Abschaltzeit als Funktion des Stromes, die Strom-Zeit-Kennlinie (s. Bilder 5.7 und 5.10). Ferner müssen sie in der Lage sein, eine bestimmte Leistung abzuschalten bzw. einen bestimmten Kurzschlußstrom zu beherrschen.

Überstrom-Schutzeinrichtungen schalten auch bei einem Kurzschluß nicht unmittelbar ab, sie lassen eine bestimmte Strommenge hindurch. Die charakteristische Größe wird durch den I^2t-Wert angegeben.

Damit müssen beim Einsatz von Überstrom-Schutzeinrichtungen beachtet werden:

☐ Nennspannung,
☐ Nennstrom,
☐ Nennausschaltvermögen (Ausschaltstrom),
☐ Strom-Zeit-Kennlinie,
☐ I^2t-Wert (Strombegrenzungsklasse).

Leitungsschutz-Sicherungen (Schmelzsicherungen)

Leitungsschutz-Sicherungen müssen DIN VDE 0636, Teil 1 entsprechen. Konstruktiv kann es sich um NH-Sicherungen (Niederspannungs-Hochleistungs-Sicherungen mit Messerkontakten), Schraubsicherungen der Ausführung DIAZED oder NEOZED handeln. Für den Leitungsschutz müssen sie der Klasse gL entsprechen. Für spezielle Aufgaben innerhalb des Anlagenschutzes gibt es die Klassen aM (Schaltgeräteschutz, Motorschutz), gTr (Transformatorenschutz) und gB (Bergbauanlagenschutz). g als erster Buchstabe bedeutet Ganzbereichsschutz, a als erster Buchstabe ein Teilbereichsschutz.

Die Wirkungsweise sei anhand von Bild 5.6a erläutert, soweit dieses Bild nicht für sich selbst spricht. Wichtig ist der Schmelzleiter, der in Quarzsand gebettet ist. Der Schmelzleiter schmilzt entsprechend der Strom-Zeit-Kennlinie durch. Durch die Einbettung in Quarzsand wird sichergestellt, daß die Abschaltleistung beherrscht wird und kein Lichtbogen nach außen auftritt. Da beide Bedingungen durch eine mit einem Draht außen geflickte Sicherung nicht erfüllt sind, ist das Flicken von Sicherungen außerordentlich gefährlich. Bild 5.6b gibt einen Überblick über die Farbe der Anzeiger, aus der der Nennstrom der Sicherung erkannt werden kann.

In dieser Sicherheitsfibel wird bewußt auf eine weitere Erläuterung der Kennlinien, des kleinen und großen Prüfstromes und weiterer Daten verzichtet, da der Elektroinstallateur die Zuordnung der Leitungsschutz-Einrichtung alleine aus den entsprechenden Tabellen den Leitungsquerschnitten anpaßt. (s. Kapitel 6). Bild 5.7 gibt lediglich den prizipiellen Verlauf der Strom-Zeit-Kennlinie an. Darüber hinaus enthält die Tabelle 5.7 die Angaben darüber, bei welchem Vielfachen des Nennstromes die Sicherungen innerhalb der beim Personenschutz geforderten Zeiten von 0,2 s oder 5 s abschalten.

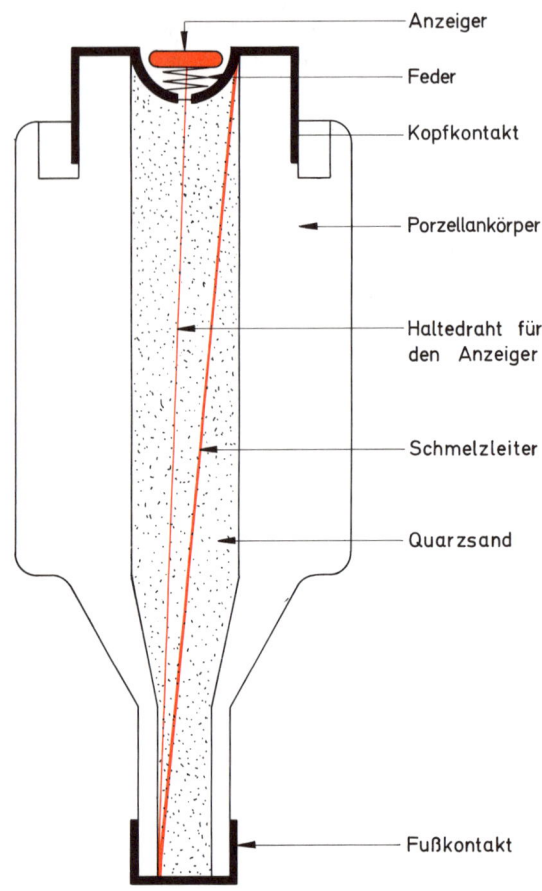

Bild 5.6a   Überstrom-Schutzeinrichtung, Schmelzsicherung, Aufbau

Anzeiger

Feder

Kopfkontakt

Porzellankörper

Haltedraht für den Anzeiger

Schmelzleiter

Quarzsand

Fußkontakt

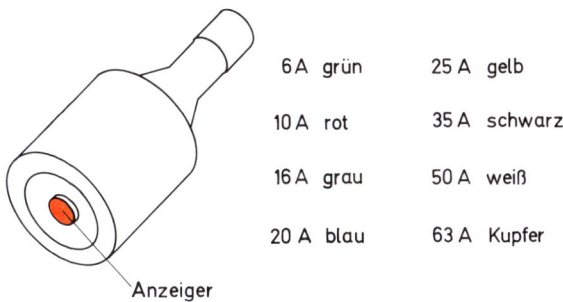

6 A grün	25 A gelb
10 A rot	35 A schwarz
16 A grau	50 A weiß
20 A blau	63 A Kupfer

Anzeiger

Bild 5.6 b   Überstrom-Schutzeinrichtung, Schmelzsicherung, Farbkennzeichnung der Anzeiger

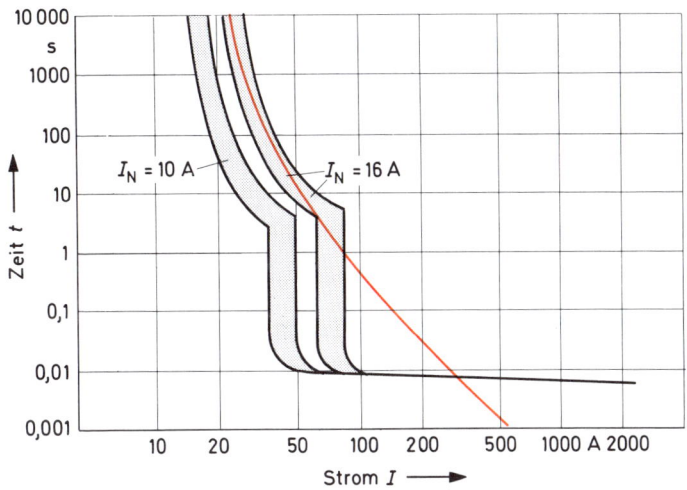

Bild 5.7   Auslösekennlinien von LS-Schaltern nach *VDE 0641* und obere Grenze des Auslösebereiches einer Schmelzsicherung gL, 16 A, nach *VDE 0636* (rot)

Tabelle 5.7 Richtwerte für «k-Faktoren» von Überstrom-Schutzeinrichtungen für die Schutzmaßnahme TN-Netz mit Schutz durch Überstromschutzeinrichtung (Nullung) nach VDE 0100 Teil 410

Nr.	Überstrom-Schutzorgan	Erforderliche Abschaltzeit in s	«k»-Faktor
1	LS-Schalter, L-Charakteristik (VDE 0641/6.78)	0,2	5
2		5	5
3	LS-Schalter, K-Charakteristik (VDE 0660 Teil 104) (Motorstarter)	0,2	15
4		5	8
5	LS-Schalter, G-Charakteristik (CEE 19)	0,2	15
6		5	10
5	LS-Schalter B-Charakteristik (DIN VDE 0641 A4/11.88)	0,2	5
6		5	5
7	LS-Schalter, C-Charakteristik (DIN VDE 0641 A4/11.88)	0,2	10
8		5	7
9	Schmelzsicherung gL (normale Ausführung)	0,2	10
10		5	4,5
11	Schmelzsicherung aM (in Deutschland nicht üblich)	0,2	15
12		5	8

Leitungsschutz-Schalter (LS-Schalter)

Leitungsschutz-Schalter haben zwei Schutzbereiche. Ihre Wirkungsweise sei an Bild 5.8 und 5.9 erläutert.

Der rot eingezeichnete Stromweg enthält zunächst einen Bimetall-Streifen, der sich bei Stromdurchgang erwärmt und bei Überschreiten einer bestimmten Strom-Zeit-Kennlinie die Auslösung einleitet (thermischer Schutzbereich). Darüber hinaus durchfließt der Strom die Wicklung eines Magnetauslösers, der dann wirksam wird, wenn sehr große Ströme auftreten. (Magnetische Auslösung). In Bild 5.10 sind diese: Bereiche mit ihren Streugrenzen dargestellt.

90

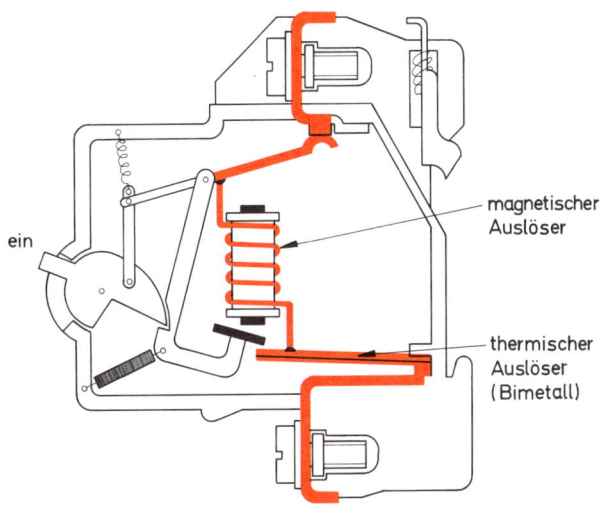

Bild 5.8   Überstrom-Schutzeinrichtung, LS-Schalter, Aufbau

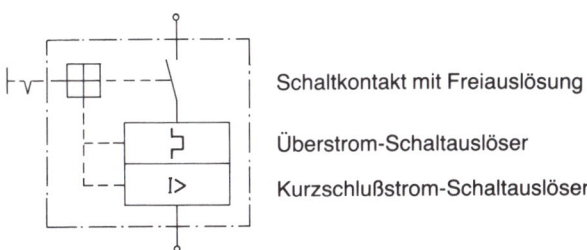

Schaltkontakt mit Freiauslösung

Überstrom-Schaltauslöser

Kurzschlußstrom-Schaltauslöser

Bild 5.9   Darstellung von LS-Schaltern im Schaltbild (s. a. Bild 5.26)

Bild 5.10   Strom-Zeit-Kennlinien von LS-Schaltern
a nach *DIN VDE 0641 A4/11.88* (Typen B und C)
b nach *DIN VDE 0641/6.78* (Type L) bzw. nach *VDE 0660, Teil 104*, (Type K, Motorstarter)

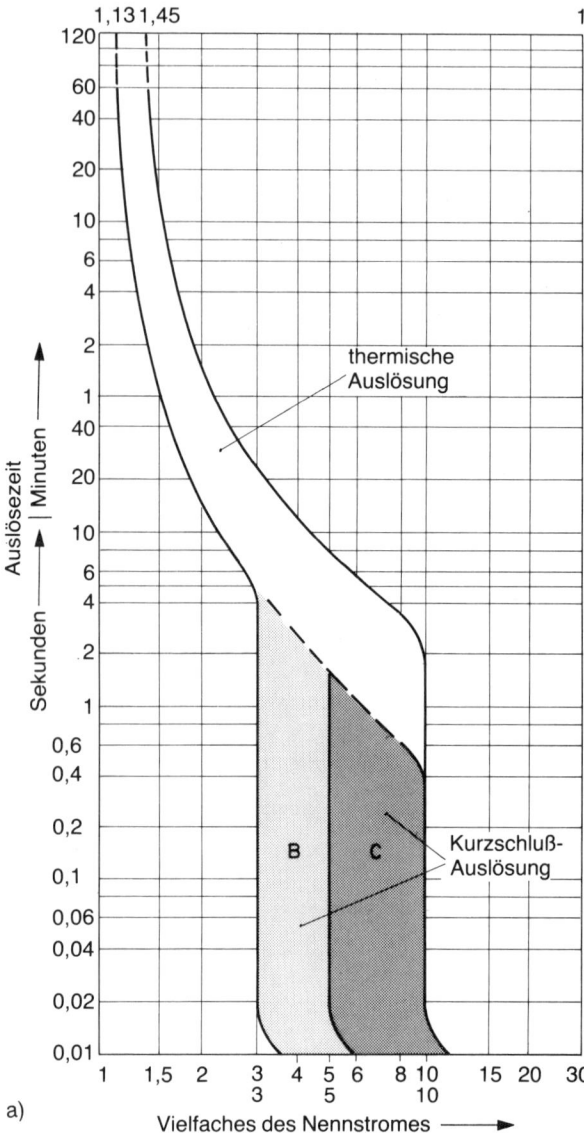

a)

Vielfaches des Nennstromes ⟶

thermische Auslösung

Kurzschluß-Auslösung

Auslösezeit ⟶

Sekunden ⟶ | Minuten ⟶

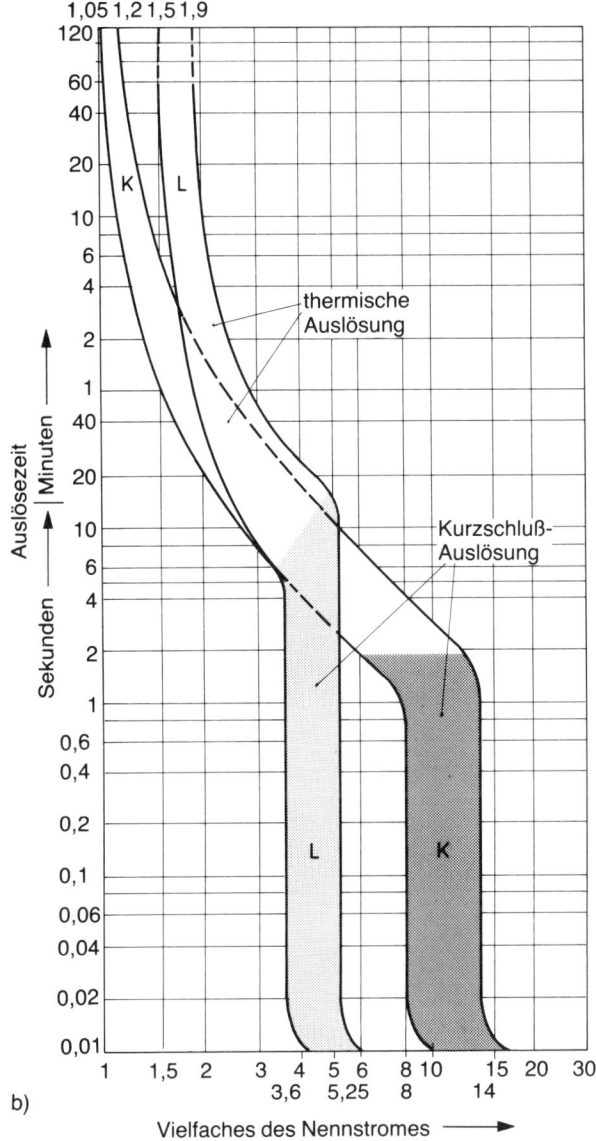

thermische Auslösung

Kurzschluß-Auslösung

Auslösezeit — | Minuten — Sekunden —

Vielfaches des Nennstromes —

b)

Für Leitungs-Schutzschalter gibt es unterschiedliche Charakteristiken je nach Anwendungsart. Für den Elektroinstallateur am bekanntesten war der Typ gL. g bedeutet hierbei Ganzbereichsschutz, L Leitungsschutz *(DIN VDE 0641/6.78)*. Daneben gab es früher noch die H-Charakteristik (Haushalt), die aber seit etwa 1980 nicht mehr eingesetzt werden darf. Dazu sind die G-Charakteristik nach CEE-Publikation 19 und für Antriebe mit hohen Anlaufströmen die K-Charakteristik auf dem Markt.

Mit *DIN VDE 0641 A 4/11.88* hat sich einiges geändert. Die L-Charakteristik wurde durch die neue B-Charakteristik ersetzt. Der Unterschied liegt lediglich darin, daß der Bimetallauslöser etwas näher mit seinen Auslösewerten am Nennstrom liegt.

Die C-Charakteristik hat keine Vorgängerin. Ihr thermischer Auslöser ist mit der B-Charakteristik deckungsgleich. Der magnetische Auslöser arbeitet jedoch bei höheren Strömen, wodurch sich höhere Ausschaltströme beim Kurzschluß ergeben. Die C-Charakteristik ist zum Sichern von Stromkreisen, in denen Stromspitzen auftreten, gedacht. Die K-Charakteristik zum Einsatz bei Motoren mit hohen Anlaufströmen bleibt nach wie vor bestehen.

Welche Bedeutung haben die Charakteristiken für den Elektroinstallateur? Im Grunde genommen muß er nur die oben angegebenen Anwendungsgebiete wissen. Darüber hinaus muß er den Nennstrom entsprechend den in Kapitel 6 gemachten Angaben hinsichtlich des thermischen Schutzes und des Kurzschlußschutzes auswählen. Bei der Betrachtung des Personenschutzes müssen die in Tabelle 5.7 angegebenen Werte des Kurzschlußstromes bei sattem Körperschluß eingehalten werden, damit die zulässigen Abschaltzeiten nicht überschritten werden.

Durch die immer stärker werdenden Versorgungsnetze sind heute Nennschaltvermögen von 6000 A oder 10 000 A möglich. Bei der Strombegrenzungsklasse 3 läßt ein LS-Schalter mit einem Nennstrom von 16 A und ein Nennschaltvermögen von 6000 A noch einen I^2t-Wert von 35 000 A^2s durch. Auf die Bedeutung dieses Wertes wird ebenfalls in Kapitel 6 noch eingegangen.

Geräteschutz-Sicherungen

Sicherungen und LS-Schalter sind für den thermischen Schutz der Leitungen ausgelegt. Sie verhindern nicht eine mögliche Überlastung von Verbrauchsmitteln (Geräten). Diese müssen, vor allem wenn sie unbeaufsichtigt betrieben werden, zusätzlich durch Geräteschutz-Sicherungen (Schmelzsicherungen) geschützt werden, die auf den Nennstrom und auf die besonderen Eigenschaften des Gerätes abgestimmt sind. Sie müssen *DIN VDE 0820* bzw. *DIN 41 571* entsprechen.

Neben Nennstrom und Nennspannung werden sie durch die in der Tabelle 5.8 angegebenen Buchstaben zusätzlich gekennzeichnet. Ferner kann je nach Einsatzort bzw. Innenwiderstand des Gerätes die Schaltleistung von Bedeutung sein (z.B. bei Meßgeräten als Schutz bei Einschaltung eines falschen Meßbereiches). Welche Sicherung jeweils einzusetzen ist, ist üblicherweise aus den technischen Angaben des zu schützenden Gerätes zu entnehmen.

Tabelle 5.8 Kennzeichnung auf Geräteschutzsicherung nach DIN VDE 0820 (neben Nennspannung und Nennstrom)

Kennzeichen	Charakteristik
FF	superflink
F	flink
M	mittelträge
T	träge
TT	superträge

Motorstrom-Schutzschalter

Eine besondere Bedeutung nehmen Motorstrom-Schutzschalter ein. Sie enthalten Bimetall-Streifen, die durch den Motorstrom erwärmt werden, sich dabei verbiegen und bei thermischer Überlastung den Motor abschalten. Ihr thermisches Zeitverhalten ist im Idealfall dem des Motors angepaßt. Für den Elektroinstallateur ist wichtig, daß er den für den Nennstrom des Motors richtigen Schalter auswählt und ihn auf diesen Motornennstrom einstellt. Wird ein Motor ausgewechselt, muß die richtige Einstellung überprüft werden.

Damit der Bimetallstreifen nicht durch einen Kurzschluß zerstört werden kann, muß eine Vorsicherung vorhanden sein. Auf deren richtige Anpassung ist zu achten. Das gilt auch für Motorstrom-Schutzschalter mit Kurzschluß-Schnellauslösung ab etwa 4 A.

Eine hinreichend genaue Anpassung an die Erwärmung des Motors ist je nach Betriebsart und je nach Umwelteinflüssen nicht immer möglich. Dann kann ein «Motor-Vollschutz» angewendet werden, wenn bei der Herstellung der Wicklung Thermofühler darin eingebettet worden sind. Durch diese werden Meßeinrichtungen gesteuert, die bei der Überschreitung einer je nach Isolationsklasse vorgegebenen Temperatur entweder eine Meldung machen oder den Motor abschalten.

5.1.5 Fehlerstrom-Schutzeinrichtungen

Fehlerstrom-Schutzeinrichtung ist der Oberbegriff für Fehlerstrom-Schutzschalter bis 500 V und 63 A nach *VDE 0664 Teil 1*, Fehlerstrom-Schutzschalter für Wechselspannung über 500 V oder über 63 A nach *VDE 0664, Teil 3*, FI/LS-Schalter nach *VDE 0664, Teil 2* und Leitungsschutzschalter mit Differenzstromauslöser nach *VDE 0641, Teil 4* Entwurf (LS/DI-Schalter) sowie ortsveränderliche FI-Schutzeinrichtungen nach *VDE 0661*.

Fehlerstrom-Schutzschalter nach *VDE 0664* ebenso wie FI/LS-Schalter arbeiten ohne Hilfsspannungsquelle und sind auch dann beim Auftreten eines Fehlerstromes wirksam, wenn nur noch ein einziger Leiter Spannung und einen Fehlerstrom führt. Die große Schutzwirkung wird auch bei FI/LS-Schaltern durch den Fehlerstromteil sichergestellt. Neben Fehlerwechselströmen müssen alle diese Schalter auch durch pulsierende Gleichströme ansprechen.

Diese Schalter der zweiten Generation sind durch folgendes Zeichen gekennzeichnet:

LS-Schalter können neben ihrer thermischen und magnetischen eine zusätzliche Auslösung durch einen Differenzstrom (Fehlerstrom) haben. Sie werden dann als LS/DI-Schalter bezeichnet. Im Gegensatz zum echten Fehlerstrom-Schutzschalter dürfen diese DI-Auslöser aktive elektronische Bauteile enthalten und netzspannungsabhängig sein. Als Beispiel zeigt Bild 5.11 das Wirkungsschema des als Personenschutzautomaten bezeichneten Gerätes. Die Bedingungen für den Einsatz im TN-Netz werden in Abschnitt 5.3.4 behandelt. Bei diesen LS/DI-Schaltern muß die Schutzmaßnahme durch den LS-Teil oder durch eine andere zunächst sichergestellt werden. Der Differenzstromauslöser ist hier nur ein zusätzlicher Schutz. Ist z.B. der N-Leiter unterbrochen, der L−Leiter aber noch vorhanden, kann der Differenzstromauslöser nicht wirksam werden.

Die grundsätzliche Wirkungsweise eines echten Fehlerstrom-Schutzschalters zeigt Bild 5.12. Normalerweise ist in einem fehlerfreien Netz die Summe der Ströme in den aktiven Leitern gleich null. Fließt jedoch ein Strom gegen Erde ab, also nicht über einen anderen Leiter in das Netz zurück, so wird der Magnetkern (*Wandler W*) magnetisiert und erzeugt in einer Sekundärspule eine Spannung und bei angeschlossenem Auslöser A einen Strom I_2. Beim pulsstromempfindlichen Schalter sind zwischen Wandler und Auslöser passive elektronische Bauelemente geschaltet.

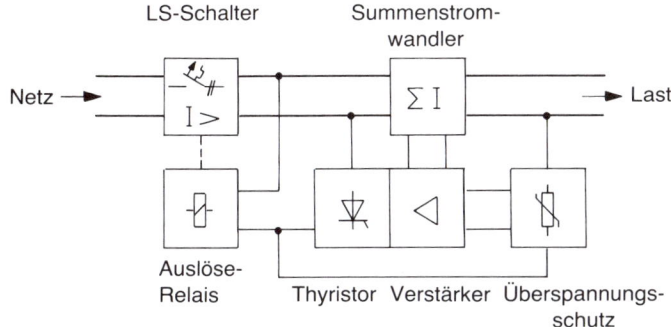

Bild 5.11 LS/DI-Schalter, Prinzip, mit thermischem Überstromschutz, magnetischem Kurzschlußschutz (LS-Teil) sowie Auslösung bei Differenz-Fehlerströmen (Netzspannungsabhängigkeit) (nach ABB Stotz, Personenschutzautomat)

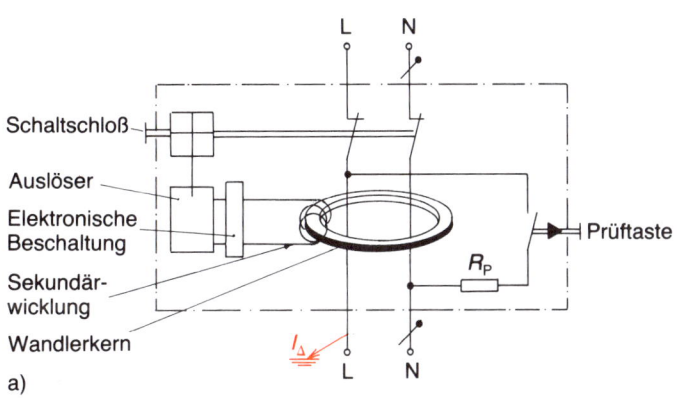

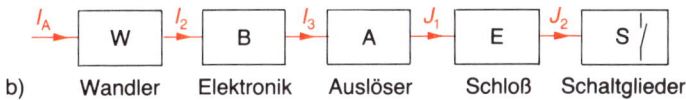

Bild 5.12 Fehlerstrom-Schutzschalter
a Prinzip
b Wirkungsschema

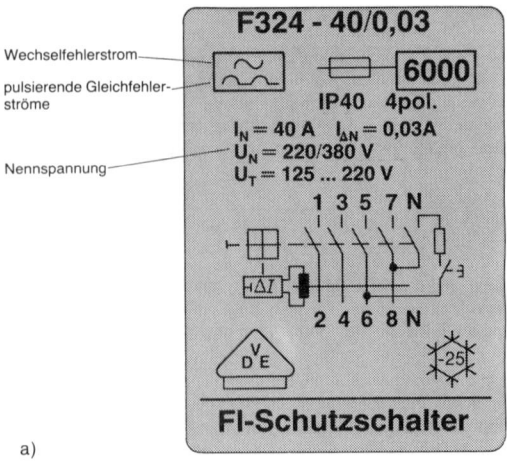

Wechselfehlerstrom

pulsierende Gleichfehlerströme

Nennspannung

a)

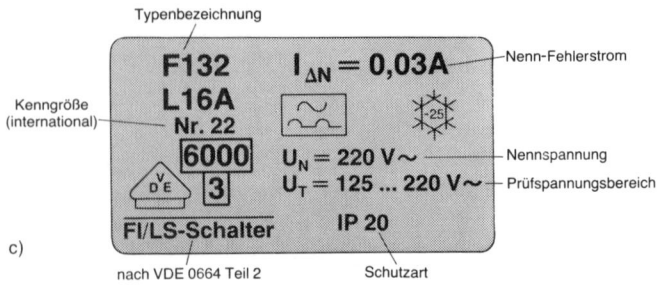

Typenbezeichnung

Kenngröße (international)

Nenn-Fehlerstrom

Nennspannung

Prüfspannungsbereich

c)

nach VDE 0664 Teil 2

Schutzart

Bild 5.13 Kennzeichnungsmerkmale (Leistungsschilder) von Fehlerstrom-Schutzeinrichtungen (nach Runtsch, ABB-Stotz)

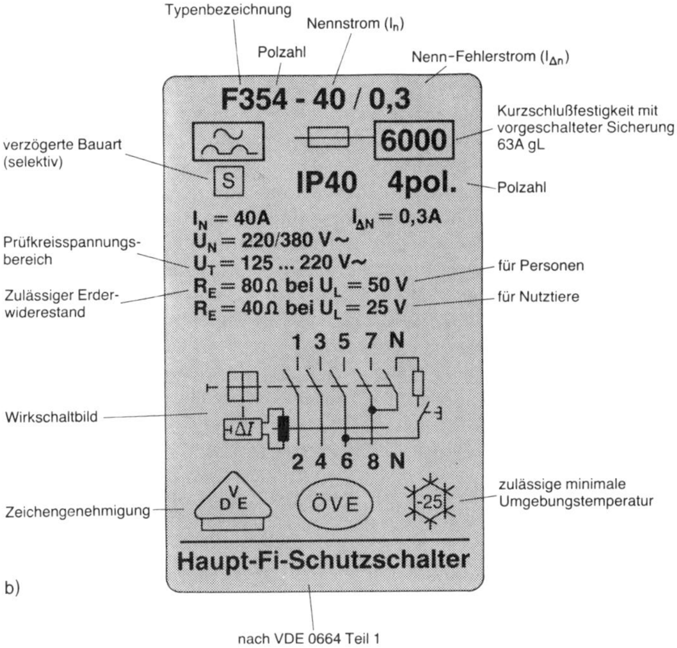

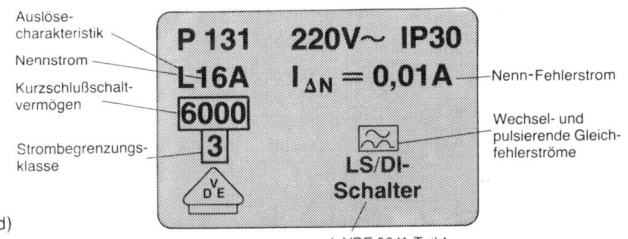

Typenbezeichnung
Nennstrom (I_n)
Polzahl
Nenn-Fehlerstrom (I_{\Delta n})

F354 - 40 / 0,3

Kurzschlußfestigkeit mit vorgeschalteter Sicherung 63A gL

verzögerte Bauart (selektiv)

$\boxed{S}$ **IP40   4pol.** — Polzahl

6000

$I_N = 40A$ $I_{\Delta N} = 0,3A$
$U_N = 220/380\ V \sim$
$U_T = 125 ... 220\ V \sim$
$R_E = 80\ \Omega$ bei $U_L = 50\ V$
$R_E = 40\ \Omega$ bei $U_L = 25\ V$

Prüfkreisspannungsbereich

Zulässiger Erderwiderestand

für Personen
für Nutztiere

Wirkschaltbild

1 3 5 7 N

2 4 6 8 N

Zeichengenehmigung

zulässige minimale Umgebungstemperatur

Haupt-Fi-Schutzschalter

b)

nach VDE 0664 Teil 1

Auslösecharakteristik
P 131   220V~ IP30

Nennstrom
L16A   I_{\Delta N} = 0,01A — Nenn-Fehlerstrom

Kurzschlußschaltvermögen
6000

Strombegrenzungsklasse
3

Wechsel- und pulsierende Gleichfehlerströme

LS/DI-Schalter

d)

nach VDE 0641 Teil 4

a Fehlerstrom-Schutzschalter, normale Ausführung: DIN VDE 0664, Teil 1
b Fehlerstrom-Schutzschalter, selektiv (DIN VDE 0664, Teil 1)
c FI/LS-Schalter (DIN VDE 0664 Teil 2)
d LS/DI-Schalter, spannungsabhängig (*DIN VDE 0641, Teil 4, Entwurf*)

Die *Auslöser* moderner Schalter sind kleine Energiespeicher. Durch einen Dauermagneten wird ein Anker gegen eine Feder festgehalten. Fließt der Strom I_3 in einer bestimmten Richtung und ist er groß genug, hebt er die Kraftwirkung des Dauermagneten auf, der Anker fällt ab. Er löst dabei einen mechanischen Impuls J_1 auf das *Schaltschloß* E aus. Dieses ist ein kräftiger Federenergiespeicher, der beim Einschalten gespannt wird. Diese Federenergie wird nun freigesetzt und betätigt durch den Impuls J_2 die *Schaltkontakte* S, die den Stromkreis unterbrechen.

Bei unverzögerten Schaltern dauert der gesamte Vorgang etwa 40 ms, wenn sie nicht in Sonderausführungen absichtlich kurzzeitig verzögert werden. Er kann dabei je nach Zeitpunkt des Auftretens des Fehlers um etwa 15 ms schwanken. LS/DI-Schalter haben zwischen Sekundärwicklung und Auslöser aktive elektronische Bauelemente, einen Verstärker.

FI-Schalter bis 63 A Nennstrom gibt es zwei- oder vierpolig. Die wichtigsten Nennfehlerströme sind 30 mA (hochempfindlicher Schalter) oder 300 mA. Bei den nicht verzögerten hochempfindlichen Schaltern werden die in Bild 1.1 rot eingetragenen Strom-Zeit-Kennlinien mit ihren Streuungen erzielt. Sie bieten einen absoluten Schutz gegen Herzkammerflimmern.

Die Auslösung der Fehlerstrom-Schutzschalter darf bei Fehlerströmen zwischen 50% und 100% des Nennfehlerstromes liegen (Auslösestrom).

Langsamer wirkende Schalter, die in Reihe mit normalen FI-Schaltern selektiv sind, sind durch Ⓢ gekennzeichnet. Diese Ⓢ-Schalter sind gleichzeitig stromstoßfest. Bei impulsförmigen Fehlerströmen bis zu 3000 A lösen sie nicht aus (z. B. bei Gewittern). Normale Schalter haben eine Stoßstromfestigkeit von 250 A (seit 1985). Sie sind somit gegenüber kurzzeitigen Störungen unempfindlich.

Für die Auswahl eines Schalters sind neben dem Nennfehlerstrom der Nennstrom (Laststrom), Polzahl, Schutzgrad IP XX, Kurzschlußfestigkeit mit vorgeschriebener Vorsicherung und anderes mehr maßgeblich. Der Elektroinstallateur muß sich vor Einbau über alle auf dem Leistungsschild vorhandene Angaben informieren (bei Ⓢ-Schaltern z. B. halbierter Wert des zulässigen Erdungswiderstandes)! Das Bild 5.13 zeigt vier Leistungsschilder mit entsprechenden Erläuterungen. Die Tabelle 5.9 enthält eine Aufstellung der zulässigen Erdungswiderstände und gleichzeitig die Angabe, welche maximale Wärmeleistung bei Anwendung eines FI-Schutzschalters auftreten kann. Die Tabelle 5.10 enthält eine Zusammenstellung der Anwendungsbereiche von FI-Schutzschaltern.

Zur örtlichen Schutzpegelerhöhung beim Arbeiten mit Geräten können auch ortsveränderliche Schutzschalter eingesetzt werden. Diese gehören naturgemäß nicht zur eigentlichen Elektroinstallation. Sie werden daher hier nicht weiter behandelt.

100

Tabelle 5.9 Maximal zulässige Erdungswiderstände und maximal mögliche Wärmeleistung bei den verschiedenen Nennfehlerströmen von FI-Schutzschaltern, bezogen auf $U_0 = 220$ V. Für $\boxed{S}$-Schalter gelten die auf dem Schalter angegebenen Erdungswiderstände, allgemein die Hälfte der oben aufgeführten Beträge (s. Bild 5.13 b)

Nr.	Nennfehler-strom $I_{\Delta n}$ in A	Erdungswiderstand R_A in Ω bei zulässiger Berührungsspannung U_L von		Maximale Wärmeleistung bei $U_0 = 220$ V gegen Erde in Watt
		50 V	25 V	
1	0,03	1666	833	6,6
2	0,30	166	83,3	66
3	0,5	100	50	110

5.1.6 Isolations-Überwachungseinrichtungen

Isolations-Überwachungseinrichtungen können in IT-Netzen (nicht geerdete Netze) zur dauernden Überwachung des Isolationszustandes eingesetzt werden.

In Wechselstromnetzen wird zu diesem Zweck zwischen die aktiven Leiter des Netzes und Erde eine Gleichspannung gelegt. Der hier durchfließende Strom wird überwacht und ist ein Maß für den Isolationswiderstand. Unterschreitet dieser eingestellte Grenzwerte, also Mindestwerte des Isolationswiderstandes, erfolgt eine akustische und optische Meldung.

Isolations-Überwachungseinrichtungen sind somit im eigentlichen Sinne keine Schutzeinrichtungen, sondern sie melden nur einen ungewünschten Zustand des Netzes.

Bei Gleichstromnetzen ist die Überwachung erheblich komplizierter. Hier muß im Einzelfall auf die Beschreibung der Hersteller solcher Überwachungseinrichtungen verwiesen werden.

Tabelle 5.10 VDE-Bestimmungen, in denen FI-Schutzeinrichtungen verlangt werden mit Angabe der zulässigen Nennfehlerströme

VDE-Bestimmung DIN VDE...	Anwendungsbereich	Geforderte Empfindlichkeit $I_{\Delta n}$
0100 Teil 520 Entwurf	Errichten von Starkstromanlagen mit $U_n < 1000$ V Fußboden- und Deckenheizungen	nach DIN VDE 0100 Teil 410
0100 Teil 559	Leuchten und Beleuchtungsanlagen – Vorführstände für Leuchten –	≤ 30 mA
0100 Teil 701	Räume mit Badewanne oder Dusche – Steckdosen im Bereich 3 –	≤ 30 mA
0100 Teil 702	überdachte Schwimmbecken (Schwimmhallen) und Schwimmanlagen im Freien	≤ 30 mA
0100 Teil 703	Sauna-Anlagen	≤ 3 mA
0100 Teil 704	Baustellen Steckdosenstromkreise (Einphasenbetrieb) bei 16 A Sonstige Steckdosenstromkreise	≤ 30 mA ≤ 500 mA
0100 Teil 705	landwirtschaftliche Betriebsstätten; Intensiv-Tierhaltung ($U_B \leq 25$ V)	allgemein: ≤ 500 mA Steckdosenstromkreise: ≤ 30 mA
0100 Teil 720	feuergefährdete Betriebsstätten	≤ 500 mA
0100 Teil 721	Caravans, Boote und Jachten sowie ihre Stromversorgung auf Camping- bzw. Liegeplätzen	≤ 30 mA
0100 Teil 722	fliegende Bauten, Wagen und Wohnwagen nach Schaustellerart	≤ 500 mA ($R_A \leq 30\ \Omega$)
0100 Teil 723	Unterrichtsräume mit Experimentierständen	≤ 30 mA
0100 Teil 728	Ersatzstromversorgungsanlagen	≤ 500 mA ($R_A \leq 100\ \Omega$)

VDE-Bestimmung DIN VDE...	Anwendungsbereich	Geforderte Empfindlichkeit $I_{\Delta n}$
0100 Teil 737	feuchte und nasse Bereiche und Räume Anlagen im Freien	$\leq 30\ \text{mA}$
0100 Teil 738	Springbrunnen Grundschutzmaßnahme Zusatzschutz (Schaltgeräte und Steckdosen)	$\leq 500\ \text{mA}$ und $\leq 30\ \text{mA}$ $\leq 30\ \text{mA}$
0100 Teil 739	zusätzlicher Schutz bei direktem Berühren in Wohnungen	$\leq 30\ \text{mA}$ bei $I_n \leq 32\ \text{A}$
0107	medizinisch genutzte Räume für Anwendungsgruppe 1 und 1E allgemein für Anwendungsgruppe 2E für eingeschränkte Bereiche	$\left(R_E \leq \dfrac{24\ \text{V}}{I_{\Delta n}}\right)$ $\leq 30\ \text{mA}$ bei $I_n \leq 63\ \text{A}$ 300 mA bei $I_n > 63\ \text{A}$
0118 Teil 1	Bergbauanlagen	$\leq 500\ \text{mA}$
0544 Teil 100	Schweißeinrichtungen und Betriebsmittel für das Lichtbogenschweißen und verwandte Verfahren –Bereiche erhöhter elektrischer Gefährdung–	$\leq 30\ \text{mA}$
0544 Teil 1	Widerstandsschweißeinrichtungen I_Δ-Schutz mit FI-Schalter wahlweise anwendbar	frei wählbar
0612	Baustromverteiler Steckdosen	$\leq 500\ \text{mA}$ $I_n \geq 16\ \text{A}$ $\leq 30\ \text{mA}$ bei $I_n \leq 16\ \text{A}$
0800	Fernmeldetechnik –Errichtung und Betrieb der Anlage– I_Δ-Schutz wahlweise anwendbar	frei wählbar
0832	Straßenverkehrs-Signalanlagen (SVA) –Schutzmaßnahme für SVA im Freien–	$\leq 300\ \text{mA}$ $(I_n \leq 25\ \text{A})$

5.2 Schutzmaßnahmen ohne Abschaltung bei einem Fehler

(Gruppe I, ohne Schutzleiter)

Schutzmaßnahmen, die ohne besondere Abschaltvorrichtungen arbeiten, sind sozusagen *eigensicher*. Man ist für ihr Funktionieren weder auf eine vorgeschaltete Überstrom-Schutzeinrichtung noch auf einen speziell dafür vorgesehenen Schaltapparat angewiesen. Das ist der beachtliche Vorteil dieser Art von Schutzmaßnahmen. Auch durch den Einsatz der hochempfindlichen Fehlerstrom-Schutzeinrichtungen kann dieser Vorteil nicht ersetzt werden.

Dafür haben diese Schutzmaßnahmen leider den Nachteil, daß sie nicht immer ohne weiteres anzuwenden sind, denn entweder müssen sie bereits vom Gerät her vorgesehen, also herstellungsmäßig in dessen Konstruktion berücksichtigt sein, wie die Schutzisolierung, oder es sind schaltungsmäßige Voraussetzungen in der Anlage zu erfüllen wie bei der Schutztrennung und bei der Kleinspannung. Das kann bei größeren Anlagen eine untragbare wirtschaftliche Belastung bedeuten. Vor allem bei Anwendung kleiner Spannungen sinkt die übertragbare Nutzlast, die Geräte werden unverhältnismäßig groß und die Verluste steigen an.

5.2.1 Schutzisolierung
(Teil 410, 6.2)

Die Schutzwirkung der Schutzisolierung beruht darauf, daß man zusätzlich zur *Basisisolierung (Betriebsisolierung)* eine davon unabhängige zusätzliche Isolierung oder eine verstärkte Isolierung anbringt. Diese Schutzisolierung soll beim Zerstören der Basisisolierung den Schutz übernehmen. *VDE 0100/5.73* unterscheidet dabei zwischen einer zusätzlichen Isolierung des Standortes (Standortisolierung) und einer zusätzlichen Isolierung des Betriebsmittels.

Die harmonisierte Fassung kennt die Standortisolierung in dieser Form nicht mehr, obwohl das Auslegen von Isoliermatten bei Arbeiten unter Spannung oder beim Experimentieren nach *Teil 723* nichts anderes ist (s. Abschnitt 8.11 und Abschnitt 5.2.5 «Schutz durch nicht leitende Räume»).

Wird die Schutzisolierung bei der Errichtung einer elektrischen Anlage selbst erzeugt, z. B. bei einer Verteilung, muß sie den für Betriebsmittel geltenden Bestimmungen entsprechen. Im Zweifelsfall muß eine Prüfung mit 4000 V durchgeführt werden.

Weitaus gebräuchlicher ist die *Schutzisolierung* der Betriebsmittel (Hausgeräte, Werkzeuge, Leitungen, Verteilungen). Sie wird dadurch erreicht, daß die zum Betriebsstromkreis gehörenden, normal isolierten

Bild 5.14
Schutzisolierung in
einem Gerät

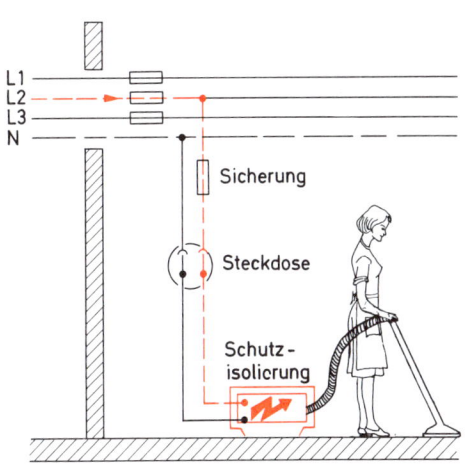

L1
L2
L3
N

Sicherung

Steckdose

Schutz-
isolierung

Bild 5.15
Schutzisolierung einer
Verteilung durch
isolierende Umhüllung
und VDE-Symbol für
Schutzisolierung

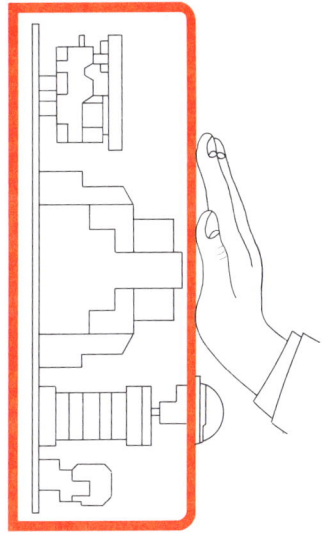

Teile des Betriebsmittels einseitig mit einem mechanisch, chemisch und thermisch dauerhaften Isolierstoff zusätzlich abgedeckt werden (Bilder 5.14 und 5.15). Bei elektromotorisch angetriebenen Werkzeugen verlangt die Lückenlosigkeit der Schutzisolierung, daß Isolierkupplungen oder Isolierwellen zwischen den Rotor und das angetriebene Werkzeug geschaltet werden.

Auch Geräte mit Metallteilen an der Oberfläche – sogar mit völliger Metallumhüllung – können schutzisoliert sein, wenn die Schutzisolierung unter den Metallteilen angebracht ist und sie so von den betriebsisolierten, bei einem Fehler die spannungführenden Teilen trennt. Schutzisolierte Geräte sind daher nicht nach ihrem Äußeren unbedingt erkennbar, sondern an den darauf angebrachten Zeichen für Schutzisolierung (Bild 5.13). Sie entsprechen dann der Schutzklasse II nach *VDE 0106, Teil 1/5.82 «Schutz gegen elektrischen Schlag, Klassifizierung von elektrischen und elektronischen Betriebsmitteln»* (s. Tabelle 7.1)

Können bei schutzisolierten Einrichtungen, z.B. bei Verteilungen, diese ohne Werkzeug oder Schlüssel geöffnet werden, müssen alle leitfähigen Teile, die bei geöffnetem Deckel oder geöffneter Tür berührbar sind, hinter einer zusätzlichen Isolierstoffabdeckung mit der Schutzart mindestens IP 2X nach *DIN 40 050* angeordnet sein. Diese Abdeckung darf nur mit Werkzeug abnehmbar sein. Sind hinter derartigen Abdeckungen oder Umhüllungen Betriebsmittel so angeordnet, daß sich Betätigungselemente in der Nähe berührungsgefährlicher Teile befinden, z.B. Einschaltknöpfe von Motorstrom-Schutzschaltern, so ist *VDE 0106, Teil 100 «Anordnung von Betätigungselementen in der Nähe berührungsgefährlicher Teile»* zu beachten.

Häufig ist die Frage zu stellen, ob Metallteile innerhalb einer Verteilung an den Schutzleiter angeschlossen werden dürfen. Es wird die Meinung vertreten, daß dies erforderlich sein kann, z.B. wenn Metallplatten für die Montage von Geräten verwendet werden. In solchen Fällen ist ggfs. das Schutzisolierzeichen auf der Vorderseite der Verteilung durchzustreichen oder ganz zu entfernen (s. Anmerkung zu *Teil 410, 6.2.8)*

VDE 0298 enthält die Angaben, welche Leitungen als schutzisoliert gelten. Dazu gehören z.B. Feuchtraumleitungen, nicht aber faserstofumhüllte Leitungen. Der *Teil 410* enthält einige zusätzliche Forderungen, insbesondere für die Elektroinstallation von Verteilungen. Wenn die Schutzisolierung dabei durch eine isolierende Umhüllung erreicht wird, muß diese mindestens der Schutzart IP 2X entsprechen, wobei Überzüge aus Farbe oder Lack nicht ausreichend sind. Durch diese Umhüllungen dürfen keine leitfähigen Teile (außer den aktiven Teilen) geführt werden. Das gilt besonders Für Verschraubungen aus Metall.

Das schließt jedoch nicht aus, daß Anschlußmöglichkeiten für Schutzleiter vorgesehen sind, die zwangsläufig durch die Umhüllung durchgeschleift werden, weil sie für andere Betriebsmittel benötigt werden, deren Stromkreis ebenfalls durch die Umhüllung führt. Es gibt also innerhalb von Verteilungen z. B. eine Schutzleiterschiene. Innerhalb von Umhüllungen müssen solche Leiter und ihre Anschlußklemmen wie aktive Teile behandelt werden. Die Anschlußklemmen sind entsprechend zu kennzeichnen.

Für schutzisolierte Betriebsmittel ist wichtig, daß immer dann, wenn eine Anschlußleitung mit Schutzleiter vorhanden ist – vor allem nach einem Auswechseln – dieser Schutzleiter zwar am Stecker angeschlossen sein muß, während im Betriebsmittel kein Anschluß erfolgen darf. Es muß dabei sichergestellt sein, daß der Schutzleiter unter keinen Umständen mit leitfähigen Teilen des Betriebsmittels in Berührung kommen kann.

Bei allen Betriebsmitteln mit der Schutzmaßnahme Schutzisolierung muß darüber hinaus sichergestellt sein, daß ein direktes Berühren aktiver Teile auch durch Öffnungen nicht möglich ist. Zur Prüfung dient hier der IEC-Prüffinger, der mit einer Kraft von 20 N durch alle Öffnungen gesteckt wird, wobei keine spannungführenden Teile und auch keine Teile, die nur Basisisolierung haben, berührt werden dürfen. Für die Prüfung mit Prüffinger soll eine Spannung von wenigstens 40 V verwendet werden.

5.2.2 Schutzkleinspannung
(Teil 410, 4.1)

Die Wirkung der Schutzkleinspannung

☐ beruht auf der Begrenzung der Nennspannung auf max. 50 V Wechselspannung bzw. auf 120 V Gleichspannung,

☐ beruht auf der Sicherstellung, daß aus anderen Netzen keine höheren Spannungen in den Schutzkleinspannungs-Stromkreis übertreten können und

☐ beruht darauf, daß beim Vorhandensein mehrerer Schutzkleinspannungs-Stromkreise diese nicht durch Zusammenschaltung zu höheren Spannungen führen dürfen.

Werden die Spannungsgrenzen von 50 V Wechselspannung bzw. 120 V Gleichspannung in Anspruch genommen, muß der Schutzkleinspannungsstromkreis einen vollkommenen Schutz gegen direktes Berühren enthalten. Bei Spannungen unter 25 V Wechsel- bzw. 60 V Gleichspannung kann hierauf verzichtet werden.

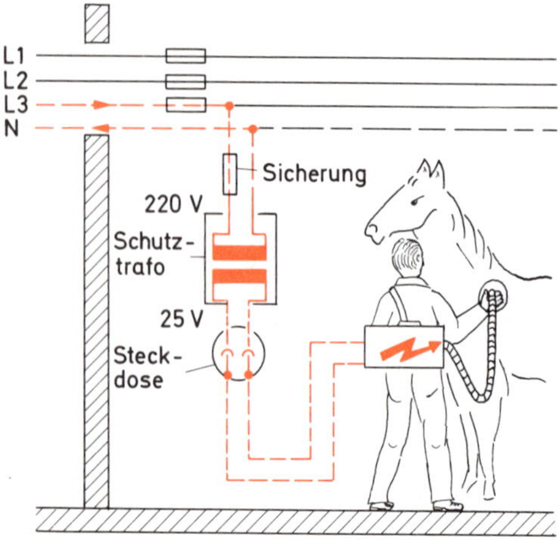

Bild 5.16
Schutzkleinspannung
für ein Gerät

L1
L2
L3
N

Sicherung
220 V
Schutz-
trafo
25 V
Steck-
dose

Die Kleinspannung darf nicht durch Spannungsteiler, Vorwiderstände oder Spartransformatoren erzeugt werden. Zulässig zur Erzeugung sind *Schutztransformatoren* nach *VDE 0551* (Bild 5.16), Gleichrichter und umlaufende Umformer, bei denen die Kleinspannungsseite mit dem speisenden Netz keinerlei leitende Verbindung hat. Die Kleinspannung kann auch aus Akkumulatoren oder galvanischen Elementen entnommen werden.

Die Kennzeichnung für Schutztransformatoren bzw. für Kleintransformatoren allgemein zeigt die Tabelle 5.11.

Bei nicht kurzschlußfesten Transformatoren ist auf die entsprechende Vorsicherung zu achten. Ortsveränderliche Transformatoren müssen grundsätzlich schutzisoliert sein. Für elektronische Geräte gibt es Sonderbestimmungen *(Teil 410, 4.1.2.4)*.

Mit Ausnahme von Spielzeugen und Fernmeldegeräten wird für die Installationseinrichtungen und Leitungen bei Schutzkleinspannung eine Isolation entsprechend der Reihenspannung von 250 V gefordert, die mit 500 V Wechselspannung 1 Minute zu prüfen ist. Grundsätzlich muß zwischen aktiven Teilen von Schutzkleinspannungs-Stromkreisen und Stromkreisen höherer Spannung eine elektrische Trennung vorhanden sein, die mindestens derjenigen zwischen der Primär- und der Sekundärseite eines Transformators entspricht (Prüfung mit 4000 V~). Damit dürfen Kleinspannungs-Stromkreise auch nicht mit Erdungslei-

Tabelle 5.11 Kennzeichnung von Sicherheitstransformatoren nach VDE 0551/11.91 (EN 60742) sowie nach VDE 0551/5.72

Symbol	Bedeutung
	Transformator allgemein
oder	Trenntransformator
	Offener Sicherheitstransformator
	Kurzschlußfester Transformator
	Nicht kurzschlußfester Transformator
	Bedingt kurzschlußfester Transformator
	Angabe der vorzuschaltenden Überstromschutzeinrichtung
	Ausführung Schutzklasse II (schutzisoliert)
(ein Tropfen)	Tropfwassergeschützter Transformator
(ein Tropfen im Dreieck)	Spritzwassergeschützter Transformator
(zwei Tropfen)	Wasserdichter Transformator
	Schutzleiteranschluß

tungen, Schutzleitern oder mit aktiven Teilen anderer Stromkreise verbunden werden.

Der Elektroinstallateur sollte daher die Leitungen von Schutzkleinspannungs-Stromkreisen möglichst getrennt verlegen, wenn es auch in

Teil 410, 4.1.5.1 dazu Sonderbestimmungen gibt. Zu dieser sicheren Trennung gehört es auch, daß das Einführen von Steckern dieser Stromkreise in Steckdosen mit höherer Spannung unmöglich ist. Die Steckdosen dieser Stromkreise dürfen keinen Schutzkontakt haben, er darf zumindest nicht angeschlossen sein. Diese sichere Trennung gilt auch für die Stromkreise mit Funktionskleinspannung (Abschnitt 5.2.3).

Die Schutzkleinspannung wird vorteilhaft angewendet bei Netzen mit kleinen Leistungen innerhalb von beengten Räumen, z.B. Gruben von Kraftfahrzeugwerkstätten, oder dann, wenn besondere Gefährdungen anderer Art vorliegen.

5.2.3 Funktionskleinspannung
(Teil 410, 4.3)

Werden aus betrieblichen Gründen, z.B. bei Steuerstromkreisen, Spannungen bis 50 V Wechselspannung oder 120 V Gleichspannung verwendet, ohne daß besondere Gefährdungsbereiche vorliegen, gelten für derartige Stromkreise weniger strenge Bestimmungen. Für die *Funktionskleinspannung mit sicherer Trennung* gelten zwar zunächst die gleichen Bestimmungen wie für die Schutzkleinspannung. Jetzt dürfen aber im Gegensatz dazu Kleinspannungs-Stromkreise sowie die Körper der Betriebsmittel geerdet bzw. an den Schutzleiter angeschlossen werden. Typisches Anwendungsgebiet sind Steuerstromkreise. Das Potential wird damit festgelegt. Der erste Körperschluß führt zur Abschaltung. Es ist daher immer zu überlegen, ob derartige Steuerstromkreise nicht als IT-Netze betrieben werden sollen, bei denen auch bei einem Körperschluß die Funktion aufrecht erhalten wird (s. Abschnitte 5.4 und 8.16.1).

Hinsichtlich des Schutzes gegen direktes Berühren sollte der Elektroinstallateur die Bedingungen der Schutzkleinspannung möglichst einhalten, wenn es auch einige Vereinfachungen gibt, die vor allem das Entfernen von Umhüllungen ohne Werkzeug betreffen.

Wenn eine kleine Spannung aus einer höheren Spannung über Einrichtungen wie Spartransformatoren, Potentiometern, Halbleiterbauelementen und dergleichen erzeugt wird, gilt der Sekundärstromkreis als Teil des Primärstromkreises und muß durch die Schutzmaßnahme geschützt werden, die in diesem angewendet wird. Ist eine sichere Trennung nicht erfüllt, «*Funktionskleinspannung ohne sichere Trennung*», sind die Betriebsmittel nach der Spannung des übergeordneten Netzes zu isolieren und an dessen PE anzuschließen.

Wichtig ist, daß die Stecker von Stromkreisen mit Funktionskleinspannung auch nicht in die Steckdosen von Stromkreisen mit Schutzkleinspannung passen dürfen.

5.2.4   Schutztrennung
         (Teil 410, 6.5)

Die Wirkung der Schutztrennung beruht

☐ auf einem ungeerdeten, über einen Sicherheitstransformator gespeisten Netz und
☐ auf einer Beschränkung der Ausdehnung des Netzes, sodaß bei einem Körperschluß der, zum Fließen kommende kapazitive Körperstrom ungefährlich ist und
☐ auf der unbeschädigten Leitung im geschützten Stromkreis.

Der Unterschied gegenüber der Kleinspannung besteht darin, daß der geschützte Stromkreis mit einer höheren Nennspannung betrieben werden kann. Die Schutzwirkung bei Anschluß nur eines Gerätes ist in Bild 5.17 zu erkennen. Auf der Primärseite befinden sich der Außenleiter L und der geerdete Neutralleiter N.

Hinter dem *Trenntransformator* – hier schutzisoliert angenommen – befinden sich die beiden Leitungen L_1 und L_2, die bei ordnungsgemäßer Isolation nur über die Kapazitäten C_1 und C_2 an Erde gekoppelt sind. Tritt in dem Betriebsmittel nun z. B. am Leiter L_1 ein Körperschluß auf, wird der Kondensator C_1 kurzgeschlossen. Über den Bedienenden und den Kondensator C_2 fließt ein kapazitiver Fehlerstrom. Bei Beschränkung der Leitungslänge auf max. 500 m bzw. bei Beschränkung des Produktes aus Spannung in Volt und Leitungslänge in Metern auf 100 ist die Kapazität eines Leiters so klein, daß keine gefährlichen Ströme fließen können. Sie können aber durchaus spürbar sein.

Beim Arbeiten in einem Raum, in dem die Schutztrennung als Schutzmaßnahme gefordert ist, muß der Trenntransformator außerhalb dieses Raumes aufgestellt werden (Bild 5.18). Erhöht dabei ein metallischer Standort, z.B. in Kesseln oder auf Stahlgerüsten, in Schiffsrümpfen, usw. die Gefährdung, ist das Gehäuse des zu schützenden Betriebsmittels mit dem Standort durch einen besonderen Leiter zu verbinden. Über diesen fließt dann bei einem Körperschluß der kapazitive Körperschlußstrom, der Bedienende spürt nichts mehr. Dieser besondere Leiter ist außerhalb der Zuleitung sichtbar zu verlegen (s.a. Abschnitt 8.16.3.)

Mit mangelhafter Leitungsisolierung wird die Schutzmaßnahme unwirksam. Es kann dann zu gefährlichen Doppelkörperschlüssen kommen. Der Zustand der Leitung muß daher sorgfältig überwacht werden. Die bewegliche Anschlußleitung sollte, unabhängig von der oben angegebenen Bedingung, nicht länger als unbedingt nötig sein, damit sie für den Benutzer überschaubar ist. Sie muß hinsichtlich ihrer Isolation vom Typ H07RN-F bzw. AO7RN-F nach *VDE 0282 Teil 810* sein (s.a. Abschnitt 6.1).

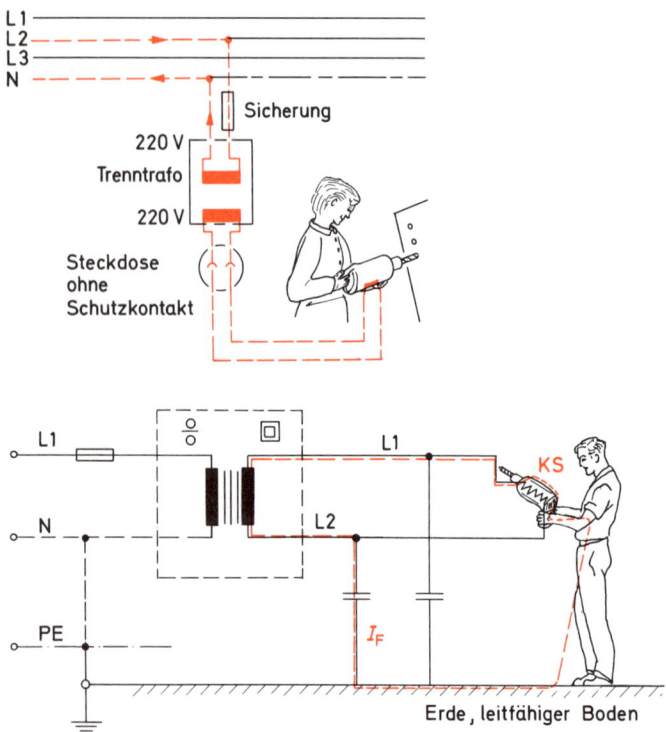

Bild 5.17 Schutztrennung mit einem Verbraucher

a Anwendung

b Wirkungsprinzip, kapazitiver Fehlerstrom I_F bei der Schutztrennung mit einem Verbraucher, Körperschluß von L1 bei KS, Trenntransformator transportabel und schutzisoliert

112

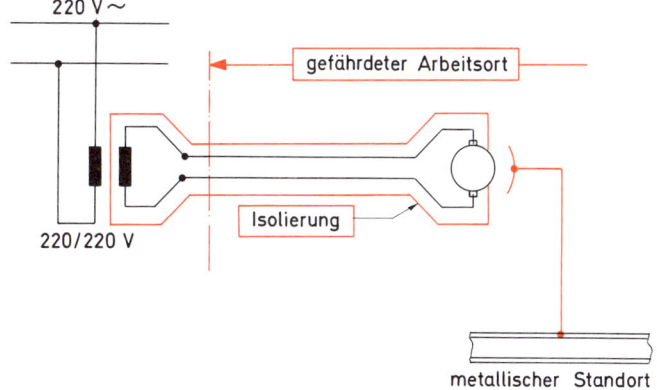

Bild 5.18 Schaltbild für die Schutztrennung. Die primärseitige Schutzmaßnahme für den Transformator ist im Bild fortgelassen. Die zusätzliche Verbindungsleitung (rechts) ist nur in Sonderfällen bei beengten, leitfähigen Räumen erforderlich und möglich.

Sie ist möglichst getrennt von anderen Stromkreisen zu verlegen und darf auf keinen Fall gestückelt, beschädigt oder geflickt sein. Die beweglichen Leitungen sollen möglichst nicht auf dem Fußboden ausgelegt, sondern frei hängend über isolierende Auflagen geführt werden. Die Verlegung durch Türen, besonders durch solche mit Metallrahmen ist zu vermeiden, da die Leitungen beim Schließen der Türen abgequetscht werden könnten.

Die Speisung des schutzgetrennten Stromkreises darf nur über Trenntransformatoren oder Motorgeneratoren mit getrennten Wicklungen erfolgen. Während früher eine Beschränkung der Spannung auf 250 V bzw. 380 V bzw. 500 V vorlag, dürfen jetzt auch Spannungen bis 1000 V verwendet werden, wobei immer wieder auf eine einwandfreie elektrische Trennung zu anderen Stromkreisen zu achten ist.

Wenn die Schutzmaßnahme Schutztrennung im Hinblick auf eine besondere Gefährdung verwendet wird, darf hinter einem Trenntransformator nur ein Verbraucher mit höchstens 16 A Nennstrom angeschlossen werden. Der Körper dieses Verbrauchers darf nicht an einen Schutzleiter angeschlossen und nicht absichtlich mit Erde oder dem Körper anderer Stromkreise verbunden werden. Tritt eine Berührung eines Körpers aus einem schutzgetrennten Stromkreis mit einem Körper aus einem ande-

113

ren Stromkreis ein, ist der Schutz auch von der Schutzmaßnahme des nicht schutzgetrennten Netzes abhängig.

Die harmonisierte Neufassung läßt auch den Anschluß von mehreren Verbrauchern zu, wenn dabei folgende Bedingungen eingehalten werden:

☐ Die Körper der angeschlossenen Geräte sind durch einen nicht geerdeten, isolierten Schutzleiter (grün-gelb) zu verbinden (PU-Leiter)

☐ Bei beweglichen Leitungen ist der Schutzleiter in der gemeinsamen Umhüllung zu führen.

☐ Es ist sicherzustellen, daß beim Auftreten von zwei Fehlern ohne Übergangswiderstände an der Fehlerstelle eine automatische Abschaltung innerhalb von 0,2 s erfolgt.

Die Anordnung zeigt Bild 5.19.

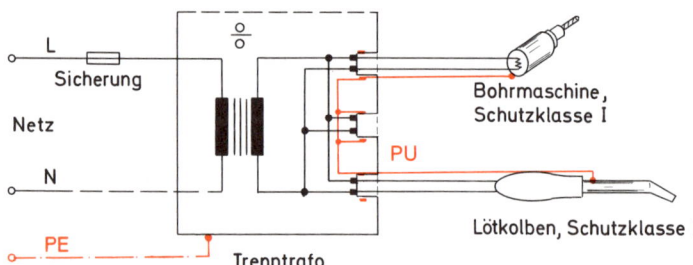

Bild 5.19 Schutztrennung mit mehreren Verbrauchern, Trenntransformator fest installiert, Schutzklasse I. Dargestellt sind drei Steckdosen mit zwei angeschlossenen Verbrauchsmitteln, Schutzklasse I
rot: nicht geerdeter und nicht mit dem Trafo-Gehäuse verbundener Potentialausgleichsleiter PU (in der Realisierung grün-gelb gekennzeichnet)

Es ist grundsätzlich zulässig innerhalb der Schutzmaßnahme Schutztrennung Betriebsmittel der Schutzklasse I (also mit Schutzleiter) zu verwenden.

Die Schutztrennung schützt nur gegen Fehler, die aus dem speisenden Netz oder aus dem Betriebsmittel selbst kommen, z. B. bei einem Körperschluß. Bohrt man mit einer Bohrmaschine ein anderes Netz an oder lötet man mit einem Lötkolben an einem unter Spannung stehenden Teil, so bleiben diese Spannungen voll an dem Betriebsmittel bestehen. Wenn somit die Gefahr einer Spannungsverschleppung von außen an das Betriebsmittel besteht, ist die Schutztrennung ungeeignet.

114

Die bei der Schutztrennung verwendeten Trenntransformatoren können

☐ kurzschlußfest,
☐ bedingt kurzschlußfest,
☐ nicht kurzschlußfest sein.

Bei nur bedingt kurzschlußfesten oder nicht kurzschlußfesten Transformatoren muß auf der Primärseite eine Überstrom-Schutzeinrichtung vorhanden sein, die dem Nennstrom des Transformators angepaßt ist (s. a. Tabelle 5.11).

5.2.5 Schutz durch nicht leitende Räume
(Teil 410, 6.3)

Dieser Begriff als eigenständige Schutzmaßnahme sagt im Prinzip nichts anderes als die Ausführungen in *VDE 0100/5.73, § 6a 2.2.2* über die Räume, in denen keine zusätzliche Schutzmaßnahme erforderlich war.

Eine gefährliche Berührungsspannung kann an einem Gerät mit Körperschluß nur auftreten, wenn außer dem Gerät noch das Erdpotential oder ein zweiter Körper mit einem Schluß auf einem anderen Leiter berührt werden kann. Dieses darf in den Räumen bei Anwendung dieser Schutzart nicht möglich sein. Das bedeutet:

☐ Fußboden und Wände müssen isoliert sein.
☐ Der Isolationswiderstand gegen Erde muß 50 kΩ betragen, wenn die Nennspannung 500 V Wechselspannung bzw. 750 V Gleichspannung nicht überschreitet.
   Bei einer Wechselspannung von mehr als 500 V bzw. über 750 V Gleichspannung muß er 100 kΩ betragen (Messungen s. Kapitel 9 «Standortisolierung»):
☐ Es dürfen im Raum keine mit Erde verbundenen leitfähigen Teile berührbar sein. Dazu gehören Heizungen, Wasserleitungen, Konstruktionsteile, aber auch Körper von Betriebsmitteln. Diese dürfen, auch wenn sie fest installiert sind, nicht an den Schutzleiter angeschlossen werden.
☐ Es dürfen nicht zwei Körper von Betriebsmitteln gleichzeitig berührbar sein. Es fällt in Räumen zunächst nicht auf, wenn an einem oder auch an beiden Betriebsmitteln Körperschlüsse vorliegen.

Da der Elektroinstallateur nie vorhersehen kann, was später in einem Raum angeschlossen wird, sollte er diese Schutzmaßnahme auf die allernotwendigsten Spezialfälle beschränken, z. B., wenn es in einem Labor aus meßtechnischen Gründen erforderlich ist. Für normale Gebäudeinstallationen sollte er sie nicht anwenden.

5.3 Schutzmaßnahmen mit Zwangsabschaltung bei einem Fehler
(Gruppe II mit Schutzleiter)

5.3.1 Grundsätzliche Wirkungsweise
(TN- oder TT-Netz s. Bilder 3.4 bis 3.7)

Bei den Schutzmaßnahmen ohne Zwangsabschaltung (Gruppe I) wird durch die mechanische Konstruktion der Geräte oder durch die Schaltung der Stromverbraucher verhindert, daß ein Fehlerstrom auftreten kann, der den menschlichen oder tierischen Organismus schädigen könnte. Im Gegensatz dazu werden die Schutzmaßnahmen mit Zwangsabschaltung (Gruppe II) durch den bei Zerstörung der Basisisolierung zunächst auftretenden Fehlerstrom erst wirksam. Bei ihnen werden die durch den Fehler hervorgerufenen Ströme benutzt, um den fehlerhaften Teil der Anlage (des Stromkreises) abzuschalten. Voraussetzung ist jetzt ein über den Betrieberder R_B geerdetes Netz.

Ein Vergleich dieser beiden Schutzarten läßt unschwer erkennen, daß die Schutzmaßnahmen der Gruppe I einen höheren Grad der Sicherheit verbürgen. Sie sind daher, so weit technisch möglich, vorzuziehen.

Die Gefährdung, die durch die Schutzmaßnahmen der Gruppe II abgewendet werden soll, besteht darin, daß durch Isolationsfehler Metallteile, die nicht zum Betriebsstromkreis gehören, gegenüber anderen leitfähigen Teilen eine Fehlerspannung U_F annehmen. Wenn diese von einem Menschen überbrückt wird, kann sie einen gefährlichen Strom durch den menschlichen Körper treiben.

Die vom Körper überbrückte Spannung ist die Berührungsspannung U_B (Bild 3.3). Sie muß durch die Schutzmaßnahme auf einen ungefährlichen Wert, max. 50 V, beschränkt werden, oder es muß beim Auftreten eines Isolationsfehlers, der eine gefährliche Berührungsspannung hervorrufen könnte, ein die Abschalteinrichtung auslösender Strom zum Fließen kommen. Dazu müssen geschützte, leitfähige, berührbare Teile so mit der Spannungsquelle des Stromkreises verbunden werden, daß eine Fehlerschleife mit möglichst kleinem Widerstand entsteht.

Dieser Widerstand wird als Fehler-Schleifenwiderstand bzw. Fehler-Schleifenimpedanz Z_F bezeichnet. Das wird erreicht durch Schutzleiter. Die Klemme für den Anschluß des Schutzleiters an die nicht zum Betriebsstromkreis gehörenden Metallteile des Stromverbrauchers soll durch ein besonderes Kennzeichen vor Verwechslung geschützt sein (s. Tabelle 3.1.).

Für die Zeiten, innerhalb der die Anlage abgeschaltet werden muß, gilt prinzipiell folgendes:
Bild 1.2 zeigt die maximal zulässigen *Abschaltzeiten* als Funktion der auftretenden Berührungsspannung. Tritt nun an einem Betriebsmittel

mit angeschlossenem Schutzleiter ein Körperschluß auf, so hängt es von vielen Umständen ab, wie groß die Fehlerspannung wird.

Diese kann nur gefährlich sein, wenn ein Mensch gerade in diesem Zeitpunkt das gestörte Gerät und gleichzeitig leitfähige Teile mit anderen Spannungen, z. B. mit Erdpotential, berührt. Bei fest angeschlossenen Betriebsmitteln ist das äußerst unwahrscheinlich. Hier genügen Abschaltzeiten bis zu 5 s.

Bei ortsveränderlichen Betriebsmitteln, die während des Betriebes in der Hand gehalten werden oder sonst engen Kontakt mit dem Benutzer haben, ist die Wahrscheinlichkeit, daß gerade hierbei ein Körperschluß auftritt, erheblich größer. Hier muß eine Abschaltung innerhalb von 0,2 s erfolgen. In Sonderfällen werden noch geringere Zeiten gefordert, z. B. in Krankenhäusern max. 40 ms.

VDE 0100 Teil 410, 6.1.3.3 legt die maximal zulässige Abschaltzeiten bei einem Erd- bzw. Körperschluß ohne Fehlerwiderstand fest:

☐ 0,2 s für Steckdosenstromkreise bis 35 A Nennstrom und für alle Stromkreise, die ortsveränderliche Betriebsmittel der Schutzklasse I enthalten, die während des Betriebes möglicherweise dauernd in der Hand gehalten oder umfaßt werden.

☐ 5 s für alle anderen Stromkreise.

Die Wirksamkeit aller dieser Schutzmaßnahmen beruht auf der Kombination von Potentialausgleich, Schutzleiter, Erder, Überstrom-Schutzeinrichtungen, Fehlerstrom-Schutzeinrichtungen und in wenigen Sonderfällen auch Fehlerspannungs-Schutzeinrichtungen. Die prinzipiellen Wirkungsweisen dieser Bausteine wurden in Abschnitt 5.1 erläutert.

5.3.2 TT-Netz mit Schutz durch Überstrom-Schutzeinrichtung (Schutzerdung)
(Teil 410, 6.1.4 mit 6.1.7.1)

Elemente der Schutzschaltung sind:

☐ Überstrom-Schutzeinrichtung (LS-Schalter oder Sicherung),
☐ Schutzleiter PE (eventuell einschließlich Rohrleitungen bzw. PEN-Leiter),
☐ Schutzerder R_S bzw. R_A,
☐ Betriebserde R_B.

Die Schutzwirkung wird hergestellt, indem die nicht zum Betriebs-stromkreis gehörenden leitfähigen Anlagenteile der zu schützenden Anlage über den Schutzleiter mit einem Erder R_A verbunden werden. Im fehlerfreien Zustand haben dabei die geschützten Anlagenteile das Erd-potential. Nehmen sie infolge Zerstörung der Basisisolierung eine Spannung an, fließt ein Fehlerstrom über den Erder in das Erdreich ab. *VDE 0100/5.73* unterschied für den Rückfluß des Fehlerstromes in das als geerdete Netz zwei Möglichkeiten:

☐ entweder durch das Erdreich,
☐ oder durch das Wasserrohrnetz.

Die harmonisierte Fassung *DIN VDE 0100* kennt die Bezeichnung «Schutzerdung» nicht mehr, obwohl das TT-Netz mit Überstrom-Schutzeinrichtung nichts anderes ist (s.a. Tabellen 3.2 und 5.1). Bei Rückfluß des Fehlerstromes durch das Erdreich bilden die Einzelwider-stände von Erdungsleitung, Erder und Erdausbreitungswiderstand den Gesamterdungswiderstand.

Ist der in das Erdreich fließende Strom nicht so groß, daß er die vorgeschaltete Schutzeinrichtung zur Abschaltung bringt, entsteht durch den Gesamterdungswiderstand eine Spannung an den zu schüt-zende Anlageteilen, die als Berührungsspannung den maximal zulässi-gen Wert U_L, meist 50 V, nicht überschreiten darf. Es müssen die Faktoren, deren Produkt diese Spannung ergibt, entsprechend begrenzt sein.

Der Strom ist begrenzt auf den Abschaltstrom der Sicherung in der Zuleitung, bei dem diese zuverlässig und ausreichend schnell innerhalb von 0,2 s oder je nach Anlage 5 s abschaltet. Man bezeichnet ihn als Abschaltstrom I_a. Damit ist der höchst zulässige Wert für diesen Gesamt-erdungswiderstand:

$$R_A \leq \frac{U_L}{I_a}$$

(Gegenüberstellung alter und neuer Bezeichnungen siehe Tabelle 3.1).

Der Abschaltstrom I_a ist immer wesentlich größer als der Nennstrom der Überstrom-Schutzeinrichtung I_n. Es gilt die Beziehung:

$$I_a = k \cdot I_n$$

Der Faktor k ist stets größer als 1. Die in der folgenden Zusammenstel-lung angegebenen k-Werte gelten nur für Anlagen, die entsprechend DIN VDE 0100/5.73 errichtet wurden. Sie sind vor allem bei deren Prüfung zu berücksichtigen.

118

k = **1,25** bei Schutzschaltern mit elektromagnetischer Schnellauslösung; statt des Nennstromes ist hier der eingestellte Auslösestrom des Kurzschlußauslösers einzusetzen.

k = **2,5** bei Haushalt-Leitungsschutzschaltern bis 25 A, bei Kabel- und Freileitungen, Hausanschlußkästen sowie Haupt-(Steige-)leitungen.

k = **3,5** bei allen flinken Schmelzsicherungen, bei Leitungsschutzschaltern bis 25 A und bei trägen Schmelzsicherungen bis 50 A.

k = **5** bei trägen Schmelzsicherungen ab 63 A.

Für Neuanlagen werden k-Werte offiziell nicht mehr angegeben. Statt dieser k-Werte sind im Anhang zu *Teil 600 «Erstprüfungen»* die erforderlichen Ströme als Funktion der Abschaltzeiten und der Nennstromstärke der verschiedenen Leitungsschutzeinrichtungen aufgelistet. Diese Werte sind dann in die obige Formel für I_a einzusetzen. Den Werten aus diesem Anhang angepaßte Richtwerte für «k-Faktoren» enthält die Tabelle 5.7 dieser Sicherheitsfibel.

Die Anwendung dieser Schutzmaßnahme ist sehr beschränkt. Bei dem in Bild 5.20 dargestellten Beispiel mögen die Verbraucher mit einem

Bild 5.20
TT-Netz mit Schutz
durch Überstrom-
Schutzeinrichtung
(Schutzerdung)
R_B Widerstand der
Betriebserde,
R_A Widerstand des
Schutzerders

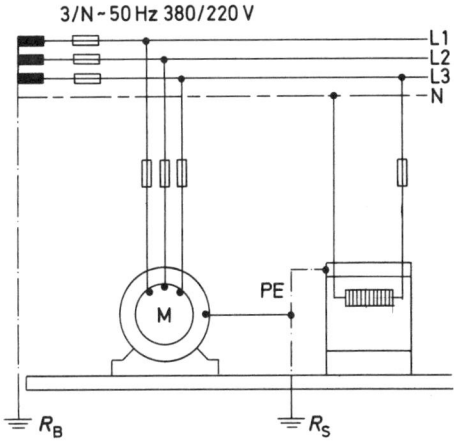

LS-Schalter, 16 A, Typ B abgesichert sein. In diesem Fall ergibt sich ein Abschaltstrom für die Abschaltzeit 0,2 s von 80 A. Daraus wird der maximal zulässige Gesamterdungswiderstand:

$$R_A \leq \frac{50\ V}{80\ A} = 0,625\ \Omega$$

Bei größeren Sicherungsstromstärken ergeben sich entsprechend noch kleinere Werte.

Mit wirtschaftlichen Mitteln lassen sich diese geringen Erdungswiderstände nur in Ausnahmefällen erzielen. In den meisten Fällen ist die Erfüllung dieser Anforderungen nicht möglich. Dann muß eine andere Schutzmaßnahme angewandt werden.

Die früher daneben angegebene Ausführung mit Rückfluß des Fehlerstromes durch das Wasserrohrnetz ist heute nicht mehr anwendbar. Der Elektroinstallateur kann allenfalls die metallischen Leitungsnetze innerhalb der Anlage selbst für diese Schutzerdung bzw. für den Potentialausgleich verwenden.

Wird für I_a der Wert verwendet, der die Abschaltung des Netzes innerhalb von 5 s durchführt, muß auch im eventuell vorhandenen Neutralleiter eine Überstrom-Schutzeinrichtung vorhanden sein, wenn der Gesamterdungswiderstand des Netzes größer als 2 Ω ist. Das Verhältnis von Schutzerder zu gesamter Netzerde muß außerdem größer als das Verhältnis der zulässigen Berührungsspannung zur Leiterspannung gegen Erde sein. Das sind schwer überschaubare Verhältnisse, auf die sich der Elektroinstallateur nur in Sonderfällen einlassen sollte.

Wird eine Abschaltzeit von 0,2 s erreicht, darf diese Schutzeinrichtung im N-Leiter entfallen. Da dann aber extrem kleine Erdungswiderstände erforderlich werden, ist diese Möglichkeit unrealistisch. Selbst wenn durch den erforderlichen Potentialausgleich diese kleinen Erdungswiderstände erreicht werden sollten, ist der Nachweis hierüber kaum zu führen. Der Elektroinstallateur sollte diese Schutzmöglichkeit – von Ausnahmen abgesehen – auch deshalb nicht in Betracht ziehen.

5.3.3 TN-Netz mit Schutz durch Überstrom-Schutzeinrichtung
(Teil 410, 6.1.3 mit 6.1.7.1 – Nullung)

Elemente der Schutzschaltung:

- ☐ Überstrom-Schutzeinrichtung (LS-Schalter, Sicherung),
- ☐ Betriebserder R_B,
- ☐ Schutzleiter PE bzw.
- ☐ PEN-Leiter (ehemals Null-Leiter),
- ☐ Schutzerdung R_A.
- ☐ Schleifenwiderstand R_{Sch} bzw. Schleifenimpedanz Z_S.

Grundsätzliche Wirkungsweise *(Bild 5.21)*

Die Körper der Betriebsmittel werden über den Schutzleiter PE bzw. PEN-(Null-)Leiter mit Erde verbunden, wodurch ein Potentialausgleich hergestellt wird. Gleichzeitig werden sie über den PE-Leiter mit dem Neutralleiter N, der dann der PEN-Leiter ist, verbunden. Ein Körperschlußstrom fließt weitgehend nicht über die Erde, sondern über den Schutzleiter bzw. über den PEN-Leiter direkt in das Netz zurück. Dadurch entstehen große Körperschlußströme, die zur Abschaltung durch die Überstrom-Schutzeinrichtungen führen.

Wie bereits erwähnt, kennt die harmonisierte Fassung von *VDE 0100 Teil 410* die seit Jahrzehnten eingeführten Begriffe Nullung und Null-Leiter nicht mehr. Wenn überhaupt, dann dürfte es noch Jahre dauern, bis diese Begriffe aus der Fachsprache verschwunden sind. Sie werden daher neben den neuen Bezeichnungen zweckmäßigerweise in dieser Sicherheitsfibel sinngemäß weiter verwendet.

Die Schutzmaßnahme *TN-Netz mit Schutz durch Überstrom-Schutzeinrichtung* (Nullung) bewirkt, daß ein durch einen Isolationsfehler hervorgerufener Körperschluß in einen Kurzschluß verwandelt wird.

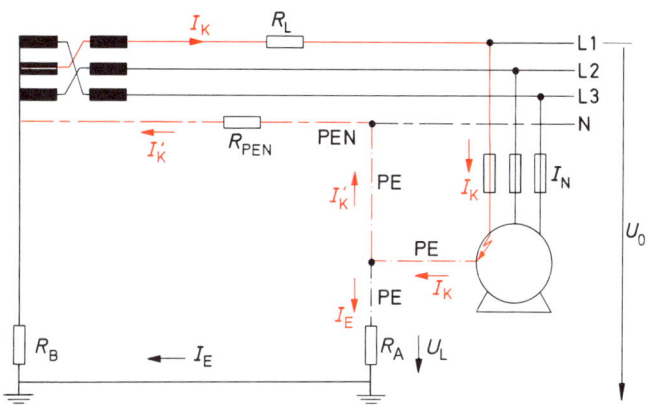

Bild 5.21   Prinzip der «Nullung». R_A stellt den Potentialausgleich zur Erde her. Der Körperschlußstrom I_K fließt fast ausschließlich über den PEN-Leiter (TN-Netz).

$I_E \ll I_K$. Bei $R_L = R_{PEN}$ wird

$$U_L \approx \frac{U_0}{2} \cdot \frac{R_A}{R_B + R_A} \quad \text{(Spannungswaage)}$$

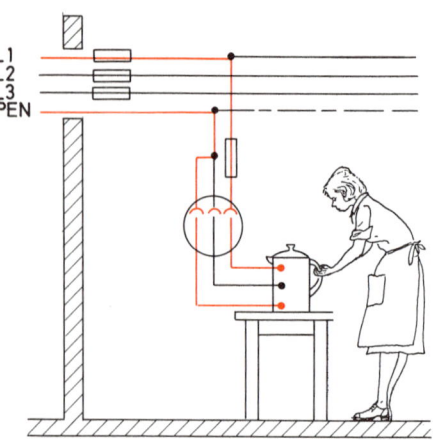

Bild 5.22
Leiterschleife für den
Fehlerstrom bei «Nullung»
in alten Anlagen (TN-
C-Netz) (bei Leiterquer-
schnitten unter 10 mm²
nicht mehr zulässig!)

Der Kurzschluß soll im Fehlerstromkreis (Bilder 5.21 und 5.22) einen ausreichend starken Kurzschlußstrom zum Fließen bringen, der verläßlich die dem Betriebsmittel vorgeschaltete Überstrom-Schutzeinrichtung zur Auslösung bringt.

Das gilt als sichergestellt, wenn die folgende Bedingung (früher erste Nullungsbedingung) erfüllt ist. Sie verlangt, die Querschnitte der Leitungen so zu wählen, daß der Abschaltstrom I_a der vorgeschalteten Überstrom-Schutzeinrichtung zum Fließen kommt, wenn an einer beliebigen Stelle des Stromkreises, also auch an der von der Überstrom-Schutzeinrichtung am weitesten entfernten Stelle, ein Kurzschluß ohne Widerstand an der Fehlerstelle zwischen einem Außenleiter und dem Schutzleiter entsteht.

Der dazu erforderliche Abschaltstrom I_a muß um den Wert k größer sein als der Nennstrom I_n der Überstrom-Schutzeinrichtung (s. a. Abschnitt 5.3.2).

$$I_a = k \cdot I_n$$

Die harmonisierte Neufassung von *VDE 0100* verwendet andere Formelzeichen als die alte Fassung. Die Tabelle 5.12 enthält eine Gegenüberstellung. Für den k-Faktor sind die Werte nach Tabelle 5.7 einzusetzen. Der erforderliche Abschaltstrom wird erreicht, wenn

$$Z_S \cdot I_a \leqq U_o$$

ist. Der Betrag der Netzimpedanz Z_S muß gemessen werden (s. Kapitel 9).

Tabelle 5.12   Vergleich von Bezeichnungen aus VDE 0100/5.73 mit denen aus der harmonisierten Fassung Teil 410

Nr.	Bezeichnung	VDE 0100/5.73	Teil 410
1	Außenleiter	R, S, T	L_1, L_2, L_3
2	Mittelpunktleiter	Mp	N, Neutralleiter
3	Schutzleiter	SL	PE
4	Nulleiter	Mp/SL	PEN, ohne Namen
5	Spannung Leiter gegen Erde	U_E	U_0
6	Abschaltstrom	I_A	I_a
7	Schleifenwiderstand	R_{Sch}	Z_S
8	Zulässige Berührungsspannung	U_B	U_L
9	Betriebserdungswiderstand	R_B	R_B, gesamtes Netz
10	Schutzerdungswiderstand	R_S, R_E	R_A

Eine Berechnung ist nur in seltenen Fällen möglich. Fehler in dieser Netzimpedanz durch falsche Installation oder durch aufgetretene Schäden sind nur durch eine Messung zu erkennen.

Werte für I_a enthalten die Tabellen im Anhang zu VDE 0100, Teil 600. In diesen Tabellen sind allerdings die Leitungsschutzschaltertypen B und C noch nicht eingearbeitet. Auch hier wird auf die Tabelle 5.7 verwiesen.

Besondere Anforderungen an den Schutzleiter
(s. a. Abschnitt 5.1.2)

Die grundlegenden Anforderungen an die Ausführung eines Schutzleiters sind in Abschnitt 5.1.2 enthalten. Darüber hinaus gilt: Bei Querschnitten unter 10 mm² ist immer eine Trennung von PE- und N-Leiter erforderlich. In allen Anlagen, bei denen ein besonderer Schutzleiter gefordert wird, auch bei Hausinstallationen, muß für den Anschluß der ankommenden und abgehenden Neutral- und Schutzleiter je eine eigene Schiene in der Verteilung vorgesehen werden. Der ankommende PEN-Leiter muß mit der Schutzleiterschiene verbunden werden (Bilder 5.23 und 5.24).

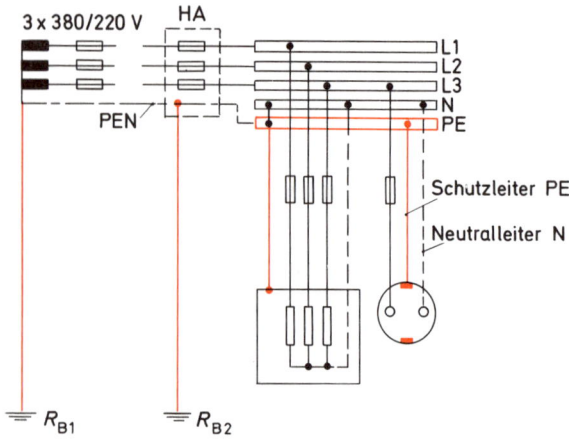

Bild 5.23 «Nullung» mit getrenntem Schutzleiter (TN-C-Netz)

Nach der Aufteilung des PEN-Leiters auf Neutral- und Schutzleiter dürfen diese nicht mehr miteinander verbunden werden mit folgender Ausnahme: Beim Anschluß eines Kabels an eine Kraftverteilung, in der bereits eine Auftrennung des PEN-Leiters in den N- und den PE-Leiter erfolgt ist, darf aber bei Querschnitten über 10 mm² die Verbindung zur Unterverteilung durch ein vieradriges Kabel erfolgen. Hierbei ist der PEN-Leiter an die PE-Leiterschiene der Kraftverteilung anzuschließen, die dann gleichzeitig N-Leiterschiene und PEN-Leiterschiene ist.

Nach der Aufteilung in PE- und N-Leiter ist eine Erdung des Neutralleiters unzulässig, damit in diesem Bereich keine Lastströme über den Schutzleiter fließen können.

Zwei Arten der alten «Nullung»

Für die Durchführung der Nullung nach alter Norm bestanden immer zwei Möglichkeiten: Die Nullung alter Art ohne besonderen Schutzleiter mit Null-Leiter (PEN-Leiter) und die Nullung neuerer Art mit besonderem Schutzleiter.

Bei Neuinstallationen ist das TN-Netz ohne getrennten Schutzleiter (also das TN-C-Netz, Nullung alter Art) zulässig bei Querschnitten ab 10 mm² (s.o.). Bei kleineren Querschnitten muß immer das TN-S-Netz

124

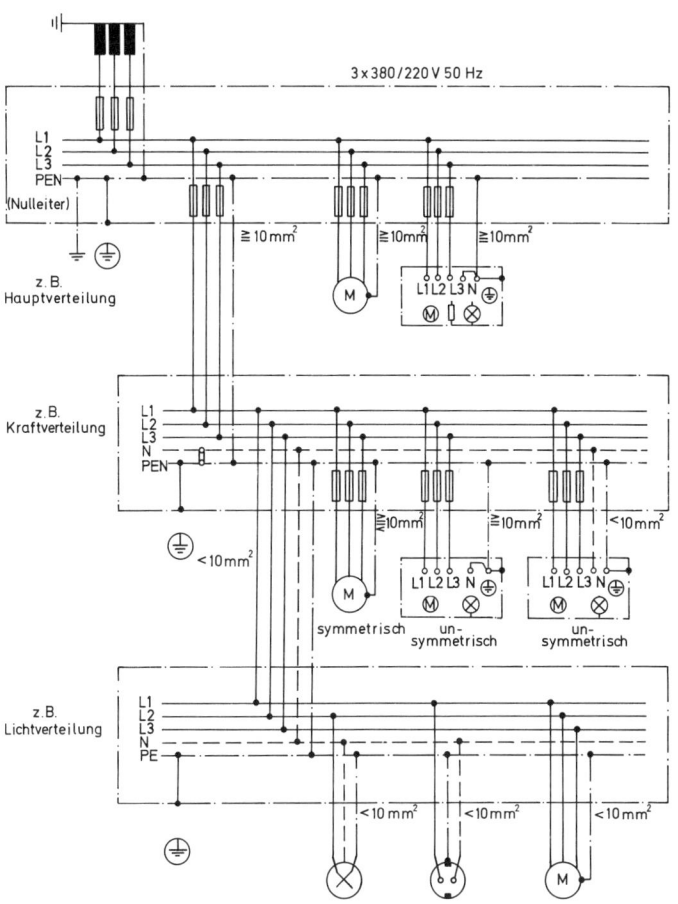

Bild 5.24 Beispiel für die Anwendung der «Nullung» mit besonderem Schutzleiter und ohne besonderen Schutzleiter (TN-S- und TN-C-Netz). Nach Auftrennung in N- und PE-Leiter sollten auch bei Querschnitten $\geqq 10$ mm² beide getrennt verlegt werden, sonst muß der PE-Leiter als PEN-Leiter bezeichnet werden (s. Kraftverteilung).

(moderne Nullung) mit getrenntem Schutzleiter angewendet werden (Bilder 5.23 und 5.24).

Die beiden TN-Netze unterscheiden sich am augenfälligsten durch die Zahl der erforderlichen Leitungsadern. Da der Elektroinstallateur häufig bei Reparaturen oder Erweiterungen noch alte Netze mit den beiden Formen der «Nullung» vorfindet, sei darauf auch hier nochmals eingegangen.

Die Nullung alter Art, die klassische Nullung, kam mit zwei Adern für das Wechselstromnetz aus, z. B. zum Anschluß von Schuko-Steckdosen oder von einfachen Brennstellen, und mit vier Adern für Drehstromnetze (Bild 5.22 und Bild 5.24). Der Null-Leiter «PEN-Leiter» führt hier sowohl Betriebsstrom als auch den ggfs. auftretenden Fehlerstrom.

Die «moderne Nullung»,TN-S-Netz, erfordert immer einen zusätzlichen Leiter, der ausschließlich dem ggfs. auftretenden Fehlerstrom vorbehalten ist. Daher sind hier drei- bzw. fünfadrige Leitungen erforderlich (Bild 5.23 und 5.24).

Alte und neue Kennzeichnung von Schutz- und Neutralleiter

Der Schutzleiter wurde früher normalerweise als rote Ader verlegt. Darauf kann sich der Elektroinstallateur bei Reparaturen oder Erweiterungen aber nicht verlassen, da der rote Leiter auch anderweitig benutzt wurde. Die Art der alten Farbkennzeichnungen ist unklar.

In Neuanlagen ist bei beiden Arten des TN-Netzes für alle Adern, die eine Schutzfunktion haben, die also im Fehlerfall einen Fehlerstrom führen können, die grün/gelbe Ader zu verwenden. Das ist

☐ beim TN-C-Netz (Nullung alter Art) der PEN-(Null-)Leiter,
☐ beim TN-S-Netz (Nullung neuer Art) der besondere Schutzleiter PE.

Die grün-gelbe Ader darf für keinen anderen Zweck als den hier angegebenen verwendet werden.

Beim TN-S-Netz ist für den Neutralleiter, der hier keine Schutzfunktion hat, die hellblaue Ader zu verwenden. Diese darf allerdings auch für andere Zwecke, z. B. als Schaltdraht, benutzt werden. Für Anlagen in Räumen mit besonderer Gefährung kann auch vorgeschrieben sein, daß der Schutzleiter bei Querschnitten über 10 mm² getrennt zu führen ist, z. B. in Krankenhäusern.

126

Erweiterung und Reparatur alter Anlagen

Schwierigkeiten müssen in Kauf genommen werden, bei der Erweiterung alter Anlagen, in denen nach den damals gültigen VDE-Bestimmungen für den Null-Leiter die graue Ader und für den Schutzleiter, der keinen Betriebsstrom führen durfte, die rote Ader vorgeschrieben war. Die unterschiedliche Art der Kennzeichnung der Adern in den alten und neuen Anlageteilen erfordert bei der Verbindung alter und neuer Abschnitte der Anlage Vorsicht und Überlegung sowie besondere Sorgfalt bei der Prüfung der Wirksamkeit der Schutzmaßnahmen. Der Farbkennzeichnung darf man nicht trauen!

VDE 0100/5.73 verlangt in *§ 10b/10.6,* daß beim Erweitern bestehender Anlagen, in denen die Nullung ohne besonderen Schutzleiter angewendet wurde, vom Erweiterungspunkt aus, z.B. von einer Abzweigdose, bei Leiterquerschnitten unter 10 mm² Cu die Nullung mit besonderem Schutzleiter angewendet werden muß. Im neuen *Teil 410* werden dazu keine Angaben mehr gemacht. Die nachträgliche Montage eines zusätzlichen Leiters wird nicht gefordert und ist auch in der Mehrzahl der Fälle weder möglich noch zumutbar.

Die Wirksamkeit der Nullung ist wie bei jeder anderen Schutzmaßnahme vor Inbetriebnahme der Anlage zu prüfen. Das gilt für jede Erweiterung, z.B. auch bei der Nachinstallation einer einzelnen Schutzkontakt-Steckdose.

Sicherheit des PEN-(Null-)Leiters, Erdungen

Es ist einleuchtend, daß das TN-Netz mit Schutz durch Überstrom-Schutzeinrichtungen (Nullung) keinen Schutz gewähren kann, wenn der PE- oder der PEN-Leiter unterbrochen wird. Daher dürfen diese Leiter weder für sich alleine abschaltbar sein noch abgesichert werden.

Da auch Ortsnetze und Freileitungen vom Elektrohandwerk erstellt werden, müssen auch die hier beim TN-Netz zu beachtenden Bestimmungen behandelt werden, soweit sie nicht nur die Elektrizitätswerke interessieren. Grundsätzlich gelten für Verteilungsnetze die gleichen Bedingungen wie für Verbraucheranlagen. Bei ausgedehnten Verteilungsnetzen kann aber weitaus häufiger als in Verbraucheranlagen der Abschaltstrom I_a für die Stationssicherungen, die oft für erhebliche Nennströme ausgelegt sind, nicht erreicht werden.

Können dann an einer Stelle des Netzes die Abschaltbedingungen nicht eingehalten werden, muß dort ein *zusätzlicher, erdfreier Potentialausgleich (Teil 410, 6.1.6)* geschaffen werden, bei denen folgende Bedingungen gelten: Alle gleichzeitig berührbaren Körper und fremde leitfähige Teile müssen durch einen Potentialausgleichsleiter nach *Teil*

540 miteinander verbunden werden. Dieser darf weder über Körper noch über fremde leitfähige Teile mit Erde verbunden werden. Es ist dann ferner sicherzustellen, daß Personen beim Betreten eines Raumes, in dem dieser Potentialausgleich angewendet wird, keinen gefährlichen Berührungsspannungen ausgesetzt werden können.

Beim Bau neuer Freileitungsnetze sollte der PEN-Leiter – abweichend von früheren Regelungen – unterhalb der Außenleiter verlegt werden. Die alte VDE-Bestimmung schrieb vor, daß der PEN-Leiter in der Nähe der Spannungsquelle und an den Enden der Netzausläufer zu erden ist (Bild 5.21). Abzweige, die länger als 200 m sind, gelten als Netzausläufer. Der Gesamtwiderstand aller Betriebserdungen durfte nicht größer als $2\,\Omega$ sein. Der Erdungswidersand des Erders in der Nähe des Speisepunktes (der Transformatorenstation) sowie im Bereich der letzten 200 m eines Netzausläufers durfte danach nicht größer als $5\,\Omega$ sein. Nach der neuen Fassung, *Teil 410*, werden die Erdungen am Netzausläufer nicht mehr gefordert. Hier ist jedoch ein wesentlicher Ersatz durch die Forderung nach dem Hauptpotentialausgleich am Eingang der Verbraucheranlage an die Stelle der besonders geforderten Erdung getreten (*Teil 410, 6.1.3.2 und 6.1.8*).

5.3.4 TN-Netz mit Schutz durch Fehlerstrom-Schutzeinrichtung
(Teil 410, 6.1.3 mit 6.1.7.2)

Überstrom-Schutzeinrichtungen sind im Prinzip für die thermische Überwachung von Leitungen bzw. Verbrauchsmitteln konzipiert. Der Personenschutz (Fehlerschutz) wurde ihnen lediglich zusätzlich übertragen.

Im Gegensatz dazu sind Fehlerstrom-Schutzeinrichtungen in erster Linie Schutzorgane für den Personenschutz. Lediglich im IT-Netz können sie dort speziell für die Abschaltung bei Doppelfehlern in verschiedenen Stromkreisen eingesetzt werden.

Schon immer wurden FI-Schutzschalter auch in «genullten» Netzen eingesetzt, wobei für diese Anordnung üblicherweise auf eine getrennte Erde verzichtet wurde. Der Schutzleiter wurde vor dem FI-Schutzschalter mit dem Mittelpunktleiter, dem Null-Leiter, verbunden. Der Name «Fehlerstrom-Schutzschaltung» muß streng genommen aber auf reine TT-Netze beschränkt werden, bei denen diese Verbindung nicht besteht und der Schutzleiter eine eigene, vom Mittelpunktleiter getrennte Erde besitzt.

In der Neufassung von *VDE 0100* ist das jetzt für das TN-Netz eindeutiger als «*TN-Netz mit Schutz durch Fehlerstrom- Schutzeinrichtung*» gekennzeichnet. Jetzt wird für den Abschaltstrom I_a der Nennfehlerstrom $I_{\Delta n}$ eingesetzt, der üblicherweise wesentlich kleiner als der

Abschaltstrom bei Überstrom-Schutzeinrichtungen ist. Damit werden erheblich größere Werte des Netzschleifenwiderstandes, der Netzimpedanz, möglich. Im Gegensatz zur Fehlerstrom-Schutzschaltung im TT-Netz wird bei der Festlegung der Abschaltbedingung nicht der zulässige Wert der Berührungsspannung U_L, sondern die zwischen einem Außenleiter und Erde bestehende Spannung U_o eingesetzt. Es gilt damit folgende Abschaltbedingung:

$$Z_S \leq \frac{U_o}{I_{\Delta n}}$$

Es ist unumgänglich erforderlich, daß hinter dem FI-Schutzschalter eine klare Trennung des N-Leiters und des PE-Leiters erfolgt. Der N-Leiter ist wie ein Außenleiter isoliert zu verlegen. Eine derartige Verbindung zwischen N-Leiter und PE-Leiter hinter der Fehlerstrom-Schutzeinrichtung ist leider ein häufiger Fehler. Je nach Widerstandsverhältnissen der Leiter und Erder führt dieses entweder zu einer Abschaltung beim Anschluß einer Last, kann jedoch auch eine erhebliche Steigerung des Auslösestromes über den Nennfehlerstrom hinaus bewirken, da im TN-Netz durch diese Verbindung eine Tertiärwicklung für den Fehlerstrom-Schutzschalter besteht. Das ist besonders dann zu beachten, wenn man beim Einsatz hochempfindlicher Fehlerstrom-Schutzschalter auch an den Schutz bei direktem Berühren denkt.

In TN-Netzen können auch LS/DI-Schalter (Abschnitt 5.1.5) verwendet werden, wenn zunächst durch das Netz selbst die Abschaltbedingungen (0,2 s oder 5 s) erfüllt werden. Derartige LS/DI-Schalter übernehmen bei anliegender Spannung einen Zusatzschutz auch bei direktem Berühren. Der Schutzpegel kann mit diesen Schaltern örtlich erheblich angehoben werden.

Besonders gefährdete Bereiche, z.B. Baderäume, Steckdosen im Freien oder in Hobbyräumen sollte der Elektroinstallateur diesen Zusatzschutz durch hochempfindliche Schutzschalter unbedingt einsetzen. Bei Neuinstallationen wird er nach neuester Auffassung für alle Stromkreise einer Wohnung empfohlen. Er sollte möglichst auch nachträglich installiert werden (s.a. Abschnitt 5.3.7.2 und 8.13 sowie *Teil 739*).

5.3.5 TT-Netz mit Schutz durch Fehlerstrom-Schutzeinrichtung (FI-Schutzschaltung)
(Teil 410, 6.1.4 mit 6.1.7.2)

Elemente der Schutzschaltung

☐ Fehlerstrom-Schutzschalter nach *VDE 0664,*
☐ Schutzleiter PE,
☐ Schutzerdung R_A.

Wirkungsweise

Die Wirkungsweise des Schutzschalters mit Differenzstromauslöser wurde bereits in Abschnitt 5.1.5 beschrieben. Für die echte Fehlerstrom-Schutzschaltung kommen jedoch nur solche Schalter in Betracht, die *VDE 0664, Teil 1, Teil 2* oder *Teil 3* entsprechen. Diese sind netzspannungsunabhängig und arbeiten auch dann, wenn nur noch ein einzelner Leiter Spannung führt und dieser einen Fehlerstrom erzeugt. Die LS/

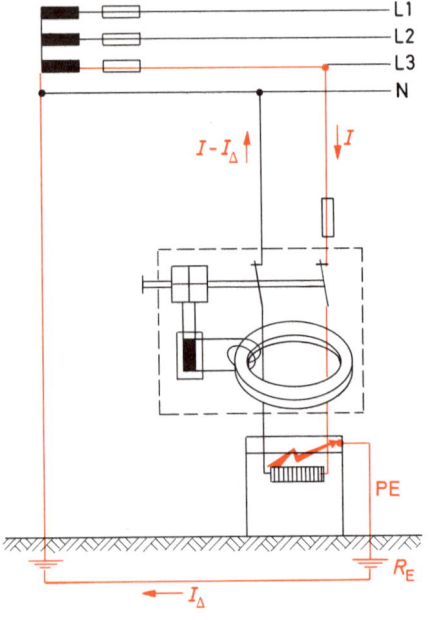

Bild 5.25
Fehlerstrom-Schutzschaltung
(TT-Netz), Fehlerstromkreis
bei einem Körperschluß.
Der Fehlerstrom I_Δ magnetisiert
den Wandlerkern (s. a. Bild 5.12).

130

DI-Schalter sind für den Einsatz in TT-Netzen nur zulässig, wenn zunächst die Abschaltbedingungen durch Überstrom-Schutzeinrichtungen oder andere vorgeschaltete FI-Schutzschalter erfüllt werden.

Das Prinzip der Fehlerstrom-Schutzschaltung zeigt Bild 5.25. Die geschützten Betriebsmittel sind über einen Schutzleiter an Erde anzuschließen. Nach *VDE 0100/5.73* dürften die Betriebsmittel dabei auch an Einzelerder angeschlossen werden. Die Neufassung *Teil 410* verlangt dagegen eine gemeinsame Erde aller Betriebsmittel hinter einem Schutzschalter. Tritt ein Körperschluß auf und fließt ein Teil des Stromes durch diesen Schutzleiter gegen Erde ab, ist er für den Wandler ein Differenzstrom und führt spätestens beim Erreichen des Nennfehlerstromes zum Abschalten des Netzes. In Tabelle 5.9 sind für die wesentlichsten Nennfehlerströme die maximal zulässigen Erdungswiderstände sowie die maximal mögliche Wärmeleistung an der Fehlerstelle angegeben. Die Beträge dieser Erdungswiderstände sind mit wirtschaftlichen und einfachen Mitteln zu erreichen. Für Fehlerstrom-Schutzschalter mit einem Nennfehlerstrom von 0,5 A beträgt die maximale Wärmeleistung bei einer Netzspannung von 220 V gegen Erde $P = U \cdot I = 220\,V \cdot 0,5\,A = 110$ W, ein Betrag, der praktisch dem für den Brandschutz empfohlenen Wert von rund 100 W maximal entspricht. Sind die bei der Erdung erreichten Widerstandswerte geringer als die zulässigen Höchstwerte, was oft nicht schwierig zu erreichen ist, werden die maximal auftretenden Berührungsspannungen entsprechend kleiner.

Schutz bei indirektem und bei direktem Berühren

VDE 0100/5.73 kannte die Fehlerstrom-Schutzschaltung nur als Schutzmaßnahme bei indirektem Berühren. Die Körper der geschützten Betriebsmittel mußten alle an einen Schutzleiter angeschlossen werden. Ist der Erdungswiderstand entsprechend klein genug und die Schutzleiterverbindung sicher, spielt die Größe des Nennfehlerstromes hinsichtlich des Personenschutzes an sich keine Rolle. Gestörte Betriebsmittel werden dann immer sofort abgeschaltet, ehe gefährliche Berührungsspannungen bestehenbleiben können.

Durch die Einführung hochempfindlicher Fehlerstrom-Schutzschalter mit Nennfehlerströmen von 30 mA oder weniger ist die Schutzwirkung erheblich vergrößert worden. Diese Schalter schalten grundsätzlich so kurzfristig ab, daß Personenschäden durch direkte Durchströmung nicht möglich sind. Sie bieten damit auch einen Schutz bei direktem Berühren, wie er als zusätzlicher Schutz nunmehr in *Teil 410, 5.5* zulässig ist. Der Elektroinstallateur sollte sich aber grundsätzlich nicht auf eine Fehlerstrom-Schutzschaltung ohne angeschlossene Schutzleiter einlassen. Tritt in einem isoliert aufgestellten, nicht an den

Schutzleiter angeschlossenen Betriebsmittel ein Körperschluß auf, fließt zunächst kein Fehlerstrom. Der Schutzschalter kann dieses nicht bemerken. Erst dann, wenn ein mit Erde in Verbindung stehender Mensch anfaßt, kommt es zu einem Fehlerstrom. Dieser wird zwar rechtzeitig von dem Schutzschalter abgeschaltet, beim Menschen ruft er aber möglicherweise eine erhebliche Schockwirkung mit möglichen Sekundärschäden hervor. Hochempfindliche Schutzschalter bieten aber immerhin einen zusätzlichen Schutz, z. B. bei versehentlich unterbrochenem Schutzleiter oder bei direktem Berühren.

Ein typisches Beispiel dafür ist der Schutz von *Rasenmähern*. Die Rasenmäher selbst sind in Schutzklasse II, schutzisoliert, ausgeführt. Wird jedoch das teilweise nur zweiadrige Kabel angeschnitten, besteht die Gefahr des direkten Berührens, wenn das Kabel z. B,. in die Hand genommen wird oder mit leitfähigen Teilen des Rasenmähers in Berührung kommt. Gleiches gilt für Baderäume, bei denen schutzisolierte Geräte verwendet werden, die in die Badewanne fallen und dann zu tödlichen Unfällen führen können. In derart gefährdeten Bereichen sollte der Elektroinstallateur den zusätzlichen Schutz der Fehlerstrom-Schutzschalter bei direktem Berühren auch bei bestehenden Anlagen nachträglich unbedingt anwenden.

Auswahl des Nennfehlerstromes

Es wurde bereits ausgeführt, daß hochempfindliche Fehlerstrom-Schutzschalter mit Nennfehlerströmen von 30 mA oder auch weniger auch den Schutz bei direktem Berühren übernehmen können. Man erzielt mit ihnen einen sehr hohen Schutzpegel. Dieser hohe Schutzpegel wird ggfs. damit erkauft, daß das Netz bei Fehlerströmen abschaltet, die einen Schalter mit Nennfehlerstrom 500 mA noch nicht zur Auslösung gebracht hätten.

Die Erhöhung des Schutzpegels kann zu häufigeren, ungewollten Abschaltungen führen. Bereiche, bei denen das nicht zulässig ist, z. B. für die Speisung von Tiefkühltruhen, sollte der Elektroinstallateur Schalter mit wenigstens 0,3 A Nennfehlerstrom einsetzen. Derartige Schalter werden auch weniger durch atmosphärische Störungen oder kapazitive Einschaltströme ausgelöst (s. Bild 5.26).

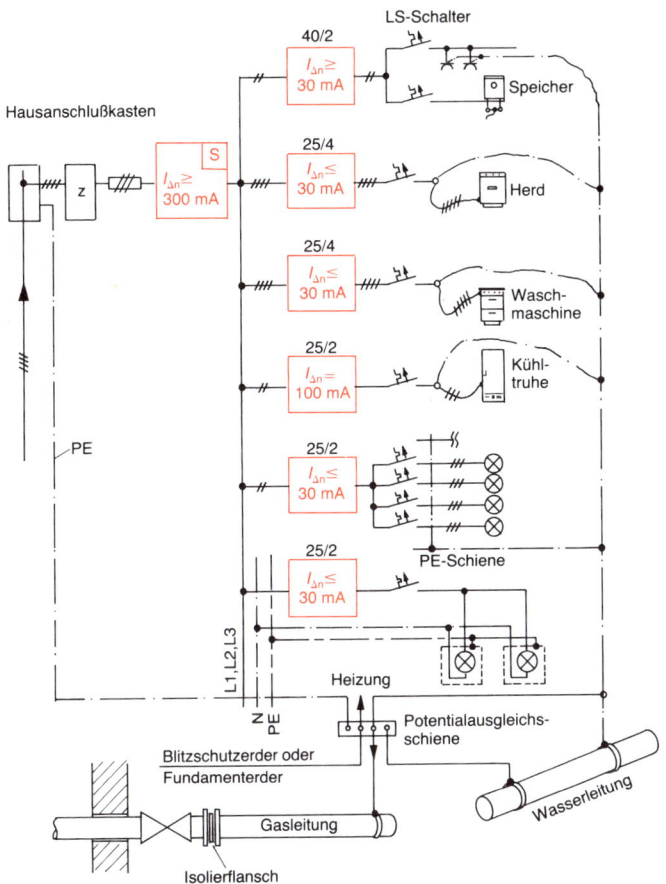

Bild 5.26 Hausinstallation mit Schutz durch FISchutzeinrichtungen im TT-Netz bei vorgeschaltetem selektivem ⑤-Schalter (s. a. *DIN VDE 0100, Teil 729, Anhang B*). Weitere Stromkreise, z. B. Badezimmer oder Garten, sind eventuell erforderlich. Vorteil der Aufteilung: Bei einem Fehler in einem Stromkreis wird nur dieser abgeschaltet. Hinter jedem FI- Schalter ist eine eigene N-Schiene erforderlich.

Vergleich der Fehlerstrom-Schutzschaltung mit anderen Schutzmaßnahmen

Bei einem Vergleich mit den konkurrierenden Schutzmaßnahmen ergeben sich zahlreiche, erhebliche Vorteile: Fehlerstrom-Schutzschalter schalten gefährliche Berührungsspannungen innerhalb von etwa 40 ms ab. Dagegen kann bei Schutz durch Überstrom-Schutzeinrichtung in alten Anlagen nach *VDE 0100/5.73* eine beträchtlich längere Zeit bis zur Abschaltung vergehen. So kann eine träge 25-A-Sicherung bei einem VDE-mäßigen Abschaltstrom von 87,5 A etwa 20 s zum Durchschmelzen benötigen. Wenn auch die Abschaltzeiten nach den neuen Bestimmungen viel kürzer sein müssen, erhöht der Einsatz von Fehlerstrom-Schutzschaltern gerade in älteren Anlagen den Schutzpegel erheblich.

Während bei konkurrierenden Schutzmaßnahmen Erdschlußströme mit Beträgen bis zur Höhe des Nennstromes der vorgeschalteten Überstrom-Schutzeinrichtung nicht abgeschaltet werden und somit zu einem Brand führen können, wirkt der Fehlerstrom-Schutzschalter zusätzlich als Erdschlußwächter und Brandschutz. Wird der PE-Leiter in einer gemeinsamen Umhüllung mit den Außenleitern geführt, so wird auch ein Schluß zwischen den zwei Außenleitern auf diesen PE-Leiter übergreifen und die Auslösung hervorrufen, ehe es zu einem Brand kommt.

Als Brandschutz ist die FI-Schutzmaßnahme allen anderen überlegen. Bei feuergefährdeten Betrieben und in der Landwirtschaft ist ihre Anwendung daher immer zu empfehlen bzw. wird sie verlangt (s. Abschnitt 8.7 und 8.8).

Bei parallel geschalteten Fehlerstrom-Schutzschaltern schaltet nur der ab, in dessen Stromkreis der Fehler aufgetreten ist, auch wenn alle diese Schutzschalter an der gleichen Erdung, dem gleichen Schutzleiter angeschlossen sind (s. Bild 5.26).

Die Installation des FI-Schutzschalters ist einfach. Die Schalter werden in den Leitungszug eingebaut und die zu schützenden Körper der Betriebsmittel geerdet. Man kann sie dazu einfach durch einen blanken Leiter mit der nächstgelegenen Erde verbinden. Der erforderliche Erdungswiderstand ist praktisch immer zu erreichen.

Die Verwechslung des Schutzleiters mit einer Zuleitung an einer Schutzkontakt-Steckdose, ein Fehler, der bei Nachinstallationen nicht selten vorkommt und bei anderen Schutzmaßnahmen oft nicht bemerkt wird, bewirkt bei der FI-Schutzschaltung bereits bei der ersten Benutzung der Steckdose das sofortige Auslösen des Schutzschalters und damit das Erkennen des Fehlers.

Der Querschnitt der Erdungsleitung war nach *VDE 0100/5.73, § 21* im Gegensatz zu den diesbezüglichen Anforderungen bei der Nullung und Schutzerdung vom Nennstrom der vorgeschalteten Überstrom-Schutzeinrichtung unabhängig. Erforderlich war lediglich die Einhaltung der vorgeschriebenen Mindestquerschnitte, das sind 1,5 mm² Cu bei geschützter Verlegung bzw. 4 mm² Cu bei ungeschützter Verlegung. Diese Mindestquerschnitte genügen nach der Neufassung *Teil 540* nicht mehr.

Es sind danach für Erdungsleitungen die gleichen Querschnitte wie für Schutzleiter bei Schutz durch Überstrom-Schutzeinrichtungen erforderlich (Tabelle 5.3).

Die Installation wird besonders einfach, wenn die zu schützenden Geräte bereits durch ihren Einbau über Konstruktionsteile zuverlässig geerdet sind. Diese Geräte benötigen, wenn eine Unterbrechung der konstruktionsmäßig vorhandenen Erdung nicht zu befürchten ist, keine zusätzliche Erdleitung.

Die FI-Schutzschaltung verträgt sich fast mit allen anderen Schutzmaßnahmen, auch mit dem TN-Netz mit Schutz durch Überstrom-Schutzeinrichtungen (Besonderheiten im IT-Netz s. Abschnitt 5.4). Sie ist daher für elektrische Anlagen, die häufig ihren Standort wechseln (z. B. für Baustellenversorgung oder im Schaustellergewerbe) besonders geeignet und vorzuziehen bzw. auch vorgeschrieben.

Jede andere Schutzmaßnahme mit Abschalteinrichtung, die den Anforderungen nicht mehr genügt oder die hinsichtlich des Brandschutzes verbessert werden muß, läßt sich, ggfs. unter Nachinstallierung einer Erdleitung, auf den Schutz durch FI-Schutzeinrichtungen umstellen (s. Abschnitt 5.3.7).

Vorgeschriebene Anwendungsgebiete der FI-Schutzschalter

Wegen des besonders hohen Schutzpegels sowie hinsichtlich Personen- oder Tier- als auch Sachschäden ist der Schutz durch FI-Schutzeinrichtungen in vielen Einzelbestimmungen und Gesetzen für besondere Anwendungsgebiete gefordert oder zumindest empfohlen. Es ist nicht möglich, hier auf alle diese Stellen hinzuweisen. Tabelle 5.10 gibt einen Überblick über die wichtigsten Bereiche.

5.3.6 Schutz durch Fehlerspannungs-Schutzeinrichtungen
(§ 12, Teil 410, 6.1.4 und 6.1.7.3)

Elemente der Schutzschaltung:

☐ Schutzleiter,
☐ Hilfserder (vom Schutzleiter getrennt),
☐ Fehlerspannungs-(FU)Schutzschalter.

Die Anwendung ist nach *Teil 410, 6.1.4* im TT-Netz nur noch in (nicht näher definierten) Sonderfällen zulässig. Die im folgenden erläuterten Bedingungen sind wegen der fast immer vorhandenen Nebenerden nur selten einzuhalten. Der Vorteil dieser Schutzschaltung ist der, daß FU-Schutzschalter auch bei reinem Gleichstrom wirksam sind.

Wirkungsweise und Bedingungen (Bild 5.27)

Die Spannung, die im Fehlerfall an leitfähigen, nicht zum Betriebsstromkreis gehörenden Anlagenteilen auftreten kann, wird durch einen Fehlerspannungs-Schutzschalter überwacht, der im Prinzip ein Relais ist. Die Auslösespule wird dazu wie ein Spannungsmesser mit der Klemme K an die zu schützenden, leitfähigen Teile und mit der anderen Klemme H an einen Hilfserder gelegt. Übersteigt die Spannung zwischen diesen Klemmen den zulässigen Wert, so löst die Fehlerspannungsspule den Schutzschalter aus, der die Fehlerstelle innerhalb von 0,2 s abschaltet.

Schutzschalter für die FU-Schutzschaltung mußten der für sie geltenden Bestimmung *VDE 0663*, die inzwischen zurückgezogen ist, entsprechen. Sie müssen den überwachten Teil der Anlage allpolig einschließlich des Neutralleiters abschalten. Sie müssen eine eingebaute Prüfeinrichtung besitzen, die bei Netzen mit nicht geerdetem Neutralleiter mindestens zweipolig ausgelegt sein muß.

Die FU-Schutzschaltung kann nicht wirksam werden, wenn die Spule des Schalters durch Nebenerden überbrückt wird. Dieses ist, durch eine sorgfältig isolierte Verlegung des Hilfserdungsleiters zu verhindern. Die Hilfserdung muß von allen anderen Erdungen der zu schützenden Betriebsmittel unabhängig sein. Diese Bedingung dürfte nur noch in ganz wenigen Fällen zu erfüllen sein.

Der Erdungswiderstand soll in der Regel den Betrag von 200 Ω nicht überschreiten. In Sonderfällen sind auch 800 Ω zulässig. Bei einer Berührungsspannung von 50 V löst der Schalter auch bei diesem Widerstandswert noch sicher aus.

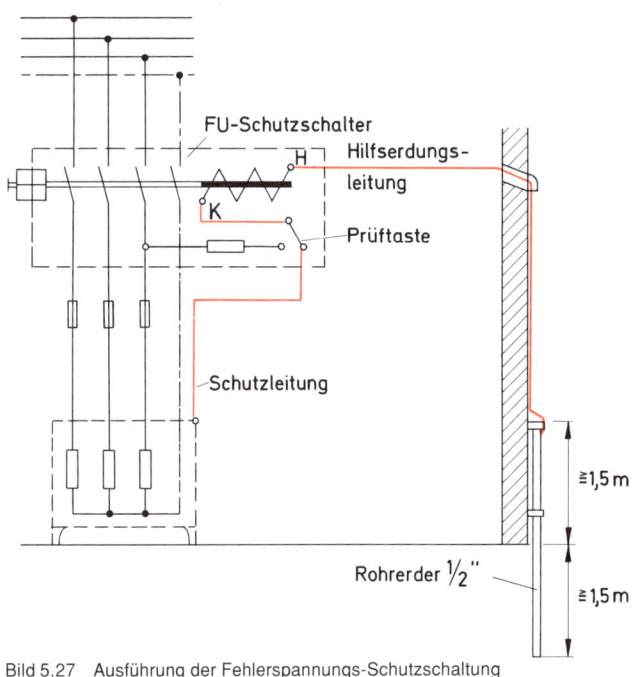

Bild 5.27 Ausführung der Fehlerspannungs-Schutzschaltung

5.3.7 Umstellung bestehender Netze auf FI-Schutz

5.3.7.1 Umstellung der Schutzerdung auf die Fehlerstrom-Schutzschaltung (TT-Netz mit Schutz durch Fehlerstrom-Schutzeinrichtung)

Bei TT-Netzen mit Schutz durch Überstrom-Schutzeinrichtungen sind alle Geräte, Maschinen und die Schutzkontakte der Steckdosen geerdet (Abschnitt 5.3.2, Bild 5.20). In der Anlage ist daher keinerlei Änderung erforderlich. Der FI-Schutzschalter wird lediglich in die Zuleitung hinter der Überstrom-Schutzeinrichtung eingebaut (Bild 5.28). Damit können auch Sicherungen mit größeren Nennströmen eingebaut werden, weil die Komplikationen hinsichtlich des Erdungswiderstandes entfallen.

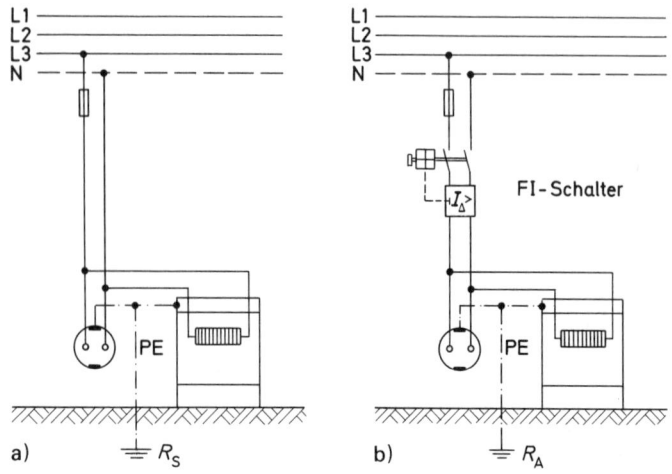

Bild 5.28 Umstellung der Schutzerdung auf FI-Schutzschaltung (TN-Netz)
a vorher, b nachher

5.3.7.2 Umstellung von TN-Netzen mit Schutz durch Überstrom-Schutzeinrichtung (Nullung) auf Schutz durch FI-Schutzschalter

Hier sind bei alten Anlagen zwei Fälle zu unterscheiden, nämlich
1. Nullung mit zusätzlichem Schutzleiter (TN-S-Netz) und
2. Nullung ohne zusätzlichen Schutzleiter (TN-C-Netz).

Fall 1

Die Nullung mit zusätzlichem Schutzleiter ist in Bild 5.23 gezeigt. Bei dieser Installationsart ist in den fest verlegten Leitungen ein fünfter bzw. dritter Leiter mitgeführt der betriebsmäßig stromlos ist und erst an der Verteilung bzw. im Hausanschluß mit dem N-Leiter zum PEN-Leiter verbunden wird. Bild 5.29a zeigt das entsprechende Schaltschema für Wechselstrom. Diese Installationsart ohne getrennten Schutzleiter hat vor der unter Fall 2 behandelten älteren Installationsart unter anderem den wesentlichen Vorzug, daß die Umstellung auf FI-Schutz besonders einfach ist.

138

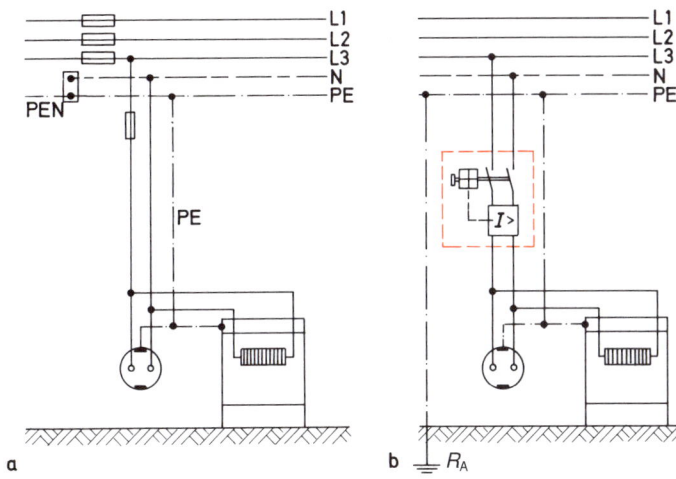

Bild 5.29 Umstellung eines genullten Netzes mit getrenntem Schutzleiter (a) auf eine echte FI-Schutzschaltung mit eigener Erdung R_A (b). Der Erder muß neu errichtet werden (TN-S- auf TT-Netz).

Es muß dabei entschieden werden, ob eine echte FI-Schutzschaltung (Umstellung auf TT-Netz mit Schutz durch Fehlerstrom-Schutzeinrichtung) mit einem Erder, der vom N-Leiter auch vor dem FI-Schalter getrennt ist, erzielt werden soll. Dann ist üblicherweise dieser Erder neu zu erstellen. Der Schutzleiter des vorhandenen Netzes ist vom Neutral-Leiter zu trennen und an diesen neu errichteten Erder anzuschließen.

Wie weit dieser dann tatsächlich vom Neutralleiter unabhängig ist, ist zumindest schwer zu beurteilen und auch nicht wesentlich. Diese Art der Umstellung wird nur dann erforderlich sein, wenn die Gefahr einer Spannungsverschleppung über den PEN-Leiter des Netzes möglich ist.

Üblicherweise und viel einfacher ist die Umstellung, wenn man den FI-Schalter hinter der Aufteilung des PEN-Leiters in N-Leiter und PE-Leiter einbaut (Bild 5.30). Diese Anordnung wird in der Praxis auch bei Neuinstallationen vorliegen, da von sonstigen Erdungen unabhängige Einzelerder in Gebäuden kaum erstellt werden können. Die Potentialausgleichsschiene ist dann gleichzeitig die Schutzerde R_A der Fehlerstrom-Schutzschaltung. Es liegt dann ein TN-Netz mit Schutz durch Fehlerstrom-Schutzeinrichtung vor.

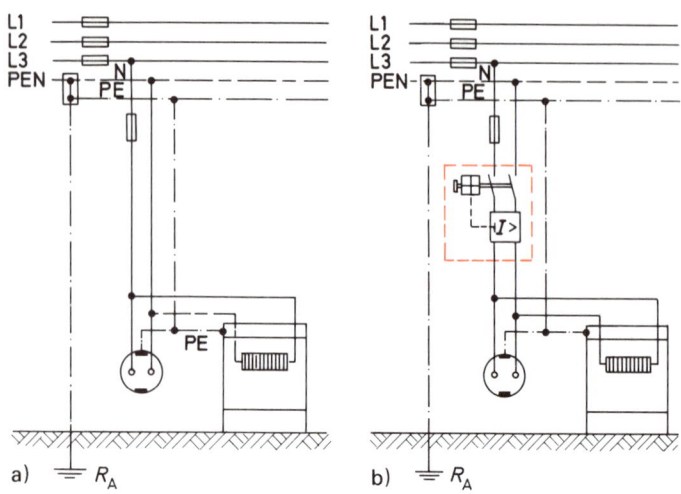

Bild 5.30 Umstellung der Nullung mit getrenntem Schutzleiter (TNS-Netz) (a) auf die FI-Schutzschaltung ohne eigene Erdung (b). Der PEN-Leiter wird als Erde benutzt.

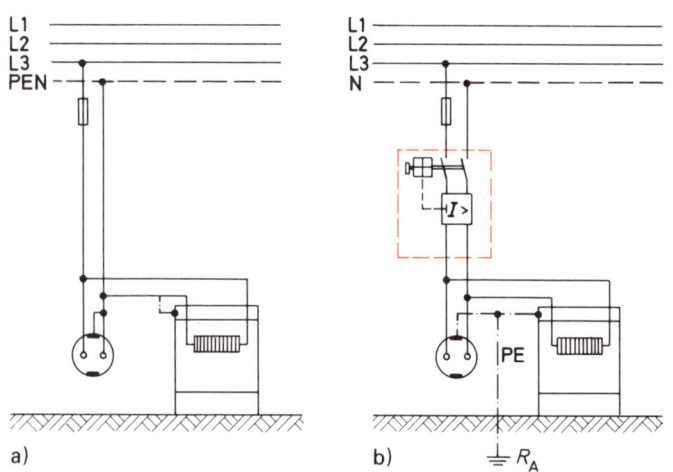

Bild 5.31 Umstellung der Nullung ohne getrennten Schutzleiter (TN-C-Netz) (a) auf die FI-Schutzschaltung (b). Der Schutzleiter muß nachinstalliert werden. Statt eigener Erder R_A kann auch entsprechend Bild 5.30 verfahren werden.

Fall 2

Erheblich schwieriger ist der Fall 2, wenn eine klassische Nullung nach Bild 5.31 ohne eigenen Schutzleiter vorliegt. Hier ist eine Nachinstallation dieses Schutzleiters erforderlich, wenn man die gesamte Anlage umstellen will.

Da man beim Einsatz hochempfindlicher Schalter große Erdungswiderstände zulassen kann (Tabelle 5.9), können als Schutzleiter zuverlässig durchverbundene Rohrsysteme oder Konstruktionsteile verwendet werden. Wichtig ist, daß die Umstellung hinter einem FI-Schalter vollständig erfolgen muß. N-Leiter und PE-Leiter müssen eindeutig überall getrennt werden. Der Nachweis erfolgt durch eine Isolations-Widerstandsmessung zwischen N- und PE-Leiter und eine Schutzleiter-Widerstandsmessung zwischen allen Körpern und Schutzkontakten (Abschnitt 9.6).

5.3.7.3 Dezentraler Fehlerstrom-Schutz in TN-C-Netzen

Um die Schwierigkeiten des nachträglichen Verlegens eines PE-Leiters in klassisch genullten Anlagen zu umgehen, besteht die Tendenz, FI-Schalter dezentral in Steckdosen, z.B. in Badezimmern, nachträglich einzubauen. Geräte dafür sind auf dem Markt, die Normung wurde eingeleitet.

In solchen Netzen aus PEN- und L−Leiter muß sichergestellt sein, daß der PEN-Leiter nicht unterbrochen oder vertauscht wird. Das ist aber kaum sicherzustellen. Nur dann könnte ein normaler FI-Schalter verwendet werden. Die Anordnung zeigt Bild 5.32. Bei einer PEN-Unterbrechung und Anschluß eines Gerätes der Schutzklasse I an die Steckdose wird dessen Gehäuse über den Innenwiderstand unter Spannung gesetzt.

Gegen die Verwendung eines LS/DI-Schalters mit elektronischer Verstärkung und Unterspannungs-Auslösung ist nichts einzuwenden. Dieser schaltet bei Unterbrechung eines Leiters, vor allem auch der des PEN-Leiters, automatisch ab.

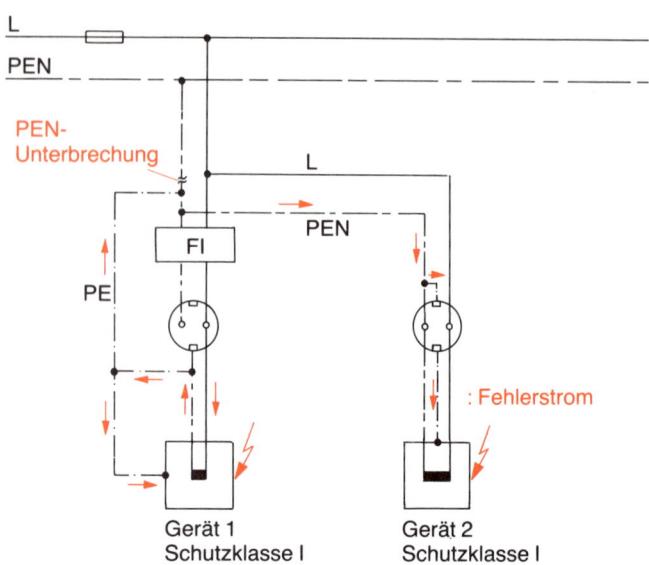

Bild 5.32 Dezentraler FI-Schutz im TN-C-Netz (klassische Nullung)
Bei Unterbrechung des PEN-Leiters liegen Geräte der Schutzklasse I über den Innenwiderstand von Gerät 1 an Netzspannung (richtiger: LS/DI-Schalter mit Unterspannungsauslösung).

5.3.7.4 Umstellung von FU- auf FI-Schutz *(TT-Netz)*

Auch bei der FU-Schutzschaltung sind Geräte, Maschinen und Schutzkontakte der Steckdosen mit einem Schutzleiter verbunden. (Bild 5.27) Daher ist auch hier in der Anlage keine Änderung erforderlich. Der FU-Schutzschalter wird gegen einen FI-Schutzschalter ausgewechselt. Die bei der FU-Schutzschaltung als Schutzleitung und als Hilfserdungsleitung dienenden Leiter, die an den Klemmen K und H angeschlossen waren, werden miteinander verbunden. Falls vorhanden, wird hierzu die Schutzleitungs-Verbindung des FI-Schutzschalters verwendet. Es ist lediglich zu prüfen, ob der Betrag des Erdungswiderstandes des Hilfserders unter dem in der Tabelle 5.10 angegebenen Höchstwert für R_A $l_i$egt. Gegebenenfalls muß er verringert werden. Bild 5.33 zeigt die Anordnung vor und nach der Umstellung.

142

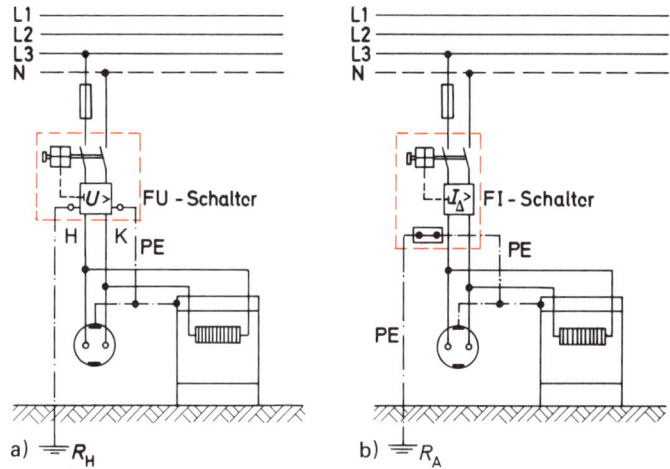

Bild 5.33 Umstellung von FU- auf FI-Schaltung
a vorher, b nachher

5.4 Schutzmaßnahmen mit Abschaltung in Sonderfällen *(Gruppe III, IT-Netze)*

Für Netze, bei denen die zwangsweise Abschaltung bei einem einzigen Körperschluß zu erheblichen Störungen bzw. Gefährdungen führen würde, soll dieser erste Fehler allenfalls gemeldet werden, aber nicht zur Abschaltung führen. Erst bei einem gleichzeitig auftretenden Körperschluß auf einem anderen Außenleiter muß die Abschaltung sichergestellt sein. Das ist nur mit einem nicht geerdeten bzw. nur mit einem über einen sehr hohen Widerstand geerdeten Netz möglich (IT-Netz, Bild 3.8). Ein besonders hoher Schutzpegel mit kleinen Fehlerströmen bei einem satten Körperschluß wird dann erreicht, wenn auch ein solches erdfrei betriebenes Netz bereits bei einem ersten Fehler abgeschaltet wird.

5.4.1 Spannungs- und Stromverhältnisse im nicht geerdeten Netz

In einem nicht geerdeten Netz stellen sich die Spannungen der Außenleiter gegen Erde entsprechend den Spannungsverteilungen durch die Ableitwiderstände ein. Diese Widerstände bestehen aus den Kapazitäten

143

der Leiter und denen der Betriebsmittel gegen Erde und den hierzu parallel geschalteten Isolationswiderständen (Bild 5.34).

Sind diese Ableitwiderstände für jeden Leiter gleich groß, führen auch alle Außenleiter die gleiche Spannung gegen Erde. Spannungsmesser, die zwischen Außenleiter und Erde geschaltet werden, zeigen den gleichen Wert an. In Drehstromnetzen ist das die Sternpunktspannung. Bei Wechselstromnetzen ist es die halbe Leiterspannung.

Tritt bei einem Leiter ein Erdschluß ein, bricht dessen Spannung gegen Erde zusammen. Da aber die Spannungen zwischen den Leitern bestehenbleiben, werden die gesunden Leiter auf die Leiterspannung gegen Erde angehoben. Das Netz kann dann bei einem solchen einzelnen Erdschluß durchaus weiter betrieben werden (Bild 5.35).

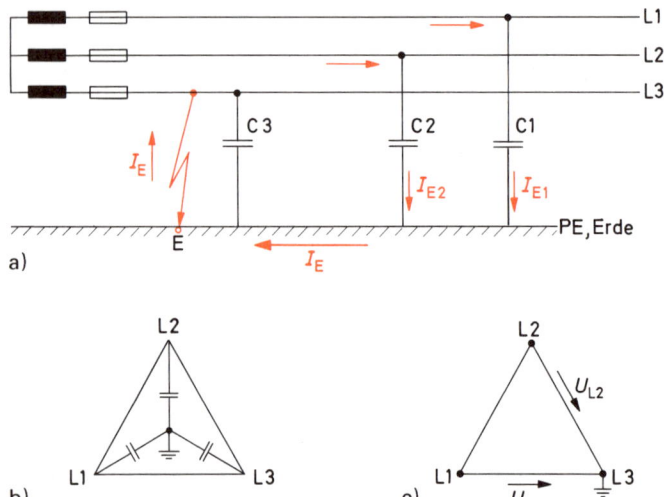

Bild 5.34 Spannungs- und Sstromverhältnisse im erdfreien Netz
a) Erdfreies Netz (IT-Netz) mit Erdschluß auf Leiter L3. Über die Kapazitäten der gesunden Leiter gegen Erde fließt der Erdschlußstrom I_E.
b) Leiterspannung gegen Erde bei symmetrischer Leiterkapazität ohne Erdschluß.
c) Leiterspannungen gegen Erde bei einem Erdschluß auf Leiter L3. Die gesunden Leiter führen Leiterspannung gegen Erde. Diese bestimmt über die Leiterkapazitäten den Betrag des Erdschlußstsromes.

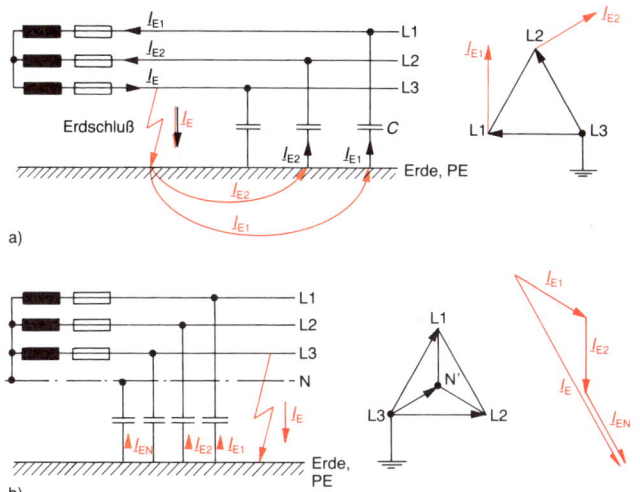

Bild 5.35 Spannungen und Ströme im IT-Netz bei einem Erdschluß, oben Dreileiternetz, unten Vierleiternetz
jeweils a) Erdschlußstrom-Aufteilung
b) Spannungen mit Erdschlußströmen, Zeigerdiagramm
Der N-Leiter führt Spannung gegen Erde.

Der an der Erdschlußstelle auftretende Erdschlußstrom I_d (Bezeichnung nach *Teil 410*) wird durch die Ableitwiderstände der gesunden Leiter und deren Spannung im Fehlerfall bestimmt. Er fließt über die Ableitwiderstände der gesunden Leiter in das Netz zurück. Im Gegensatz zur Schutztrennung, die auch ein nicht geerdetes Netz darstellt (Abschnitt 5.2.4), können diese Erdschlußströme bei ausgedehnten Netzen zumindest so groß sein, daß sie bei direkter Berührung des Außenleiters zu einer gefährlichen Durchströmung führen. Es wird häufig fälschlicherweise angenommen, daß man bei einem erdfrei betriebenen Netz einen Außenleiter direkt berühren darf.

Bei einem Vierleiternetz wird der N-Leiter bei einem Erdschluß eines Außenleiters auf die Sternpunktspannung gegen Erde angehoben. Die in einem solchen Netz angeschlossenen Verbraucher müssen zumindest vorübergehend die Leiterspannung gegen Erde ohne Schaden aushalten.

5.4.2 Schutzleitungssystem als Schutzmaßnahme
(Teil 410, 6.1.5) (IT-Netze mit Isolationsüberwachung)

Elemente der Schutzschaltung

- □ Netz ohne Betriebserdung,
- □ Potentialausgleich (zusätzlicher Potentialausgleich),
- □ Isolationsüberwachungseinrichtung,
- □ Fehlerstrom-Schutzschalter (evtl.),
- □ Erdung des Potentialausgleichsleiters.

Teil 410 von VDE 0100 kennt den Begriff Schutzleitungssystem nicht mehr. Gemeint sind damit räumlich begrenzte IT-Netze mit Isolationsüberwachungseinrichtung.*

Wirkungsweise

Die Wirkungsweise des Schutzleitungssystems beruht in erster Linie auf einem völligen Potentialausgleich, in den auch alle leitfähigen Konstruktionsteile des Gebäudes einbezogen werden müssen. Dieser Potentialausgleich sorgt dafür, daß bei einem einzelnen Körperschluß der dann fließende Körperschlußstrom keinerlei gefährliche Berührungsspannungen erzeugen kann. Gebäudekonstruktionsteile, die nicht geerdet sind und bei denen die Gefahr eines Schlusses zu aktiven Leitern nicht gegeben ist, brauchen in den Potentialausgleich nicht einbezogen zu werden. Das gilt z. B. für Metallfenster und gegebenenfalls auch für Metalltüren. Für Krankenhäuser gelten entsprechend *VDE 0107* besondere Bestimmungen.

Ein zweiter Körperschluß auf einem anderen aktiven Leiter muß über Überstrom-Schutzeinrichtungen oder FI-Schutzschalter abgeschaltet werden. Das bedingt aber, daß der aus den aktiven Leitern und dem Potentialausgleich bestehende Schleifenwiderstand bei Kurzschlüssen an beliebigen Stellen so niederohmig ist, daß der entsprechende Abschaltstrom zum Fließen kommt. Diese Bedingung durch Rechnung oder Messung nachzuweisen, ist praktisch unmöglich. Der Elektroinstallateur sollte sich als Richtwert merken, daß der Leitwert des Schutzleiters bzw. der der in den Potentialausgleich einbezogenen Konstruktionsteile dem der Außenleiter entsprechen soll.

Die Überstrom-Schutzeinrichtungen sind entsprechend den Leiterquerschnitten sowie nach den Verlegearten nach dem *Beiblatt 1* zu *VDE 0100, Teil 430* bzw. nach *VDE 0298, Teil 4* zu bemessen.

---

* Einteilung und umfangreiche Darstellung der IT-Netze s. Winkler: Jahrbuch der Elektrotechnik. VDE-Verlag: 1986,

146

Bei stationären Netzen ist der Schutzleiter zu erden. Der Erdungswiderstand durfte früher den Wert von 20 Ω nicht überschreiten. In der Neufassung *Teil 410* wird unter 6.1.5.3 für den Erdungswiderstand folgende Formel angegeben:

$$R_A \cdot I_d \leqq U_L$$

R_A ist der Erdungswiderstand aller mit einem Erder verbundenen Körper

I_d der Fehlerstrom im Falle des 1. Fehlers mit vernachlässigbarer Impedanz zwischen einem Außenleiter und dem Schutzleiter oder einem der mitverbundenen Körper. Der Wert von I_d berücksichtigt die Ableitströme und die gesamte Impedanz der elektrischen Anlage gegen Erde.

U_L steht für die vereinbarte Grenze der dauernd zulässigen Berührungsspannung.

Für den Elektroinstallateur ist diese Formel jedoch ohne Bedeutung, da es ihm kaum möglich sein wird, den Wert von I_d zu berechnen oder anderweitig zu bestimmen. 15 Ω gilt als ausreichend für R_A.

Bei ortsveränderlichen Netzen für Notstromaggregate darf der Erdungswiderstand einen Wert von 100 Ω haben und unter besonderen Bedingungen braucht überhaupt keine Erdung durchgeführt zu werden (s. *VDE 0100, Teil 728*). Man kann dann die Anordnung auch als Schutztrennung mit mehreren Verbrauchern bezeichnen.

Der erste Körperschluß im Netz mit Schutzleitungssystem muß gemeldet werden. Das wird dadurch erreicht, daß der Isolationswiderstand des Netzes dauernd mit einer Isolationsüberwachungseinrichtung nach *VDE 0413, Teil 2* überwacht werden muß (Bild 5.36). Unterschreitet der Isolationswiderstand des Netzes den vorgegebenen Wert (in Krankenhäusern z. B. 50 kΩ, bei sonstigen Netzen genügen meistens 15 kΩ), so erfolgt eine akustische und optische Meldung durch dieses Überwachungsgerät.

Der betreuende Betriebselektriker hat dann Gelegenheit, den Fehler zu suchen und zu beseitigen, ehe durch einen zweiten Körperschluß die Zwangsabschaltung des Netzes erfolgt. Durch diese Bedingung ist die Ausdehnung des Schutzleitungssystems begrenzt, da der Isolationswiderstand des Netzes und aller parallel geschalteten Betriebsmittel diesen vorgeschriebenen Wert nicht unterschreiten darf.

Die Schutzmaßnahme Schutzleitungssystem ist z. B. in Krankenhäusern entsprechend *VDE 0107* oder im Bergbau entsprechend *VDE 0118* vorgeschrieben.

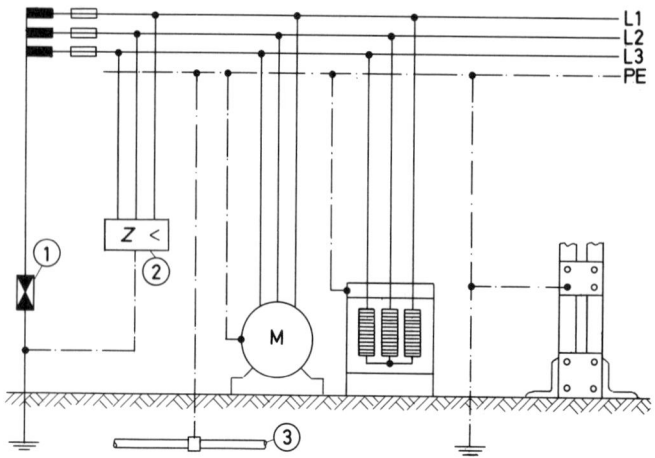

Bild 5.36 Beispiel für ein Schutzleitungssystem (begrenztes IT-Netz)
1 Schutzfunkenstrecke (nicht mehr erforderlich)
2 Isolationsüberwachungseinrichtung
3 Rohrsysteme, Konstruktionsteile

Fehlerstrom-Schutzschalter im IT-Netz

Wie unter Abschnitt 5.4.1 erläutert wurde, fließt der Erdschlußstrom, bei einem Netz mit Schutzleitungssystem bzw. der bei direkter Berührung auftretende Körperstrom durch einen Menschen über die Netzkapazitäten in das Netz zurück (Bild 5.37).

Für einen Fehlerstrom-Schutzschalter, der z.B. in der Nähe der Einspeisung eingebaut ist, ist dieser Erdschlußstrom bzw. dieser Körperstrom kein Fehlerstrom. Hochempfindliche FehlerstromSchutzschalter zum Schutz bei indirektem oder bei direktem Berühren dürfen daher grundsätzlich nicht in ein IT-Netz eingebaut werden. Sie täuschen einen Schutz vor, der in Wahrheit nicht vorhanden ist. Der an der Fehlerstelle oder bei direktem Berühren fließende Strom ist in jedem Fall größer als der vom FI-Schutzschalter erfaßte Fehlerstrom.

In ausgedehnten, erdfrei betriebenen Netzen kann der Einsatz von FI-Schutzschaltern dann sinnvoll sein, wenn diese in mehrere Stromkreise eingebaut werden. Sie müssen so ausgewählt werden, daß beim ersten Fehler keine Abschaltung erfolgt. Bei Erdschlüssen in zwei verschiedenen Stromkreisen wird dann zumindest ein Fehler bei Strömen

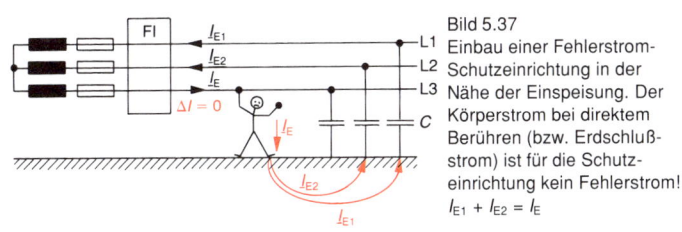

Bild 5.37
Einbau einer Fehlerstrom-Schutzeinrichtung in der Nähe der Einspeisung. Der Körperstrom bei direktem Berühren (bzw. Erdschluß-strom) ist für die Schutz-einrichtung kein Fehlerstrom!
$I_{E1} + I_{E2} = I_E$

abgeschaltet, die größer als der Nennfehlerstrom sind. Diese Bedingung bei Abschaltung durch Fehlerstrom-Schutzeinrichtungen ist erheblich leichter zu erfüllen als die Abschaltung bei Doppelerdschluß durch ÜberstromSchutzeinrichtungen.

5.5 Sonstige Schutzmaßnahmen nach den Teilen 410, 450 und 460

5.5.1 Schutz gegen Überspannung
(§ 18, Teil 410, 6.1.8)

Spricht man von Überspannung, so sind zwei Bereiche zu unter-scheiden:

☐ stationäre Wechsel-Überspannungen (sinusförmig),
☐ vorübergehende (transiente) Überspannungen (Spannungsspitzen).

Die harmonisierte Fassung von *VDE 0100 Teil 410, 6.1.8* behandelt nur die stationären Überspannungen, während *VDE 0100/7.76 § 18* (noch gültig) sich auch mit dem Schutz gegen Überspannungen infolge atmo-sphärischer Entladungen befaßt.

Schutz gegen Wechsel-Überspannungen *(Teil 410, 6.1.8)*

In TN und TT-Netzen mit Betriebsspannungen über 250 V zwischen den Außenleitern und nicht mehr als 250 V zwischen einem Außenleiter und dem Mittelpunkt ist der Mittelpunkt unmittelbar zu erden.* Diese Be-

---

* Danach dürften IT-Netze nur mit max. 250 V zwischen den Außenleitern betrieben werden. In der Praxis werden auch höhere Spannungen verwendet

triebserdung darf aus mehreren Erdern bestehen. Ihr Gesamtwiderstand darf höchsten 2 Ω betragen. Ein Erder muß in der Nähe der Stromquelle liegen. Wird ein Erdungswiderstand von 2 Ω nicht erreicht, muß durch andere Maßnahmen verhindert werden, daß zwischen einem Außenleiter und der Erdung eine höhere Spannung als 250 V bestehen bleibt. Es ist dafür folgende Bedingung einzuhalten (Spannungwaage):

$$\frac{R_B}{R_E} = \frac{U_L}{U_0 - U_L}$$

R_B ist Gesamterdungswiderstand der Betriebserder und R_E der angenommene kleinste Erdübergangswiderstand der nicht mit einem Schutzleiter verbundenen fremden leitfähigen Teile, über die ein Erdschluß entstehen kann. Die Nennspannung gegen geerdete Leiter ist U_0 und U_L die vereinbarte Grenze der dauernd zulässigen Berührungsspannung.

Ob diese Ausführungen für den Elektroinstallateur von Bedeutung sind, kann bezweifelt werden. Sie sind nur dann von Interesse, wenn Freileitungsnetze oberhalb gut geerdeter, aber nicht an den Schutzleiter angeschlossener Metallteile geführt werden. Das könnten z. B. Gartenzäune aus Metall oder auch Leitplanken von Straßen sein.

Reißt über derartigen Einrichtungen ein Außenleiter und bekommt dann Kontakt zu diesen nicht an den Schutzleiter angeschlossenen Metallteilen, so kann der N-Leiter des Netzes auf hohe Spannungen gegen Erde angehoben werden. Dann wäre die oben angegebene Bedingung einzuhalten. Der Gartenzaun oder die Leitplanken müßten also einen möglichst großen Betrag des Erdungswiderstandes haben.

Schutz gegen transiente Überspannungen *(§ 18)*

Zum Schutz gegen Überspannungen, die in Netz- und Verbraucheranlagen durch atmosphärische Einflüsse entstehen können, werden Ventilableiter und Schutzfunkenstrecken verwendet. Maßgebend für ihren Einbau ist *VDE 0675*. Die wesentlichen, diesbezüglichen Errichtungsbestimmungen sind in *§ 18* (noch gültig) übernommen worden.

☐ Schutzgeräte sind auf kürzestem Wege mit möglichst niedrigem Erdungswiderstand zu erden.

☐ In Freileitungsnetzen sind Ableiter an Verzweigungen und an den Enden längerer Ausläuferleitungen einzubauen. Die Abstände der Einbauorte der Ableiter sollen 1000 m, in Gegenden mit großer Gewitterhäufigkeit 500 m nicht überschreiten.

☐ Ableiter zum Schutz von Verbraucheranlagen sind nahe an der Hauseinführung einzubauen. Ihre Erdung ist mit allen vorhandenen Erdern zu verbinden.

☐ In Räumen mit leicht entzündlichem Inhalt dürfen die Schutzgeräte nicht angebracht werden, von entzündlichen Stoffen, z.B. von Holz, sind sie feuersicher zu trennen.

☐ Bei Blitzschutzanlagen in Bauwerken sind die Richtlinien nach VDE 185, zu beachten. Blitzschutzanlagen sind in ausreichender Entfernung von elektrischen Anlagen zu verlegen, Dachständer für elektrische Starkstromanlagen dürfen nicht mit der Blitzschutzanlage leitend verbunden werden.

☐ In Anlagen mit Potentialausgleich nach VDE 0190 sind die Erdungen von Blitzschutzanlagen und Überspannungsableitern mit der Potentialausgleichsschiene (Potentialausgleich) zu verbinden.

Diese Bestimmungen haben inzwischen besondere Bedeutung durch die in vielen Gebäuden angeordneten elektronischen Einrichtungen gewonnen, die durch kurzzeitige Überspannungen besonders leicht beschädigt werden. Aus diesem Grunde bekommt der sogenannte »innere Blitzschutz« immer größere Bedeutung. In derartigen Anlagen stuft man den inneren Blitzschutz in drei Gruppen ab:

☐ *Grobschutz* an der Hauseinführung,
☐ *Mittlerer Schutz* an den Unterverteilungen,
☐ *Feinschutz* an den Steckvorrichtungen, an die elektronische Geräte angeschlossen werden.

Mit diesem «inneren Blitzschutz» muß sich der Elektroinstallateur heute intensiv befassen.

5.5.2 Schutz gegen bzw. bei Unterspannung, *(Teil 450)*

Bei jeder elektrischen Installation, vor allem beim Anschluß von Verbrauchsmitteln, ist zu überlegen, ob diese nach einem Spannungsausfall (oder einer Spannungsabsenkung unter einen bestimmten Wert) nach Rückkehr der Spannung weiter betrieben werden sollen. Dürfen z.B. Motoren dann wieder anlaufen? Wenn das zu Gefahren für Personen oder Sachen führen kann, muß eine Unterspannungs-Abschaltung erfolgen.

Die Abschalteinrichtung muß so konstruiert sein, daß sie nur bewußt unter Beachtung aller Vorsichtsmaßnahmen wieder eingeschaltet werden kann. Eine Unterspannungs-Schutzeinrichtung sollte aber eine dem Einsatzfall angepaßte Zeitverzögerung haben, damit kurzzeitige Spannungsunterbrechungen nicht zu unnötigen Abschaltungen führen.

In Wohnungen, bei denen die elektrische Anlage von Laien betrieben wird, sollte die Elektroinstallation so geplant und gebaut werden, daß eine Unterspannungs-Auslösung nicht erforderlich ist. So sollten auch dezentrale Fehlerstrom-Schutzeinrichtungen mit Unterspannungs-Auslösung (s. Abschnitt 5.3.7.3)nur dort eingesetzt werden, wo eine Abschaltung bestehen bleiben und auch ein Laie eine Wiedereinschaltung gefahrlos durchführen kann.

5.5.3 Trennen und Schalten *(Teil 460)*

Dieser Teil von *VDE 0100* ist ein typisches Beispiel für die Praxisfremdheit derer, die diese Norm erstellt haben, allerdings unter dem Zwang internationaler Anpassung. Der *Teil 460* ist Ersatz für Einzelabschnitte aus sieben anderen Normteilen. Die Übergangsfrist für diese Norm ist seit dem 31.3.1989 abgelaufen.

Welcher Elektroinstallateur hat nun konsequent die ersetzten Teile in den anderen Normen gestrichen? Es kommt noch hinzu, daß es für die *Teile 723* und *726* nur teilweise Ersatz ohne nähere Angaben ist.

Sachlich gilt, daß alle Geräte zum Trennen und Schalten dem *Teil 537* (s. Abschnitt 7.2) entsprechen müssen. PE- und PEN-Leiter dürfen nicht geschaltet werden. Alle Stromkreise einer elektrischen Anlage müssen einzeln oder in Gruppen oder insgesamt von den aktiven Leitern, Ausnahme PEN, getrennt werden können, auch bei mechanischen Wartungsarbeiten. Es muß dann durch ein Schloß, ein Warnschild oder durch Abschließen des Raumes sichergestellt werden, daß kein unbeabsichtigtes Wiedereinschalten erfolgt.

Wichtig und vor allem neu sind die Ausführungen über Not-Aus-Schalter (bisher nur in *Teil 723*). Es werden allerdings keine verbindlichen Angaben gemacht, wann eine solche Not-Aus-Schaltung oder auch ein Not-Halt vorzusehen ist (siehe hierzu auch Unfallverhütungsvorschriften der BG). Es werden aber Hinweise gegeben, aus denen sich der Planer bzw. der Elektroinstallateur sinngemäß überlegen kann, wann er sie auszuführen hat. Leider sind die Ausführungshinweise nur sehr allgemein gehalten.

Wann ist die Wiedereinschaltung nur mit Schlüssel erlaubt? Muß der Not-Aus-Schalter nach dem Ruhestrom-Prinzip arbeiten? (Nach *Teil 537, 6.3 ja!*) Muß ein kurzes Antippen auf jeden Fall die Abschaltung einleiten? Es fehlen auch die Hinweise auf die Normen für die Kennzeichnung. Die Ausführung im alten *Teil 723/11.83* sind hierzu wesentlich eindeutiger. Sie werden aber nun durch diesen *Teil 460* ersetzt!

Die Ausführungen zum betriebsmäßigen Schalten lassen es zu, daß die aktiven Leiter, bis auf den N-Leiter, auch einzeln geschaltet werden dürfen. 16-A-Steckvorrichtungen dürfen zum Schalten verwendet werden. Für Starkstromkreise sei auf Abschnitt 7.3 verwiesen. Bei Motorstromkreisen müssen ein unbeabsichtigtes Anlaufen und eine falsche Drehrichtung verhindert werden.

6 Kabel und Leitungen

6.1 Allgemeines

Die richtige Auswahl der Kabel und Leitungen, das Bestimmen der erforderlichen Querschnitte und der zulässigen Überstrom-Schutzeinrichtungen, das sachgerechte Verlegen der Leitungen, der Schutz gegen mechanische Schäden und das Herstellen von Verbindungen sind wichtige Aufgabenbereiche des Elektroinstallateurs.

Die richtige Auswahl und Montage von Kabeln und Leitungen ist nicht nur für die Funktionsfähigkeit der elektrischen Anlage wichtig, sondern auch ein wesentlicher Faktor für den Brandschutz. Nicht umsonst wird bei Bränden immer als erstes vermutet, daß eine Leitung «geschmort» ist. Ferner stellt die Beschädigung der Isolierung, z. B. an scharfen Kanten oder durch Werkzeuge (Lötkolben, Rasenmäher), eine Gefahr des direkten Berührens dar.

Die Beurteilung der zu erwartenden, thermischen, chemischen und vor allem mechanischen Beanspruchungen muß Grundlage für die richtige Auswahl und die Verlegung mit geeignetem Befestigungsmaterial sein (s. a. *VDE 0298, Teil 3*). Leitungen bestehen grundsätzlich aus den Komponenten Leiter und deren Isolierung, eventuell auch einer Bewehrung bzw. Abschirmung.

Auswahlgesichtspunkte für die Leiter

☐ Material,
☐ Querschnitt,
☐ Anzahl,
☐ Ausführung.

Für Hausinstallationen kommt als *Leitermaterial* nur Kupfer in Betracht. Die Anzahl der Leiter je Leitung ergibt sich aus der Aufgabenstellung.

Der *Querschnitt* wird einmal durch die zulässige Belastbarkeit hinsichtlich der Erwärmung festgelegt *(VDE 0100, Teil 430 Beiblatt 1 und 523 sowie VDE 0298, Teil 4)*. Zum andern ist durch ihn in Verbindung mit der Leitungslänge der Widerstand und damit der bei Belastung auftretende Spannungsfall gegeben *(DIN 18 015, VDE 0100, Teil 520)*. Ein Mindestquerschnitt ist ferner durch die erforderliche mechanische Festigkeit gegeben (z. B. *VDE 0100, Teile 520 und 540, Tabelle 5.3 und 6.6*).

Mit Ausführung ist gemeint, daß der Leiter eindrahtig, mehrdrahtig, flexibel oder auch hochflexibel sein kann.

Auswahlgesichtspunkte für die Isolierung

Die Isolierung hat die unzulässige Berührung zu verhindern zwischen

- ☐ zwei Leitern (Kurzschluß),
- ☐ Leiter und Erde (Erdschluß),
- ☐ Leiter und nicht zum Betriebsstromkreis gehörenden leitfähigen Teilen (Körperschluß),
- ☐ Leiter und Personen (direktes Berühren).

Dafür muß die Isolation allen zu erwartenden bzw. möglichen Beanspruchungen standhalten, seien sie mechanischer, thermischer, chemischer oder sonstiger Art.

Bewehrung und Abschirmung

Die Bewehrung erzielt für die Isolierung einen mechanischen Schutz, eventuell auch eine Abdichtung (Bleimantel). Sie kann in gewissem Maße auch eine Abschirmung übernehmen. Abschirmungen, zumeist aus Kupfergeflecht, sollen entweder das Austreten oder auch das Eindringen von Wechselfeldern verhindern.

6.2 Kennzeichnung und Anwendung isolierter Leitungen

Kurzbezeichnungen

Die obige Aufzählung der Auswahlgesichtspunkte macht es erforderlich, daß es je nach Aufgabe oder Beanspruchung eine Vielzahl von Leitungs- bzw. Kabeltypen gibt.

Den besten Überblick darüber erhält der Elektroinstallateur aus *VDE 0298, Teil 3*. In dieser Bestimmung sind die Bezeichnungen, Ausführungsformen und die bestimmungsgemäße Verwendung von Leitungen angegeben. In den Tabellen sind sowohl für feste Verlegung als auch für flexible Leitungen jeweils 34 Leitungstypen mit ihren Eigenschaften aufgeführt.

Der Elektroinstallateur muß diese Bestimmungen mit ihren Tabellen in allen Fällen heranziehen, wenn er auf unbekannte Leitungen stößt,

Tabelle 6.1 Aufbau der Kurzzeichen für Kabel und Leitungen

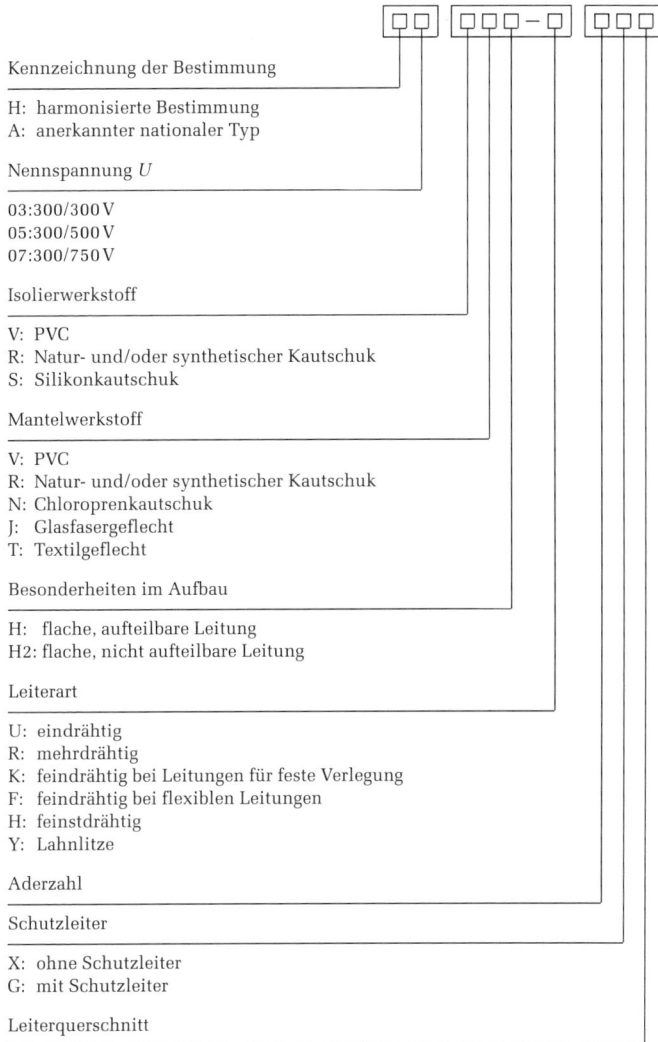

Kennzeichnung der Bestimmung

H: harmonisierte Bestimmung
A: anerkannter nationaler Typ

Nennspannung U

03:300/300 V
05:300/500 V
07:300/750 V

Isolierwerkstoff

V: PVC
R: Natur- und/oder synthetischer Kautschuk
S: Silikonkautschuk

Mantelwerkstoff

V: PVC
R: Natur- und/oder synthetischer Kautschuk
N: Chloroprenkautschuk
J: Glasfasergeflecht
T: Textilgeflecht

Besonderheiten im Aufbau

H: flache, aufteilbare Leitung
H2: flache, nicht aufteilbare Leitung

Leiterart

U: eindrähtig
R: mehrdrähtig
K: feindrähtig bei Leitungen für feste Verlegung
F: feindrähtig bei flexiblen Leitungen
H: feinstdrähtig
Y: Lahnlitze

Aderzahl

Schutzleiter

X: ohne Schutzleiter
G: mit Schutzleiter

Leiterquerschnitt

155

oder wenn er nicht genau weiß, welchen Leitungstyp er in Sonderfällen zu verwenden hat. In den Tabellen ist auch angegeben, welche Leitung als schutzisoliert zu gelten hat.

Leitungen können nach einer nationalen Norm oder nach einer harmonisierten Norm gekennzeichnet sein. Die vom Elektroinstallateur am häufigsten verwendeten Leitungen tragen Bezeichnungen nach nationaler Norm, z. B. Stegleitung NYIF oder PVC–Mantelleitungen NYM, in ihren verschiedenen Ausführungen. Diese Bezeichnungen nach nationaler Norm beginnen alle mit einem großen N.

Die Kurzbezeichnungen der Leitertypen nach internationalen Bestimmungen enthalten in Codeform alle zur Kennzeichnung erforderlichen Daten. Die Kurzbezeichnung setzt sich aus drei Blöcken zusammen (Tabelle 6.1). Der erste Block bezeichnet die Bestimmung oder Norm, nach der die Leitung gefertigt ist und ihre Nennspannung. Der zweite Block enthält die Kurzzeichen für die verwendeten Isolier- und Mantelwerkstoffe, eine besondere Leitungsbauform (z. B. flache Ausführung) und die Leiterart. Der dritte Block gibt Auskunft über Aderzahl und Leiterquerschnitt sowie über das Vorhandensein eines Schutzleiters. Die Kurzzeichen des ersten und zweiten Blocks folgen einander ohne Abstand, die Leiterart wird am Ende des zweiten Blocks mit einem Bindestrich angegeben, der dritte Block wird durch einen Abstand vom zweiten Block getrennt.

Da es teilweise diese Leitungen auch noch nach älteren Normem gibt, enthält die Tabelle 6.2 eine Gegenüberstellung der alten zu den neuen Kurzbezeichnungen.

Die vorwiegend verwendeten Leitungen sind zusammengestellt:

☐   für feste Verlegung in Tabelle 6.4,
☐   für den Anschluß ortsveränderlicher Betriebsmittel in Tabelle 6.5

Nochmals sei auf die umfassenden Listen in *VDE 0298, Teil 3* hingewiesen.

Farbliche Kennzeichnung der Leiterisolierung
(Tabelle 6.3)
Mit *VDE 0100/5.65* wurde für den Schutzleiter und auch für den Potentialausgleichsleiter (s. a. Abschnitt 5.1.2) die grüngelbe Kennzeichnung verbindlich vorgeschrieben.

Gleiches verlangt *Teil 540* der harmonisierten Neufassung (s. a. *DIN 40 705*). Diese Kennzeichnung darf auch für Potentialausgleichsleiter und Erdungsleiter verwendet werden, anderweitig ist sie nicht zulässig.

156

Tabelle 6.2   Gegenüberstellung von alten und neuen Kurzzeichen (ohne Angabe über Aderzahl, Schutzleiter und Leiterquerschnitt)

Bezeichnung	Kurzzeichen alt	Kurzzeichen neu
Zwillingsleitung	NYZ	HO3VH-H
Leichte PVC-Schlauchleitung (rund)	NYLHY	HO3VV-F
Leichte PVC-Schlauchleitung (flach)	NYLHY	HO3VVH2-F
Mittlere PVC-Schlauchleitung	NYMHY	HO5VV-F
PVC-Verdrahtungsleitung (eindrähtig)	NYFA	HO5V-U
PVC-Verdrahtungsleitung (feindrähtig)	NYFAF	HO5V-K
PVC-Aderleitung (eindrähtig)	NYA	HO7V-U
PVC-Aderleitung (mehrdrähtig)	NYA	HO7V-R
PVC-Aderleitung (feindrähtig)	NYAF	HO7V-K
Wärmebeständige Silikon-Gummiaderlei-tung	N2GAFU	HO5SJ-K
Gummiaderschnüre	NSA	HO3RT-F
Leichte Gummischlauchleitung	NLH	HO5RR-F
Schwere Gummischlauchleitung	NSHöu	HO7RN-F

Bei einadrigen Kabeln für Schutzleiter kann auf die durchgehende Kenn-zeichnung verzichtet werden, wenn die Enden dauerhaft grüngelb gekennzeichnet werden. Die Farbkennzeichnung kann ganz entfallen, wenn blanke Leiter oder Konstruktionsteile als PELeiter verwendet wer-den.

Wird eine Ader als Mittelleiter (N-Leiter) benötigt, so ist hierfür die hellblaue Ader einzusetzen. Innerhalb von *Schaltanlagen* oder *Vertei-lern* dürfen bei einadriger Verdrahtung alle Leiter bis auf den PE-Leiter gleichfarbig, nicht aber grün-gelb, ausgeführt werden *(Teil 510)*.

Im Kurzzeichen der harmonisierten Leitungen wird das Vorhanden-sein eines Schutzleiters durch ein G, das Fehlen eines Schutzleiters durch ein X kenntlich gemacht (Tabelle 6.1). Den Kurzzeichen der alten Leitungstypen wurde ein J angehängt, wenn ein Schutzleiter vorhanden war, ein O, wenn kein Schutzleiter vorhanden war.

Durch die Harmonisierung wurde die farbliche Kennzeichnung bei Leitungen für Festverlegung entsprechend Bild 6.1 gegenüber alten Aus-führungen nicht geändert.

Bei Leitungen zum Anschluß ortsveränderlicher Betriebsmittel än-derte sich die Kennzeichnung bei zweiadrigen Leitungen ohne Schutz-leiter in braun-hellblau und bei dreiadrigen Leitungen mit Schutzleiter in grün-gelb/braun-hellblau (Bild 6.2). Weitere Angaben über die Kenn-zeichnung enthalten *VDE 0293 bzw. VDE 0100, Teil 510.*

Tabelle 6.3 Aderkennzeichnung nach VDE 0293

	Aderzahl	Aderkennzeichnung nach VDE 0293	
		mit Schutzleiter «G»	ohne Schutzleiter «X»
Leitungen für feste Verlegung	2		
	3		
	4		
	5		
	6 und mehr		
Leitungen für Anschluß ortsveränderlicher Verbraucher	2		
	3		
	4		
	5		
	6 und mehr	wie bei fester Verlegung	

158

Tabelle 6.4   Leitungen für feste Verlegung*

Typenbe-zeichnung	Nenn-span-nung V	Anwendungsbeispiele	Bemerkungen
PVC-Ader-leitungen HO7V-U HO7V-R HO7V-K	450/ 750	Rohrverlegung in Räumen auf/unter Putz; in Bade-/Duschräumen von Wohnungen nur in nichtmetall. Rohren, in Installationskanälen	nicht zugelassen für Verlegung auf Pritschen, in Wannen (ausgenommen abgedeckte Kunststoff-wannen)
Rohr-drähte NYRAMZ	380	auf und unter Putz in trockenen Räumen	
Umhüllte Rohr-drähte NYRUZY	500	auf und unter Putz in trockenen und feuchten Räumen und im Freien	
Steg-leitung NYJF	380	in trockenen Räumen in oder unter Putz	nicht zugelassen in feuchten Räumen, im Freien, in feuer- sowie explosionsge-fährdeten Betriebsstätten und Lagerräumen
		in Baderäumen von Wohnungen nur außerhalb der Bereiche 0, 1 und 2. Ohne Putzabdeckung nur zuläs-sig in Hohlräumen von Decken und Wänden, die aus Beton, Stein oder ähnlichen nichtbrennbaren Stoffen bestehen. Nicht zulässig in Holzhäusern und land-wirtschaftlich genutzten Gebäuden	
Mantel-leitungen NYM	500	in, unter und auf Putz, in Beton nur, wenn dieser nicht gerüttelt oder gestampft wird	in explosionsgefährdeten Räumen beachte VDE 0165 § 18

* Umfassende Darstellung: *VDE 0298, Teil 3, Tabelle 3* und instruktiver Entwurf *VDE 0100, Teil 520 A1*

Tabelle 6.5 Leitungen zum Anschluß ortsveränderlicher Betriebsmittel*

Typenbe-zeichnung	Nenn-span-nung V	Anwendungsbeispiele	Bemerkungen
Zwillings-leitungen HO3VH-H	300/300	bei sehr geringen mechanischen Beanspruchungen in Haushalt-, Küchen- und Büroräumen für leichte Handgeräte (Rundfunkgeräte, Tisch- und Stehleuchten)	nicht zugelassen in Koch- und Wärmegeräten. Nicht geeignet für die Anwendung im Freien, in gewerblichen und landwirtschaftlichen Betrieben und zum Anschluß von gewerblich genutzten Elektrowerkzeugen. Zulässig in Schneiderwerkstätten
Leichte Gummi-schlauch-leitungen HO5RR-F	300/500	bei geringen mechanischen Beanspruchungen in Haushalt-, Küchen- und Büroräumen für leichte Handgeräte (Staubsauger, Bügeleisen, Lötkolben)	nicht geeignet für ständige Anwendung im Freien, in gewerblichen und landwirtschaftlichen Betrieben und zum Anschluß gewerblich genutzter Elektrogeräte. Zulässig in Schneiderwerkstätten
Leichte PVC-Schlauch-leitungen HO3VV-F	300/300	bei geringer mechanischer wie bei HO3VH-H-Beanspruchung für leichte Handgeräte (Tisch- und Stehleuchten, Büromaschinen, Rundfunkgeräte, Heimwerkergeräte)	
Mittlere PVC-Schlauch-leitungen HO5VV-F	300/500	bei mittlerer mechanischer Beanspruchung in Haushalt- und Büroräumen für Hausgeräte, auch in feuchten Räumen (Waschmaschinen, Kühlschränke, Heimwerkergeräte)	zugelassen für Wärme- und Kochgeräte. Nicht geeignet für Anwendung im Freien, in gewerblichen und landwirtschaftlichen Betrieben und zum Anschluß gewerblich genutzter Elektrogeräte. Zulässig in Schneiderwerkstätten
Schwere Gummi-schlauch-leitungen HO7RNF-F	450/750	bei mittleren mechanischen Beanspruchungen in trockenen und feuchten Räumen, im Freien, in explosionsgefährdeten Betrieben;	zugelassen bis 1000 V für geschützte feste Verlegung in Rohren oder Geräten und als Läuferanschlußleitung von Motoren

Tabell 6.5 (Fortsetzung)

Typenbe-zeichnung	Nenn-span-nung V	Anwendungsbeispiele	Bemerkungen
		auch für transportable Motoren und Maschinen auf Baustellen und in landwirtschaftlichen Betrieben; verwendbar für feste Verlegung auf Putz; in provisorischen Bauten; zulässig für direkte Verlegung auf Bauteile von Hebezeugen, Maschinen usw.	
BUT NSSHöu	600/1000	im Bergbau sowie in trockenen und feuchten Räumen und im Freien bei hohen mechanischen Beanspruchungen	
Schwere trommelbare Gummischlauchleitungen NSHTöu	600/1000	in trockenen und feuchten Räumen sowie im Freien als trommelbare Leitung und bei zwangsweiser Führung	

* Umfassende Angaben: *VDE 0298, Teil 3, Tabelle 4*

161

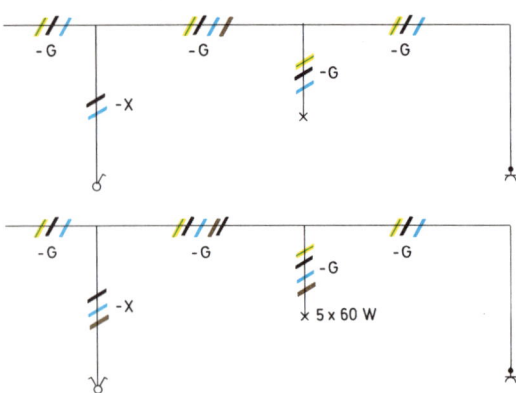

Bild 6.1   Aderfarben bei fest verlegten Leitungen

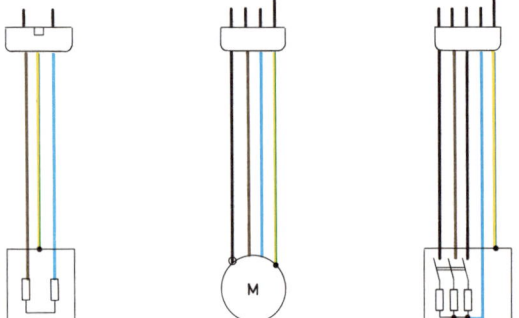

Bild 6.2   Aderfarben für den Anschluß ortsveränderlicher Stromverbraucher

6.3 Mechanische Festigkeit und Spannungsfall
(Teil 520, 3 und 4)

Leitungen und Kabel sind während ihres Einsatzes vielfältigen Beanspruchungen mechanischer, thermischer und chemischer Art ausgesetzt. Der Elektroinstallateur muß diese zu erwartenden Beanspruchungen voraussehen und die Leitungen entsprechend aussuchen bzw. durch zusätzliche Maßnahmen, z. B. Umhüllungen, schützen.

Mindestquerschnitte

Tabelle 6.6, die der Tabelle 1 aus *Teil 523* entspricht, gibt die Mindestleiterquerschnitte für die mechanische Festigkeit an.

Spannungsfall

Der maximal zulässige Spannungsfall in einer Installationsanlage sei hier nur kurz erläutert, da er in erster Linie eine Frage des Betriebes, nicht der Sicherheit ist. Die Leiterquerschnitte sind so zu bemessen, daß bei voller Belastung folgende Werte des Spannungsfalls in Prozent nicht überschritten werden (gilt für Belastungen unter 100 kVA).

Nach DIN 18 085:

☐ 0,5% in den Leitungen vom Hausanschluß bis zu den Zählern,

☐ 3% in den Leitungen vom Zähler bis zu den elektrischen Verbrauchsmitteln mit eingenem Stromkreis

☐ 4% vom Anfang der Verbraucheranlage bis zum Anschlußpunkt des Verbrauchsmittels.

Nach *VDE 0100, Teil 520*

☐ 4% vom Anfang der Verbraucheranlage bis zum Anschlußpunkt des Verbrauchsmittels.

Tabelle 6.6 Mindestleiterquerschnitte für Leitungen nach VDE 0100 Teil 523

Verlegungsart	Mindestquerschnitt in mm²	
	bei Cu	bei Al
feste, geschützte Verlegung	1,5	2,5
Leitungen in Schaltanlagen und Verteilern bei Stromstärken bis 2,5 A über 2,5 A bis 16 A über 16 A	0,5 0,75 1,0	–
offene Verlegung (auf Isolatoren) Abstand der Befestigungspunkte bis 20 m über 20 bis 45 m	4 6	16 16 (mehrdrähtig)
bewegliche Leitungen für den Anschluß von leichten Handgeräten bis 1 A Stromaufnahme und einer größten Länge der Anschlußleitung von 2 m, wenn dies in den entsprechenden Gerätebestimmungen festgelegt ist Geräten bis 2,5 A Stromaufnahme und einer größten Länge der Anschlußleitung von 2 m, wenn dies in den entsprechenden Gerätebestimmungen festgelegt ist Geräten bis 10 A Stromaufnahme, für Gerätesteck- und Kupplungsdosen bis 10 A Nennstrom Geräten über 10 A Stromaufnahme, Mehrfachsteckdosen, Gerätesteckdosen und Kupplungsdosen mit mehr als 10 A bis 16 A Nennstrom	0,1 0,5 0,75 1,0	–
Fassungsadern	0,75	–
Lichtketten für Innenräume zwischen Lichtkette und Stecker zwischen den einzelnen Lampen	0,75 siehe 0,5 VDE 0710 Teil 3	
Starkstrom-Freileitungen	siehe VDE 0211	

6.4 Verlegen von Leitungen und Kabeln
(Teil 520, Teil 730)

6.4.1 Allgemeines

Die wichtigste Forderung ist, daß Leitungen richtig ausgewählt und beim Verlegen nicht beschädigt werden. Fest verlegte Leitungen müssen ausreichend gegen Beschädigungen geschützt und verkleidet sein. Die Schutzart der Betriebsmittel muß durch ordnungsgemäße Einführung der Anschlußleitungen erhalten bleiben.

An besonders gefährdeten Stellen sind Leitungen besonders zu schützen. Im und unter Putz sowie in Decken und in Wandhohlräumen verlegte Leitungen gelten als außerhalb des Handbereiches angeordnet und mechanisch geschützt. Leitungen sollen nach Möglichkeit in und unter Putz senkrecht oder waagerecht geführt werden (DIN 18 015, Teil 3)

Im Erdboden und in unterirdischen, nicht zugänglichen Kanälen außerhalb von Gebäuden dürfen nur Kabel verlegt werden. Sie sind im Erdboden mindestens 0,6 m, auf Eisenbahngelände und unter Fahrbahnen von Straßen mindestens 0,8 m unter der Erdoberfläche zu verlegen. Wo Kabel in Gebäuden oder begehbaren Kanälen nebeneinander verlegt sind, dürfen sie keine brennbare Umhüllung haben.

Bei Annäherung von Starkstrom- an Fernmeldeleitungen ist ein Mindestabstand von 10 mm einzuhalten oder ein Trennsteg zu verwenden. Die Klemmen müssen leicht zu unterscheiden sein und sind getrennt anzuordnen.

Elektro-Installationsrohre dürfen verwendet werden, wenn sie wie folgt gekennzeichnet sind:

☐ in Stampf- oder Schüttbeton: A 5,
☐ auf Putz: A oder AS,
☐ unter Putz: A, B oder AS.

Auf Putz verlegte Rohre müssen aus flammenwidrigem Material bestehen, gekennzeichnet CF. An den Rohrenden müssen Schutzstücke verhindern, daß die Isolation der Leiter verletzt wird.

Metallrohre, Metallhüllen und Beidrähte dürfen nicht als betriebsmäßig stromführende Leiter, auch nicht alleine als Neutral- oder Schutzleiter, benutzt werden.

6.4.2 Zusammenfassen der Leiter von Stromkreisen

In einem Rohr dürfen bei Einaderleitungen nur die Adern eines Hauptstromkreises einschließlich der zu diesem Hauptstromkreis gehörenden Hilfsstromkreise verlegt werden. In einer mehradrigen Leitung oder in einem mehradrigen Kabel dürfen mehrere Hauptstromkreise einschließlich der zu diesen Hauptstromkreisen gehörigen Hilfsstromkreise zusammengefaßt werden.

Werden Hilfsstromkreise getrennt von den Hauptstromkreisen verlegt, dürfen mehrere Hilfsstromkreise in einer mehradrigen Leitung oder einem mehradrigen Kabel sowie bei Einaderleitungen in einem Rohr vereinigt sein. Leitungen von Stromkreisen mit Schutzkleinspannung sollen von anderen Stromkreisen getrennt verlegt werden.

Werden Leiter von Stromkreisen unterschiedlicher Spannung gemeinsam verlegt, muß ihre Isolation der höchsten vorkommenden Betriebsspannung entsprechen. Einzelne Leiter eines Stromkreises dürfen nicht auf verschiedene Rohre, Kabel oder Leitungen verteilt werden, die auch andere Stromkreise enthalten. Ein gemeinsamer N- oder PEN-Leiter (Mittel- oder Null-Leiter) für mehrere Hauptstromkreise ist nur bei Schienenverteilern zulässig.

Gemeinsame Durchgangskästen für mehrere Stromkreise können verwendet werden, wenn die Leitungen ungeschnitten durchgeführt werden. Sind in diesen Kästen Verbindungen oder Abzweigungen erforderlich, müssen die Klemmen verschiedener Stromkreise durch isolierende Zwischenwände getrennt werden. Das gilt nicht für Reihenklemmen (s. a. hierzu *Teil 410*, Funktionskleinspannung).

6.4.3 Bewegliche Leitungen

Leitungen, die zwischen ihren beliebig gearteten Anschlußstellen bewegt werden können, sind bewegliche Leitungen. Sie dienen zur Versorgung ortsveränderlicher oder begrenzt ortsveränderlicher Stromverbraucher. Bewegliche Leitungen müssen an den Anschlußstellen von Zug und Schub entlastet, ihre Ummantelung gegen Abstreifen und die Leiternadern gegen Verdrehen gesichert sein. Die *Zugentlastung* darf nicht unter elektrischer Spannung stehen. *Schutzleiteradern* in Betriebsmitteln mit Metallgehäuse müssen so lang sein, daß sie beim Versagen der Zugentlastung erst nach den stromführenden Adern auf Zug beansprucht werden.

An der *Einführungsstelle* muß durch entsprechende Maßnahmen ein Knicken der Zuleitung verhindert werden. Metallschläuche und Schutzwendeln aus Metall sind als Schutz gegen Knicken nicht zulässig. An Maschinen, die betriebsmäßig bewegt werden, dürfen Metallschläuche verwendet werden, sind dann aber an den PE anzuschließen.

166

Begrenzt bewegliche Betriebsmittel, deren Anschlußstellen nicht für den Anschluß fest verlegter Leitungen ausgebildet oder zugängig sind, müssen über eine Steckvorrichtung oder eine Geräteanschlußdose mit einer beweglichen Leitung an die fest verlegte Leitung angeschlossen werden (z.B. Elektroherd). Die *Zugentlastung* beweglicher Leitungen darf nicht allein Stopfbuchsverschraubungen überlassen werden.

6.4.4 Leitungsverbindungen

Fest verlegte Leitungen dürfen nur durch Schraubklemmen, schraubenlose Klemmen, Quetsch- Kerb- und Nietverbindungen, löten oder schweißen verbunden werden. Die Verbindungsstellen müssen isolierende Umhüllungen oder Unterlagen erhalten. Die Stellen müssen zugänglich bleiben.

Verbindungen und Anschlüsse müssen dauerhaft ausgeführt und den zu erwartenden Beanspruchungen im Hinblick auf die Dauerbelastung und Kurzschlußstrom gewachsen sein.

An den Anschlußklemmen der Überstrom-Schutzeinrichtungen von elektrischen Speicherheizungen z.B. kann eine erhebliche Wärmeentwicklung erwartet werden, wenn durch das Wärmespiel der Übergangswiderstand zunimmt.

Anschlüsse sowie Verbindungen und Abzweigungen innerhalb der Rohrverlegung und bei Mehraderleitungen dürfen nur in Dosen oder Kästen hergestellt werden. Leuchtenklemmen (Lüsterklemmen) und Geräteklemmen dürfen zur Verbindung von Leitungsadern nur innerhalb von Geräten verwendet werden.

Mehrdrahtige Leitungen dürfen nicht vor dem Anschluß an Schraubklemmen verzinnt werden. Sie sind mit Quetschhülsen zu versehen, es sei denn, die Klemme selbst verhindere ein Abspleißen und ein Abquetschen. An Stellen, an denen mit Erschütterungen zu rechnen ist, dürfen die Anschlüsse in den mehrdrähtigen Leitungen weder verlötet noch verschweißt werden. Sie dürfen auch keine Lötkabelschuhe haben. Leitungen, die Bewegungen ausgesetzt sind, müssen eine angemessene Schleifenlänge haben.

An die Anschlußklemmen von Schaltern und Steckdosen darf nicht mehr als eine Ader angeklemmt werden, es sei denn, daß dieses konstruktiv vorgesehen ist (Herstellerangaben!).

6.4.5 Fest und offen verlegte Leitungen

Mit dem Verlegen von Steg- und Feuchtraumleitungen muß jeder Elektroinstallateur vertraut sein. Zu bedenken ist immer, daß *Stegleitungen* keine mechanisch widerstandsfähige äußere Umhüllung haben, seien diese aus PVC, (NYIFY) oder Gummi (NYIF). Zu beachten ist, daß Stegleitungen in Holzbauten nicht verwendet werden dürfen und daß eine *Anhäufung* durch Bündelung von Stegleitungen unzulässig ist. Sie dürfen überhaupt nicht auf brennbaren Stoffeen verlegt werden.

Stegleitungen müssen immer von mindestens 4 mm Putz abgedeckt sein, mit Ausnahme von der Verlegung in Hohlräumen aus nicht brennbaren Stoffen. Sie dürfen auf keinen Fall in ElektroInstallationskanälen oder Installationsrohren verlegt werden. Das führt zwangsweise zu einer Bündelung mit der Gefahr einer mechanischen Beschädigung.

Als *Zubehör* für Stegleitungen sind nur noch Dosen aus Isolierstoff erlaubt. Durch die Befestigung darf auf keinen Fall eine Beschädigung der Isolierung erfolgen, am besten werden die Leitungen mit Gipspflaster befestigt oder geklebt.

Feuchtraumleitungen dürfen nicht im Erdreich verlegt werden. Bei Spanndrahtmontage sind entweder die Spanndrähte gegen die Leitung zu isolieren oder die Spanndrähte sind isoliert aufzuhängen.

Wenn Starkstromkabel, Fernmeldeanlagen der Post, Eisenbahnanlagen, Autobahnen sowie Wasserstraßen kreuzen oder sich ihnen nähern, müssen die Kreuzungs- und Näherungsvorschriften beachtet werden. Diese Vorschriften sind in *VDE 0100/5.73* bzw. im Entwurf *Teil 520 A1* übersichtlich zusammengestellt. Die Einhaltung der hier angegebenen Abstände genügt nicht immer, wenn aufgrund der örtlichen Gegebenheit ersichtlich ist, daß größere Abstände erforderlich sind. Freileitungen sind nach *VDE 0211* auszuführen.

Offen verlegte Leitungen im Freien müssen außerhalb des Handbereiches angeordnet sein; ausgenommen sind kunststoffisolierte Leitertypen. Die in Einzelfällen geforderten Abstände sind in *VDE 0211 (§ 32)* angegeben. Über befahrbaren Wegen und Plätzen müssen sie mindestens 5 m, sonst mindestens 4 m vom Erdboden entfernt sein.

Als offen verlegte Leitungen in Gebäuden dürfen isolierte Leitungen, z. B, HO7V verwendet, aber nicht in und auf Holzleisten sowie in oder unter Putz verlegt werden. Zugelassen ist dann ihre Verlegung mindestens 1 cm von der Wand entfernt auf Isolierkörpern.

Ungeerdete blanke Leitungen dürfen nur auf Isolierkörpern verlegt werden. Dabei müssen zwischen den Leitern und Gebäudeteilen Abstände eingehalten werden, die in *§ 42 b)* von *VDE 0100/6.77* angegeben sind. Geerdete blanke Leitungen dürfen unmittelbar an Gebäuden und in Erde verlegt werden.

168

6.4.6 Kurzschluß- und erdschlußsichere Verlegung

Verlegearten gelten als kurzschluß- und erdschlußfest, wenn die Leitungen aus starren Leitern bestehen, bei denen eine gegenseitige Berührung oder die Berührung mit geerdeten Teilen (z. B. durch ausreichende Abstände oder durch Abstandhalter) sicher verhindert wird.

Bei Leiteranordnungen aus Aderleitungen ist eine gegenseitige Berührung und die Berührung mit geerdeten Teilen durch folgende Maßnahmen zu verhindern:

- ☐ durch ausreichende Abstände durch Abstandhalter,
- ☐ durch Führen in getrennten Elektro-Installationskanälen,
- ☐ in getrennten Elektroinstallationsrohren.

Weiterhin entsprechen auch folgende Anordnungen den Bestimmungen für kurzschluß- und erdschlußfeste Verlegung:

- ☐ Anordnungen aus einadrigen Kabeln, z. B. nach *DIN VDE 271*, einadrige Mantelleitungen nach *DIN 250, Teil 204* oder einadrige Gummischlauchleitungen mindestens HO7RN-F nach *DIN VDE 282, Teil 810*,
- ☐ Leiteranordnungen aus Aderleitungen, geeigneter Bauart (z. B. Sonder- Gummiaderleitungen NSGAFÖU nach *DIN VDE 250, Teil 602*, Nennspannung mindestens 1,8/3 kV oder gleichwertig),
- ☐ zugängliche und nicht in der Nähe brennbarer Stoffe verlegte Kabel und Mantelleitungen, bei denen die Gefahr einer mechanischen Beschädigung durch geeignete Maßnahmen verhindert ist, z. B. durch Verlegen in abgeschlossenen elektrischen Betriebsstätten.

Anordnungen von Kabeln und Leitungen, die ohne Gefahr für ihre Umgebung ausbrennen können (z. B. Kabel im Erdreich) gelten im Hinblick auf die Sicherheit als gleichwertig zum kurzschluß- und erdschlußsicheren Verlegen.

6.4.7 Maßnahmen gegen Brände und Brandfolgen bei Anhäufung von Leitungen und Kabeln

Bei der Planung müssen die brandschutztechnischen Erfordernisse für die Leitungs- und Kabelwege unter Beachtung möglicher Erweiterungen und Änderungen berücksichtigt werden. Die im Bauschein der Genehmigungsbehörde enthaltenen Auflagen sind zu beachten.

Brandfördernde Umgebungseinflüsse sind zu berücksichtigen. Leitungen und Kabel dürfen nicht in Kanälen und Schächten verlegt werden, die für Leitungen zur Versorgung mit Heißwasser, Dampf, Öl, Gas oder anderen Medien genutzt werden, sofern sie z. B. durch ihre räumliche Nähe schädlichen Einfluß auf Leitungen und Kabel ausüben können.

Leitungen und Kabel für Einrichtungen, deren Funktion auch in Notfällen aufrecht erhalten bleiben muß, z. B. Not- und Ersatzstromversorgung, Stromkreise mit Sicherheitsfunktion, müssen von anderen Leitungen und Kabeln feuersicher getrennt werden. Es können hierzu auch Leitungen mit Funktionserhalt F 180 (180 Minuten Funktionserhalt im Brandfall) verwendet werden.

Die feuersicher getrennte Verlegung kann entweder durch die Wahl getrennter Leitungswege oder durch die bauliche Maßnahme, z. B. Abmauerung oder Ummantelung mit Brandschutzmaterial F 90, erreicht werden.

Auf die Schriften des Verbandes der Sachversicherer (Tabelle 1.7) sei hier besonders hingewiesen. Für die Strombelastung bei Häufung von Kabeln in Installationskanälen gilt zunächst noch die Anwendung der Gruppe I nach *Teil 523, Abschnitt 6.4*. Da sich die Leitungen jedoch gegenseitig aufwärmen, muß die maximale Stromstärke durch entsprechende Überstrom-Schutzeinrichtungen reduziert werden. Das Verhältnis von Nennstrom bei Einzelverlegung zu Nennstrom bei Häufung ist der *Reduktionsfaktor*. Dieser ist für eine unterschiedliche Art der Häufung und Verlegungsart den Tabellen aus *VDE 298, Teil 4* zu entnehmen (s. a. Tabelle 6.12). Durch eine Häufung von Leitungen kann es erforderlich sein, entweder erheblich größere Querschnitte zu verlegen, oder die maximal möglichen Ströme durch die Überstrom-Schutzeinrichtungen zu verringern.

Bei der Elektroinstallation in Gebäuden für Menschenansammlungen sind die besonderen Forderungen an die feuersichere Verlegung im Anhang zu *VDE 0108* aufgeführt.

6.4.8 Verlegen von Leitungen in Hohlwänden sowie in Gebäuden aus vorwiegend brennbaren Stoffen
(Teil 730)

Immer mehr Gebäude werden in Techniken ausgeführt, bei denen die Elektroinstallation innerhalb von Hohlwänden, häufig bei brennbarer Umgebung, zu verlegen sind. Hohlwände können z. B. aus einer Rahmenkonstruktion bestehen, die mit Spanplatten, Gipskarton, Holzplatten, Blechen oder ähnlichem abgedeckt sind. Hohlwände können auch fabrikfertige Bauteile sein, die aus Holz- oder Gipsbaustoffen hergestellt sind. Die Betriebsmittel ragen bei diesen Wänden in den Hohlraum hinein bzw. sind in diesem angeordnet.

Die in diesen Hohlräumen verlegten Leitungen und Kabel müssen aus flammenwidrigem Kunststoff, z. B. PVC, bestehen. Die Installationsrohre

170

müssen *VDE 0605* mit der Kennzeichnung ACF entsprechen. Stegleitungen sind grundsätzlich verboten.

Häufig werden die Leitungen in den Hohlräumen ohne Befestigung verlegt. Sie müssen dann an den Anschlußstellen von Zug und Schub entlastet werden. Verbindungs- und Gerätedosen, Kleinverteiler und dergleichen, die in Hohlwänden eingebaut werden, müssen die Kennzeichnung H tragen.

In Ausnahmefällen können auch Kleinverteiler und Hohlwanddosen ohne diese Kennzeichnung eingebaut werden, wenn sie durch Fibersilikat oder Glas- bzw. Steinwolle so umgeben werden, daß keine Brandgefahr bestehen kann. Von dieser Ausnahme sollte der Elektroinstallateur jedoch möglichst keinen Gebrauch machen.

6.4.9 Dachständer und Hausanschlüsse im öffentlichen Kabelnetz
(Teil 732)

Die Bestimmungen für «Hauseinführungen in Freileitungsnetzen» sind inzwischen in *VDE 0211* enthalten. Daneben gilt jedoch für die Übergangsfrist bis zum 31.10.1992 noch *Teil 732/3.83*. Danach wird gefordert, daß Einführungsleitungen in Dachständer mindestens NSYA entsprechen müssen. Dachständereinführungen in Normalausführung N sind nur zulässig, wenn folgende Bedingungen erfüllt sind:

☐ Sie müssen in trockenen, nicht feuergefährdeten Räumen enden, die nicht unmittelbar mit feuergefährdeten Betriebsstätten in Verbindung stehen. Die Bildung von Kondenzwasser darf nicht möglich sein.

☐ Die vom Dachständer durchdrungene Dachhaut muß aus harter Bedachung, z.B., Ziegel, Beton oder Normendachpappe bestehen.

☐ Oberhalb der Hausanschlußsicherung darf das Dachständerrohr nur auf eine Balkenbreite an Holz anliegen.

☐ Bei Kurzschluß zwischen Mittel- und Außenleiter muß ein Strom von mindestens 2,5fachem Wert des Nennstromes der nächst vorgeschalteten Sicherung zum Fließen kommen.

Wo diese Bedingungen nicht erfüllt werden können, müssen Dachständereinführungen der Sonderausführung S oder eine gleichwertige Ausführung verwendet werden. Dachständer dürfen weder an den N-Leiter angeschlossen noch schutzgeerdet werden. Sie sind gegen elektrisch leitende Bauteile zu isolieren.

Wenn das Dachständerrohr in eine Blitzschutzanlage einbezogen wird, ist es über eine Schutzfunkenstrecke anzuschließen. Für Hausanschlüsse im öffentlichen Kabelnetz gilt nach *Teil 732/11.90*:

Ein Hausanschluß umfaßt das Hausanschlußkabel des Versorgungsnetzes, den Hausanschlußkasten als Übergabestelle vom Verteilungsnetz zur Verbraucheranlage und die Hauptleitungen, die die Verbindung von Hausanschlußkasten zu den Zählerplätzen herstellen.

Es ist leicht zu erkennen, daß bei Erstellung dieser Norm die Vertreter der EVU einen wesentlichen Einfluß gehabt haben, sollen doch die Überstrom- bzw. Kurzschluß-Schutzeinrichtungen nicht nur die nachgeschalteten Leitungen, also die Hauptleitungen, sondern auch die Hausanschlußkabel vor den Sicherungen schützen. Der Elektroinstallateur muß also vom EVU die Angabe verlangen, mit welchen Sicherungen er den Hausanschluß maximal ausstatten darf.

Hausanschlußkabel dürfen, und das ist eine Aufgabe der Planung, nur auf nicht brennbarem Material verlegt werden und nicht durch feuer- oder explosionsgefährdete Räume geführt werden. Gleiches gilt zwangsweise auch für die Hausanschlußkästen, die zudem leicht zugänglich sein müssen. Sie sollten, das verlangt die Norm zwar nicht, möglichst in Schutzgrad IP 54 oder höher ausgeführ werden. Der Elektroinstallateur muß sich leider damit abfinden, daß zwar Hausanschlüsse im Kabelnetz in *VDE 0100* behandelt werden, für Anschlüsse im Freileitungsnetzt aber eine gesonderte Norm gilt *(DIN VDE 0211)*.

6.5 Strombelastbarkeit von Leitungen und Kabeln
(Teil 430, Beiblatt 1 zu Teil 430, VDE 0298, Teil 4)

Grundlage für die Anpassung der Leiterquerschnitte an die erforderlichen Leiterströme ist die Tatsache, daß jeder Elektrische Strom in Leitungen und Betriebsmitteln Wärme erzeugt, die in irgendeiner Form so an die Umwelt abgegeben werden muß, daß die Leiter, deren Isolation und die Umgebung nicht zu hohe Temperaturen annehmen. Zwei unterschiedliche Gesichtspunkte sind dabei voneinander zu trennen:

Länger andauernde Belastung

Die Temperatur des Leiters und seiner Isolation ergibt sich aus dem Gleichgewicht von erzeugter zu abgegebener Wärme. Die vom Strom erzeugte Wärme steigt mit dem Quadrat des Strombetrages an, die Wärmeabgabe ist neben der Wärmeableitfähigkeit der Umgebung annähernd der Temperaturdifferenz zur Umwelt proportional. Die Temperaturdifferenz vom Leiter zur Umwelt ist damit dem Quadrat des Stromes proportional, 20% Stromanstieg ergibt 44% mehr Übertemperatur. Der 1,5fache Strom führt bereits zum 2,25fachen der Temperaturerhöhung gegenüber der Umwelt.

172

Zulässige Grenzen für Leitertemperaturen sind bei PVC-Isolationen 70 °C und für Gummischlauchleitungen 60 bis 90 °C. Zulässige Temperaturen für Sonderleitungen nennt *VDE 0298, Teil 3*

Kurzzeitige Belastung, Kurzschluß

Bei einem Kurzschluß besteht praktisch keine Zeit für eine Wärmeabgabe. Die erzeugte Wärme wird zunächst voll im Leiter gespeichert und führt zu sehr schneller Erwärmung. Die Leiter dürfen in diesem Fall kurzzeitig 160 °C oder mehr annehmen. Der Kurzschlußstrom muß abgeschaltet werden, ehe diese Temperaturen überschritten werden.

Für den Normalbetrieb wird die Strombelastbarkeit durch folgende Kenngrößen festgelegt:

- ☐ Nennquerschnitt,
- ☐ Leitermaterial (spez. Wärme),
- ☐ zulässige Temperatur,
- ☐ Umgebungstemperatur,
- ☐ Wärmewiderstand der Umgebung (Wärmeabgabe).

Während man über den Querschnitt, das Leitermaterial, die zulässigen Temperaturen und die Umgebungstemperatur exakte Angaben machen kann, sind die Bedingungen für die Wärmeabgabe außerordentlich vielseitig. In der bis November 91 gültigen und für alte Anlagen anzuwendenden *VDE 0100, Teil 523* werden daher für die Leiteranordnungen drei Gruppen gebildet.

Gruppe I

Eine oder mehrere im Rohr verlegte einadrige Leitungen, z. B. HO7V-U nach *DIN 57 281, Teil 103/VDE 0281 Teil 103* (bei Verlegung in Installationskanälen jedoch *VDE 0298, Teil 4* beachten!, s. Tabelle 6.12).

Gruppe II

Mehraderleitungen, z. B. Mantelleitungen, Rohrdrähte, Bleimantelleitungen, Stegleitungen, bewegliche Leitungen.

Gruppe III

Einadrige, frei in Luft verlegte Leitungen und Kabel, wobei diese mit einem Zwischenraum, der mindestens ihrem Durchmesser entspricht, verlegt sind. In Zweifelsfällen soll zusätzlich *VDE 0298, Teil 2* beachtet werden.

Tabelle 6.7 Strombelastbarkeit I_Z isolierter Leitungen und nicht im Erdreich verlegter Kabel bei Umgebungstemperaturen von 30 °C (nach VDE 0100 Teil 523)

Nenn-quer-schnitt mm²	Gruppe 1		Gruppe 2		Gruppe 3	
	CU A	Al A	Cu A	Al A	Cu A	Al A
0,75	–	–	12	– 15	–	
1	11	–	15	–	19	–
1,5	15	–	18	–	24	–
2,5	20	15	26	20	32	26
4	25	20	34	27	42	33
6	33	26	44	35	54	42
10	45	36	61	48	73	57
16	61	48	82	64	98	77
25	83	65	108	85	129	103
35	103	81	135	158	158	124
50	132	103	168	132	198	155
70	165	–	207	163	245	193
95	197	–	250	197	292	230
120	235	–	292	230	344	268
150	–	–	335	263	391	310
185	–	–	382	301	448	353
240	–	–	453	357	528	414
300	–	–	504	409	608	479
400	–	–	–	–	726	569
500	–	–	–	–	830	649

Tabelle 6.7, die der Tabelle 2 aus *VDE 0100, Teil 523* entspricht, gibt die bis 1988 gültige Strombelastbarkeit I_Z isolierter Leitungen und nicht im Erdreich verlegter Kabel bei Umgebungstemperaturen von 30 °C an. Da diese Temperatur üblicherweise in Gebäuden nicht überschritten wird, war sie für den Installateur wesentlich. Sollten ausnahmsweise Temperaturen bis 55 °C auftreten, gilt eine Reduzierung der Strombelastbarkeit entsprechend Tabelle 6.8 (enspricht auch den neuen Belastungswerten nach *VDE 0298 Teil 4*). Die zu den bisher gültigen Belastungswerten gehörenden Leitungsschutzeinrichtungen enthält Tabelle 6.9.

Eine für den Elektroinstallateur sehr wesentliche Änderung ist die, daß im *Teil 430* seit November 1991 keine Angaben über die Zuordnung

Tabelle 6.8 Faktor für die zulässige Strombelastung eines Leiters, wenn die Umgebungstemperatur von 30° C abweicht (nach DIN VDE 0298, Teil 4).

1	2	3	4
Isolierwerkstoff	NR/SR	PVC	EPR
zulässige Betriebstemperatur	60 °C	70 °C	80 °C
Umgebungstemperatur °C	Umrechnungsfaktoren		
10	1,29	1,22	1,18
15	1,22	1,17	1,14
20	1,15	1,12	1,10
25	1,08	1,06	1,05
30	1,0	1,0	1,0
35	0,91	0,94	9,95
40	0,82	0,87	0,89
45	0,71	0,79	0,84
50	0,58	0,71	0,77
55	0,41	0,61	0,71
60	–	0,50	0,63
65	–	–	0,55
70	–	–	0,45

von Überstrom-Schutzeinrichtungen zu den Leiterquerschnitten mehr gemacht werden. Es gilt nur noch *VDE 0298 Teil 4*. Zur Erleichterung wurde jedoch das *Beiblatt 1 zu Teil 430/11.91* herausgegeben, in dem die Strombelastbarkeit und der dazu maximal zulässige Nennstrom der Schutzeinrichtung als Funktion von Leiterquerschnitt und Verlegeart angegeben sind.

Im Unterschied zum *Teil 523* unterscheidet die jetzt gültige Fassung von *VDE 0298 Teil 4* sowie das *Beiblatt 1 zu Teil 430/11.91* zwischen den Verlegungsarten A-B1-B2-C-E (s. Tabelle 6.10). Die bei diesen Verlegungsarten maximal zulässigen Stromstärken bei 25 °C Umgebungstemperatur sind in Tabelle 6.11 aufgeführt. Die Werte für 30 °C Umgebungstemperatur, auf die sich auch die Faktoren nach Tabelle 6.8 beziehen, enthält *VDE 0298 Teil 4*. Hierbei ist jedoch zu beachten, daß diese Werte erheblich verringert werden müssen, wenn Häufungen von Leitungen vorliegen, z.B. in Installationskanälen. Die dann erforderlichen *Stromreduktionsfaktoren* sind den umfangreichen Tabellen aus *VDE 0298, Teil 4* zu entnehmen (Auszug in Tabelle 6.12). Werden Kabel im Erdreich verlegt, so gilt *VDE 0298*, Teil 2.

Bei *Aussetzbetrieb, Kurzzeitbetrieb*, usw. darf zeitweise eine Erhöhung der Belastung von Leitungen und Kabeln auftreten. Die zulässige

175

Tabelle 6.9 Bisherige Zuordnung von Leitungssicherung nach VDE 0636 und Leitungsschutzschaltern nach VDE 0641 zu den Querschnitten von Leitungen der Gruppe 1 bis 3 (nach *VDE 0100 Teil 430/6.81.*)

Nenn-quer-schnitt mm^2	Gruppe		Gruppe		Gruppe	
	Cu A	Al A	Cu A	Al A	Cu A	Al A
0,75	–	–	6	–	10	–
1	6	–	10	–	10	–
1,5	10	–	10*	–	20	–
2,5	16	10	20	16	25	20
4	20	16	25	20	35	25
6	25	20	35	25	50	35
10	35	25	50	35	63	50
16	50	35	63	50	80	63
25	63	50	80	63	100	80
35	80	63	100	80	125	100
50	100	80	125	100	160	125
70	125	–	160	125	200	160
95	160	–	200	160	250	200
120	200	–	250	200	315	200
150	–	–	250	200	315	250
185	–	–	315	250	400	315
240	–	–	400	315	400	315
300	–	–	400	315	500	400
400	–	–	–	–	630	500
500	–	–	–	–	630	500

* Bei maximal 25 °C Umgebungstemperatur konnte weiterhin mit 16 A abgesichert werden, bei nur zwei belasteten Leitern auch bei 30 °C.

Grenztemperatur darf dabei aber ebenfalls nicht überschritten werden. Diese kurzzeitig zulässige Erhöhung des Stromes gilt z. B. auch für das Anlaufen von Motoren.

Tabelle 6.10 Feste Verlegung von Leitungen
Verlegearten nach DIN VDE 0298 Teil 4

1	2	3	4	5	6	7	8	9	10	11
	A in wärmenden Wänden		B1 auf oder in Wänden oder unter Putz		B2 auf oder in Wänden oder unter Putz		C		E	
Verlegeart			in Elektroinstallationsrohren oder -kanälen				direkt verlegt		frei in Luft unter Einhaltung der angegebenen Abstände verlegt	
	Aderleitungen im Elektroinstallationsrohr		Aderleitungen im Elektroinstallationsrohr auf der Wand		Mehradrige Leitung im Elektroinstallationsrohr auf der Wand oder auf dem Fußboden		Mehradrige Leitung auf der Wand oder auf dem Fußboden			
	Mehradrige Leitung im Elektroinstallationsrohr		Aderleitungen im Elektroinstallationskanal auf der Wand		Mehradrige Leitung im Elektroinstallationskanal auf der Wand oder auf dem Fußboden		Einadrige Mantelleitungen auf der Wand oder auf dem Fußboden			

1	2	3	4	5	6	7	8	9	10	11
Verlegeart	A in wärmenden Wänden		B1 auf oder in Wänden oder unter Putz		B2 auf oder in Wänden oder unter Putz		C direkt verlegt		E frei in Luft unter Einhaltung der angegebenen Abstände verlegt	
	Mehradrige Leitung in der Wand		in Elektroinstallationsrohren oder -kanälen							
			Aderleitungen, einadrige Mantelleitung, mehradrige Leitungen im Elektroinstallationsrohr im Mauerwerk				Mehradrige Leitung. Steigleitung in der Wand oder unter Putz			

Tabelle 6.11 Zulässige Strombelastbarkeit I_Z und Nennstrom I_N der Überstrom-Schutzeinrichtung als Funktion des Leiterquerschnittes (Cu) und der Verlegeart nach Tab. 6.10. Die Werte gelten für Schutzeinrichtungen mit $I_Z = 1{,}45 \ I_n$ (Leitungsschutzschalter der Typen L, B und C, Sicherungen der Type gL) (nach Beiblatt 1 zu DIN VDE 0100, Teil 430)

1	2	3	4	5	6	7	8	9	10	11
Isolierwerkstoff	PVC									
Bauart-Kurzzeichen	NYM, NYBUY, NHYRUZY, NYIF, HO7V-U, HO7V-R, HO7V-K, NYIFY								NYY, NYCWY, NYKY, NYM, NYMZ, NYMT, NYBUY, NHYRUZY	
Zulässige Betriebstemperatur	70° C									
Umgebungstemperatur	25° C									
Anzahl der belasteten Adern	2	3	2	3	2	3	2	3	2	3
Verlegeart nach Tab. 6.10	A		B1		B2		C		E	

Strombelastbarkeit I_Z in A und Nennstrom I_n der Überstrom-Schutzeinrichtung, deren großer Prüfstrom $I_2 \leq 1{,}45 \ I_n$ sein muß

Nennquerschnitte des Kupferleiters in mm²	I_Z	I_n	I_Z	I_n	I_Z	I_n	I_Z	I_n	I_Z	I_n	I_Z	I_n	I_Z	I_n	I_Z	I_n	I_Z	I_n	I_Z	I_n
1,5	16,5	16	14	13	18,5	16	16,5	16	16,5	16	15	13	21	20	18,5	16	21	20	19,5	16
2,5	21	20	19	16	25	25	22	20	22	20	20	16	28	25	25	25	29	25	27	25
4	28	25	25	25	34	32	30	25	28	25	28	25	37	35	35	35	39	35	36	35
6	36	35	33	32	43	40	38	35	39	35	35	35	49	40	43	40	51	50	46	40
10	49	40	45	40	60	50	53	50	53	50	50	50	67	63	63	63	70	63	64	63
16	65	63	59	50	81	80	72	63	72	63	65	63	90	80	81	80	94	80	85	80
25	85	80	77	63	107	100	94	80	95	80	82	80	119	100	102	100	125	125	107	100
35	105	100	94	80	133	125	118	100	117	100	101	100	146	125	126	125	154	125	134	125
50	126	125	114	100	160	160	142	125	–	–	–	–	–	–	–	–	–	–	–	–
70	160	160	144	125	204	200	181	160	–	–	–	–	–	–	–	–	–	–	–	–
95	193	160	174	160	246	200	219	200	–	–	–	–	–	–	–	–	–	–	–	–
120	223	200	199	160	285	250	253	250	–	–	–	–	–	–	–	–	–	–	–	–

Anmerkungen:
Gibt es für die angegebenen Werte von I_n keine Überstrom-Schutzeinrichtung, so ist die mit dem nächstkleineren Wert einzusetzen.
Weitere Anmerkungen s. Beiblatt 1 zu Teil 430

Tabelle 6.12 Faktoren, um die die zulässige Strombelastbarkeit nach Tabelle 6.11 bei der angegebenen Leitungshäufung verringert werden muß (Stromreduktionsfaktoren) (weitere Hinweise s. DIN VDE 0298 Teil 4)

1	2	3	4	5	6	7	8	9	10	11	12	13	14	15	16
Anordnung	Anzahl der mehradrigen Leitungen oder Anzahl der Wechsel- oder Drehstromkreise aus einadrigen Leitungen (2 bzw. 3 stromführende Leiter)														
	1	2	3	4	5	6	7	8	9	10	12	14	16	18	20
Gebündelt direkt auf der Wand, dem Fußboden, im Elektroinstallationsrohr oder -kanal, auf oder in der Wand	1,00	0,80	0,70	0,65	0,60	0,57	0,54	0,52	0,50	0,48	0,45	0,43	0,41	0,39	0,38
Einlagig auf der Wand oder Fußboden mit Berührung	1,00	0,85	0,79	0,75	0,73	0,72	0,72	0,71	0,70						
Einlagig auf der Wand oder Fußboden, mit Zwischenraum gleich Leitungsdurchmesser	1,00	0,94	0,90	0,90	0,90	0,90	0,90	0,90	0,90	0,90	0,90	0,90	0,90	0,90	0,90
Einlagig unter der Decke, mit Berührung	0,95	0,81	0,72	0,68	0,66	0,64	0,63	0,62	0,61						
Einlagig unter der Decke, mit Zwischenraum gleich Leitungsdurchmesser	0,95	0,85	0,85	0,85	0,85	0,85	0,85	0,85	0,85	0,85	0,85	0,85	0,85	0,85	0,85

6.6 Schutz von Leitungen und Kabeln

6.6.1 Allgemeines

Leitungen und Kabel müssen durch Überstrom-Schutzeinrichtungen gegen zu hohe Erwärmung bei Überlast und Kurzschluß geschützt werden.

In Abschnitt 6.5 wurden bei der Behandlung der Belastbarkeit bereits eine Reihe Angaben zum Leitungsschutz unterbreitet.

Zum Verständnis der Tabellen und der Anforderungen seien zunächst folgende Begriffe erläutert:

I_b Maximaler Betriebsstrom des zu schützenden Stromkreises,

I_Z Maximal zulässige Strombelastbarkeit einer Leitung oder eines Kabels,

I_n Nennstrom der eingesetzten Überstrom-Schutzeinrichtung,

I_1 Kleiner Prüfstrom. Bei ihm darf die Schutzeinrichtung nicht abschalten. Er beträgt bei LS-Schaltern der Typen B und C das 1,13fache des Nennstromes.

I_2 Großer Prüfstrom. Bei ihm muß die Schutzeinrichtung innerhalb von einer Stunde auslösen.

Es gelten dann für den Schutz folgende Bedingungen:

$$I_b \leqq I_n \leqq I_Z$$
$$I_2 \leqq 1,45 \cdot I_Z$$

Das heißt also u. a., daß eine Leitung im Extremfall bis zu einer Stunde mit dem 1,45fachen ihres maximal zulässigen Dauerstromes I_Z belastet werden kann.

LS-Schalter der Typen B und C lösen beim Kurzschluß innerhalb von 0,1 s aus, wenn der Kurzschlußstrom beim Typ B $\geqq 5 \cdot I_n$ und beim Typ C $\geqq 10 \cdot I_n$ ist.

6.6.2 Überlastschutz
(Teil 430, 5)

Die Zuleitung zu einer Verteilung ist gegen Überlast geschützt, wenn die Summe der Nennströme der Überstrom-Schutzeinrichtungen für die von der Verteilung abgehenden Leitungen den für die Zuleitung zulässigen Wert nicht übersteigt.

Als Überstrom-Schutzeinrichtung für den Überlastschutz dürfen nur LS-Schalter oder Sicherungen mit gL-Charakteristik verwendet werden (s.a. Abschnitt 5.1.4). Die Zuordnung ihrer Nennströme zum Querschnitt der zu schützenden Leiter enthält die Tabelle 6.11, die den Angaben im *Beiblatt 1 zum Teil 430/11.91* entspricht.

Beleuchtungs- und zweipolige *Steckdosenstromkreise* dürfen nur bis 25 A abgesichert werden. Leuchtstofflampen und Leuchtstoffröhrenstromkreise sowie Beleuchtungsstromkreise mit Lampenfassung E 40 können mit höheren ÜberstromSchutzeinrichtungen abgesichert werden. Dabei ist auf die höhere Belastung der Leitungen und des Installationsmaterials zu achten.

Der Überstromschutz von Stromkreisen und Steckdosen muß nicht nur auf die zulässige Belastung der Leitungen, sondern auch auf den Nennstrom der angeschlossenen Steckdosen abgestimmt werden, d.h. auf den niedrigeren der beiden Werte. Eine wichtige Ausnahme: In Hausinstallationen dürfen Beleuchtungs- und zweipolige Steckdosenkreise nur mit Überstrom-Schutzeinrichtungen bis 16 A gesichert werden.

6.6.3 Kurzschlußschutz
(Teil 430, 6)

Wie in Abschnitt 6.5 erläutert, wird bei einem Kurzschluß die erzeugte Wärme in erster Annäherung im Leiter gespeichert. Der Kurzschlußschutz muß daher in kürzester Zeit wirksam sein und die Leitung abschalten.

> Der Kurzschlußschutz für eine Leitung ist sichergestellt, wenn die Bedingungen für den Überlastschutz erfüllt sind und die Überstrom-Schutzeinrichtung den Kurzschlußstrom beherrscht und abschalten kann.

LS-Schalter sind dazu nicht immer in der Lage, da sie nur 3000 A oder 6000 A, allenfalls 10 000 A Abschaltvermögen haben. Sicherungen dagegen haben unabhängig von der Nennstromstärke ein Ausschaltvermögen von 50 kA. Wenn mehr als 6 kA Kurzschlußstrom auftreten kann, ist eine derartige Vorsicherung einzusetzen.

> Ist den Leitungsschutzeinrichtungen eine Sicherung von max. 63 A Nennstrom vorgeschaltet, ist der Kurzschlußschutz bei einem Querschnitt ab 1,5 mm² immer erfüllt.

182

Alle weiteren, sehr komplizierten Ausführungen über den Kurzschluß-schutz in *Teil 430* von *VDE 0100* brauchen dann nicht mehr beachtet zu werden. Lediglich dann, wenn der Nennstrom der Vorsicherung größer als 63 A ist, muß folgendes berechnet werden (*Teil 430, 6.3.2.1*):

Ausschaltzeit: $t = k \cdot \left(\dfrac{S}{I} \right)^2$

mit

t zulässige Ausschaltzeit im Kurzschlußfall in Sekunden
S Leiterquerschnitt in mm^2
I Strom bei vollkommenem Kurzschluß in A
k Konstante mit den Werten,
   115 bei PVC-isolierten Kupferleitern,
    76 bei PVC-isolierten Aluminiumleitern,
   141 bei gummiisolierten Kupferleitern,
   115 bei Weichlotverbindungen in Kupferleitern.

Weitere Werte sind im *Teil 540* enthalten.

Ob dabei allerdings dieser bei sattem Kurzschluß maximal auftretende Strom bekannt ist oder auch nur annähernd ermittelt werden kann, erscheint in den meisten Fällen fraglich (s. a. Schleifenwiderstandsmessung Kapitel 9).

Ist die so berechnete zulässige Ausschaltzeit kleiner als 0,1 s, muß das aus der Gleichung ermittelte Produkt $k^2 \cdot S^2$ größer sein als der vom Hersteller angegebene $I^2 t$-Wert der strombegrenzenden Schutzeinrichtung. Zur Beurteilung wird auf LS-Schaltern die *Strombegrenzungsklasse* angegeben. Wie bereits in Abschnitt 5.1.4 erläutert, beträgt dieser $I^2 t$-Wert bei einem 16-A-LS-Schalter mit der Strombegrenzungsklasse drei 35 000 A^2 s. Für andere Nennströme und Strombegrenzungsklassen sind die entsprechenden Werte aus der Norm *VDE 0641* zu entnehmen.

6.7 Anordnung der Schutzeinrichtungen in den Außenleitern und im Neutralleiter
(Teil 430, 9)

Die Schutzeinrichtungen für den Überlast- und die für den Kurzschluß-schutz müssen am Anfang eines jeden Stromkreises sowie an allen Stellen, an denen die Belastbarkeit für Überlast und Kurzschluß verringert wird, vor allem also bei Querschittsverringerungen, angebracht werden. Muß davon aus irgend einem Grund abgesehen werden, z.B. in Verteilungen, so müssen die Bedingungen aus *Teil 430, 5.4.2 und 6.4.2* eingehalten werden.

Bewegliche Leitungen mit einem Querschnitt unter 1 mm² Cu, die über Stecker angeschlossen werden, sind von dieser Bestimmung ausgenommen.

Überstrom-Schutzeinrichtungen müssen unabhängig von der Netz-form (TT-, TN-, IT-Netze) in jedem Außenleiter angeordnet werden. Es wird zwar nicht gefordert, aber in Drehstromnetzen sollte der Elektroinstallateur möglichst Anordnungen wählen, die bei einer Überlast in einem Leiter alle Außenleiter gleichzeitig abschalten.

In Netzen mit Betriebserde (TT- und TN-Netze) braucht im Neutralleiter keine Schutzeinrichtung vorgesehen zu werden, wenn dieser den gleichen Querschnitt wie der Außenleiter hat. Im IT-Netz und dann, wenn der Querschnitt des N-Leiters kleiner als der der Außenleiter ist, muß auch im N-Leiter eine ÜberstromSchutzeinrichtung vorgesehen werden, die beim Ansprechen die Außenleiter, beim IT-Netz auch den N-Leiter, abschaltet. Dabei darf der N-Leiter nicht früher als der Außenleiter getrennt werden (s.a. TT-Netz Abschnitt 5.3.2).

Sind in einem IT-Netz Stromkreise mit verschiedenem Querschnitt vorhanden, muß der N-Leiter immer gegen Überlast überwacht werden, auch wenn er bereits gegen Kurzschluß geschützt ist.

Bei Parallelschaltungen von Leitungen oder Kabeln sind diese am Anfang und am Ende mit Überstrom-Schutzeinrichtungen zu versehen. Es genügt eine gemeinsame, wenn die parallel geschalteten Leitungen gleiche Länge und gleiche Verlegungsart haben.

Der Schutzleiter PE und der Null-Leiter PEN dürfen niemals mit Überstrom-Schutzeinrichtungen versehen werden.

6.8 Stromschienen-Systeme
(Teil 520)

Stromschienen-Systeme sind entsprechend *VDE 0100 Teil 520* blanke Leiter, einschließlich der erforderlichen Isolier- und Befestigungsteile, Abdeckung oder Umhüllung außerhalb von Schaltanlagen und Verteilern zum Fortleiten und Verteilen elektrischer Energie.

In Hausinstallationen haben sie sich insbesondere bei Leuchtenanlagen durchgesetzt. Aber auch zur Stromversorgung in Gebäuden, z. B. in Hochhäusern oder zur Stromversorgung ortsveränderlicher Betriebsmittel in Werkstätten, werden sie häufig angewendet.

Stromschienen-Systeme sind zunächst entsprechend *VDE 0100, Teil 510* auszuwählen. Normalerweise wird der Elektroinstallateur typgeprüfte Systeme einsetzen, bei denen jeweils die Herstellerangaben hinsichtlich Strombelastbarkeit und Montageart zu berücksichtigen sind.

Stromschienen-Systeme sind in die Schutzmaßnahme bei indirektem Berühren einzubeziehen. Leitfähige Körper bei Systemen der Schutzklasse I müssen an einer eigens dafür vorgesehenen und gekennzeichneten Anschlußstelle mit dem Schutzleiter verbunden werden. Bei schutzisolierten Systemen darf die Schutzisolierumhüllung an keiner Stelle von leitfähigen Teilen so durchbrochen werden, daß eine Spannung nach außen verschleppt werden kann.

Wichtig ist, daß der Elektroinstallateur nicht genutzte Einführungsöffnungen so verschließt, daß der Verschluß nur mit Werkzeug entfernbar ist. Dieses gilt auch für die Enden und Abzweigungen derartiger Systeme. Alle weiteren zu berücksichtigenden Angaben enthält *VDE 0100, Teil 520* bzw. die jeweilige technische Unterlage des Herstellers.

7 Weiteres zu elektrischen Betriebsmitteln

7.1 Allgemeines und Definitionen

Die vorangegangenen Kapitel enthalten bereits Angaben über spezielle elektrische Betriebsmittel (z. B. Leitungen, Schutzeinrichtungen). Es sollen nun weitere Betriebsmittel behandelt werden, die vom Elektroinstallateur üblicherweise verwendet und fest angeschlossen werden. Für andere, ortsveränderliche Betriebsmittel, werden nur kurze Hinweise gegeben. Zuerst seien jedoch die wichtigsten Definitionen aus *VDE 0100, Teil 200/7.85* angegeben.

Elektrische Betriebsmittel

Alle Gegenstände, die zum Zwecke der Erzeugung, Umwandlung, Übertragung, Verteilung und Anwendung von elektrischer Energie benutzt werden, z.B.: Maschinen, Transformatoren, Schaltgeräte, Meßinstrumente, Schutzeinrichtungen, Kabel und Leitungen, Stromverbrauchsgeräte.

Elektrische Verbrauchsmittel

Betriebsmittel, die dazu bestimmt sind, elektrische Energie in andere Formen der Energie umzuwandeln, z.B. in Licht, Wärme oder mechanische Energie.

Ortsveränderliche Betriebsmittel

Betriebsmittel, die während des Betriebes bewegt werden, oder die leicht von einem Platz zum andern gebracht werden können, während sie an den Versorgungsstromkreis angeschlossen sind.

Handgeräte

Ortsveränderliche Betriebsmittel, die dazu bestimmt sind, während des üblichen Gebrauches in der Hand gehalten zu werden und bei denen ein ggfs. eingegebauter Motor einen festen Bestandteil des Betriebsmittels bildet.

Ortsfeste Betriebsmittel

Fest angebrachte Betriebsmittel oder Betriebsmittel, die keine Tragevorrichtung haben oder deren Masse so groß ist, daß sie nicht leicht bewegt werden können. (Der Wert dieser Masse wird in IECNormen für Hausgeräte mit 18 kg festgelegt.)

Fest angebrachte Betriebsmittel

Betriebsmittel, die auf einer Halterung angebracht oder in einer anderen Weise fest an einer bestimmten Stelle montiert sind. (Hierzu gehören also alle fest angebrachten Leitungen, Steckdosen, Schalter usw.)

Allgemeines *(Teil 510)*

In der Grundregel 3 aus Kapitel 1 wurde bereits ausgeführt, daß der Elektroinstallateur Betriebsmittel verwenden soll, die den VDE-Bestimmungen entsprechen. Die Schwierigkeit liegt darin, richtige Betriebsmittel für den richtigen Ort und für die richtige Beanspruchung auszusuchen, damit sie dem bestimmungsgemäßen Gebrauch entsprechend eingesetzt werden können. Bei der Auswahl von Betriebsmitteln muß darauf geachtet werden, daß sie ein Ursprungszeichen tragen und, soweit erforderlich, mit den Nenngrößen gekennzeichnet sind. Die Schutzklasse nach *VDE 0106* sowie der Schutzgrad nach *DIN 40 050* sind vom Elektroinstallateur richtig zu wählen.

> Durch die Betriebsmittel, vor allem Verbrauchsmittel, dürfen vorhandene Schutzmaßnahmen nicht unwirksam gemacht werden *(Teil 510, 9)!*

Das betrifft in erster Linie solche Betriebsmittel, die im Fehlerfall einen Gleichstromanteil im Fehlerstrom führen können. Dieser Gleichstromanteil kann die Wirksamkeit von FehlerstromSchutzschaltern aufheben. Derartige Betriebsmittel dürfen in Hausinstallationen nicht eingesetzt werden. Einen Überblick über zulässige Gleichrichterschaltungen gibt *Bild 1 aus VDE 0100, Teil 510.*

Elektronische Steuerungen und elektronische Antriebe lassen sich aus den Hausgeräten nicht ganz verbannen. Diesen Forderungen wurden die Bestimmungen über die Fehlerstrom-Schutzschalter 1985 angepaßt. Die danach gebauten Schalter (Kennzeichen s. Abschnitt 5.1.5) schalten auch pulsierende Gleichströme ab, wenn diese innerhalb einer Netzperiode 0 oder nahezu 0 werden, und wenn der reine Fehlergleichstrom den Wert von 6 mA nicht überschreitet (s. a. Abschnitt 5.1.5).

Es dürfen nur solche elektrischen Betriebsmittel verwendet werden, die den Anforderungen der für sie geltenden VDEBestimmungen entsprechen. Die Betriebsmittel müssen so angeordnet und angebracht werden, daß weder die im Betrieb noch die im Überlastfall und Kurzschlußfall auftretenden Temperaturen die Anlage oder die Umgebung gefährden. Zählertafeln und Kleinverteiler, die zur Befestigungsfläche hin offen sind, dürfen nur auf nicht brennbaren Baustoffen angebracht werden. Bei Anbringung auf brennbaren Stoffen ist das Betriebsmittel von der Befestigungsfläche feuersicher zu trennen. Das gilt auch für Installations-Schalter!

Bei elektromotorisch angetriebenen Maschinen, durch deren bewegte Teile Personen gefährdet werden können, müssen die Schalter oder die zum Schalten dienenden Steckvorrichtungen vom Standort des Bedienenden leicht erreichbar sein. Heißwasserspeicher, Boiler oder Durchlauferhitzer dürfen nur ortsfest angebracht werden (§ 34 ist noch gültig). Die Schutzmaßnahmen gegen direktes Berühren entsprechend *Teil 410* müssen berücksichtigt werden z. B. bei Verteilungen.

> Der Elektroinstallateur muß bei allen Betriebsmitteln, die er einsetzt oder benutzt, zunächst feststellen, welcher Schutzklasse und welchem Schutzgrad sie entsprechen.

Schutzklassen

Hinsichtlich ihrer elektrischen Schutzmaßnahmen werden die Betriebsmittel in vier Schutzklassen eingeteilt. (*VDE 0106, Teil 1/5.82 Klassifizierung von elektrischen und elektronischen Betriebsmitteln.*)

Die Hauptmerkmale von Betriebsmitteln entsprechend dieser Klassifizierung und die Voraussetzungen, die hier für den Fall eines Versagens der Basisisolierung für die Sicherheit notwendig sind, zeigt Tabelle 7.1. Es handelt sich dabei um eine harmonisierte Fassung. In der Bundesrepublik Deutschland sind Betriebsmittel der Schutzklasse 0 nicht zugelassen, obwohl solche verschiedentlich aus Ländern der Europäischen Gemeinschaft eingeführt werden. Außer der Basisisolierung (Betriebsisolierung) haben sie keinerlei Schutzeinrichtungen. Bei Fehlern an dieser Grundisolierung wird angenommen, daß der Schutz durch die Umgebung sichergestellt ist.

Betriebsmittel der Schutzklasse I sind solche, bei denen die leitfähigen, berührbaren Teile mit dem Schutzleiter verbunden sind. Betriebs-

Tabelle 7.1 Hauptmerkmale von Betriebsmitteln entsprechend der Klassifizierung nach VDE 0106 Teil 1 mit Angabe der Voraussetzungen, die für den Fall des Versagens der Basisisolierung für die Sicherheit notwendig sind

Merkmale	Schutzklasse			
	0	I	II	III
Hauptmerk-male der Be-triebsmittel	Keine An-schlußstelle für Schutz-leiter	Anschluß-stelle für Schutzleiter	Zusätzliche Isolierung, keine An-schlußstelle für Schutz-leiter	Versorgung mit Schutz-kleinspan-nung
Vorausset-zungen für die Sicher-heit	Umgebung frei von Erd-potential	Anschluß an Schutzleiter	Keine	Anschluß an Schutzklein-spannung
Kennzeich-nung	–	⏚	▢	⟨III⟩

mittel der Schutzklasse II sind schutzisolierte Geräte, bei denen zusätz-liche Sicherheitsvorkehrungen wie doppelte Isolierung oder verstärkte Isolierung vorhanden sind. Es besteht keine Anschlußmöglichkeit für Schutzleiter. Die Schutzmaßnahme ist unabhängig von den Installa-tionsbedingungen (s. a. Abschnitt 5.2.1).

Betriebsmittel der Schutzklasse III sind solche, bei denen der Schutz gegen elektrischen Schlag auf der Schutzkleinspannung beruht, und in denen höhere Spannungen als Schutzkleinspannungen nicht erzeugt oder verwendet werden (s. a. Abschnitt 5.2.2).

Schutzgrade

In DIN 40 050 sind die Kennzeichen für den Schutz gegen Gefahren durch Fremdkörper und durch Feuchtigkeit zusammengefaßt. Diese international vereinbarte Kennzeichnung ist in Abschnitt 4.3 mit den Tabellen 4.1 und 4.2 enthalten. Zusätzlich gibt es bildliche Kennzeich-nungen, z. B. für Leuchten, entsprechend *VDE 0710* (Tabelle 7.3) oder Steckvorrichtungen und Schalter entsprechend *VDE 0620* (Tabelle 7.6).

Tabelle 7.2 Kennzeichnung von Betriebsmitteln mit Schlagwetter- oder Explosionsschutz nach VDE 0170/0171 und Europanorm

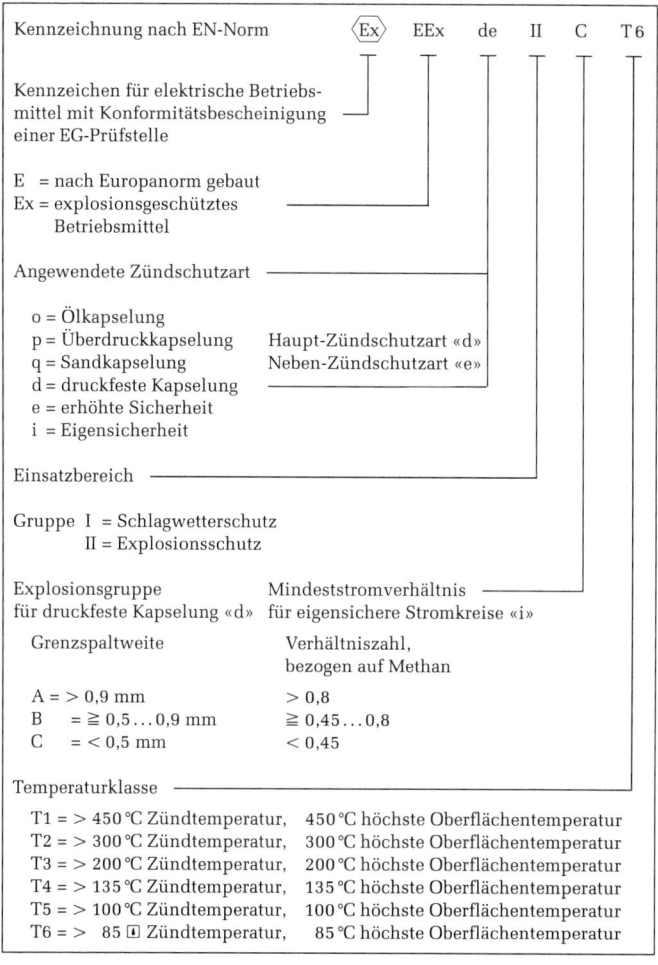

Schlagwetter- oder explosionsgeschützte Betriebsmittel werden entsprechend Tabelle 7.2 gekennzeichnet. (Auf älteren Betriebsmitteln evtl. noch andere, alte Bezeichnungen!)

Schlagwetter- und Explosionsschutz

Schlagwetter- oder explosionsgeschützte Betriebsmittel werden entsprechend Tabelle 7.2 gekennzeichnet. Der Elektroinstallateur, der einen explosionsgefährdeten Bereich installieren oder in einem solchen Bereich Betriebsmittel einsetzen will, muß die Kennzeichnungen nach *DIN VDE 0170/171* kennen und verstehen (s. a. Abschnitt 8.1).

7.2 Leuchten
(Teil 559)

Neben dem Schutz gegen gefährliche Berührungsspannungen ist bei Leuchten der *Brandschutz* von besonderer Bedeutung (s. a. Tabelle 1.7, VdS-Richtlinie – Elektrische Leuchten, Richtlinien für den Brandschutz). Neben den in Tabelle 7.3 aufgeführten Kennzeichen für den Fremdkörper- und Wasserschutz werden Leuchten hinsichtlich des Brandschutzes zusätzlich mit folgenden Kennzeichen versehen:

Kennzeichen ▽

F-gekennzeichnete Leuchtstofflampen und -leuchten sind geeignet für die direkte Anwendung auf brennbaren Bau- und Werkstoffen, mit Endzündungstemperaturen $\geqq 200°C$.

Kennzeichen ▽ ▽

FF-gekennzeichnete Leuchten entsprechen den «Sondervorschriften für Leuchten mit begrenzter Oberflächentemperatur» nach *VDE 0710, Teil 5*. Sie sind geeignet für staub- und faserstofffeuergefährdete Betriebsstätten nach *VDE 0100, Teil 720*.

Kennzeichen ▽

M-gekennzeichnete Leuchten (Glühlampen und Leuchstofflampenleuchten) entsprechen den Bestimmungen *VDE 0710, Teil 14*. Sie eignen sich für die Montage in und an Einrichtungsgegenständen, die aus brennbaren Werkstoffen bestehen. Die verwendeten brennbaren Werkstoffe können beschichtet, furniert oder lackiert sein. Sie müssen hinsichtlich ihres Brandverhaltens schwer oder normal entflammbaren Baustoffen im Sinne von DIN 4102 entsprechen (z. B. Holz oder Holzwerkstoffe). Die Verwendung ist praktisch nur durch den Möbelhersteller zu beurteilen.

192

Tabelle 7.3 Schutzarten und Kennzeichen für Leuchten (Fremdkörper- und Wasserschutz) (nach VdS-Richtlinie)

Schutzart		Kennziffer des Schutzgrades nach DIN 40050 (angenähert)	Symbol nach VDE 0710
Schutz gegen Fremd- körper und Staub	Fremdkörper > 50 mm	IP 1X	
	Fremdkörper > 12 mm	IP 2X	
	Fremdkörper > 2,5 mm	IP 3X	
	Fremdkörper > 1,0 mm	IP 4X	
	Staubablagerung	IP 5X	❋ staubgeschützt
	Staubeintritt	IP 6X	❋ staubdicht
Schutz gegen Nässe	Tropfwasser senkrecht	IP X1	
	Tropfwasser schräg	IP X2	♦
	Sprühwasser	IP X3	▣
	Spritzwasser	IP X4	⬛
	Strahlwasser	IP X5	⬛⬛
	Überflutung	IP X6	
	Eintauchen	IP X7	♦ ♦ wasserdicht
	Untertauchen (Tauchtiefe in m)	IP X8 IP X8	♦ ♦ …atü = …m druckwasser- dicht
Beispiel: IP 55 – Schutz gegen Staubablagerung und Strahlwasser			

Kennzeichen ▽ ▽

MM-gekennzeichnete Leuchten (Glühlampen und Leuchtstofflampen-leuchten) entsprechen den Bestimmungen *VDE 0710 Teil 14* und sind so konzipiert, daß die Oberflächentemperatur begrenzt ist. Sie eignen sich für die Montage in Einrichtungsgegenständen, die aus Werkstoffen mit nicht bekannten Entflammungseigenschaften bestehen, sind also allgemein und überall einsetzbar.

Kennzeichen T, z.B. t_a 45 °C

Leuchten mit T-Kennzeichnung eignen sich für den Betrieb bei höheren Umgebungstemperaturen, z.B. 45 °C. Die Tabellen 7.4 und 7.5 geben einen Überblick über die Zuordnung der Leuchtenschutzart zu verschiedenen Raumarten.

Auswahl und Anbringen
(Tabelle 7.4)

Bei Auswahl und Anbringen von Leuchten werden häufig – abgesehen von lichttechnischen Fehlplanungen – grundlegende Fehler gemacht. *VDE 0100, Teil 559/3.83* ist daher besonders zu beachten. Bei der Auswahl und der Aufstellung sind die zulässige *Gebrauchslage*, das *Brandverhalten* des Materials der Montagefläche und der thermisch beeinflußten Flächen sowie bei Strahlerleuchten der Mindestabstand im Strahlengang zu brennbaren Materialien zu berücksichtigen.

Aufhängevorrichtungen für Leuchten müssen das fünffache der Masse der daran befestigten Leuchten, mindestens aber 10 kg ohne Formveränderung tragen können. Bei Unterputzinstallation müssen die Zuleitungen für Wandleuchten in Wanddosen enden. Leuchten sind so aufzustellen oder so anzubringen, daß kein Wärmestau entsteht und daß sie nicht mit entzündlichen Stoffen wie Gardinen, Lagergüter und dergleichen in Berührung kommen.

Bei *Strahlern* in Schaufenstern und Vitrinen muß grundsätzlich ein Mindestabstand von 1 m zu brennbaren Gegenständen eingehalten werden. Sind bei Lampen mit höheren Lichtleistungen größere Abstände erforderlich, ist dieses in den Montageanweisungen der Hersteller angegeben. Diese sind genauestens zu beachten.

Leuchten in Einrichtungsgegenständen aus brennbaren Werkstoffen, vor allem Möbel, müssen in Übereinstimmung mit den Montageanweisungen der Hersteller angebracht werden (Tabelle 7.5).

Allgemein dürfen Leuchten nur auf Bau- bzw. Werkstoffen angebracht werden, deren Entzündungstemperatur über 200 °C liegt.

194

Leuchtstofflampen ohne besondere Kennzeichnung und Leuchten, die zur Befestigungsfläche hin offen sind und auf brennbarer Unterlage angebracht werden sollen, müssen auf der ganzen der Befestigungsfläche zugewandten Seite mit einem Aluminium- oder Stahlblech von 1 mm Dicke abgedeckt sein. Zwischen Rückseite der Leuchte und Befestigungsfläche muß ein Mindestabstand von 35 mm eingehalten werden. Eine Blechabdeckung ist auch dann erforderlich, wenn die Leuchtstoffleuchte von der Decke abgehängt ist.

Beim Anbringen von Leuchten auf brennbarem Bau- oder Werkstoff mit Entzündungstemperaturen unter 200 °C, z.B. Weichfaserplatten und Schaumstoffen, muß auch bei einer ∇-gekennzeichneten Leuchte ein Mindestabstand von 35 mm eingehalten werden.

Besondere Vorsicht ist bei Verwendung von Niederspannungs-Halogenlampen geboten, da diese auf kleinstem Raum eine große Wärmeleistung erzeugen. Entweder wird diese Wärme durch den Reflektor abgestrahlt oder bei «Halogen-Kaltleuchten» vom Reflektor nach hinten abgegeben.

Auf der Niederspannungsseite fließen relativ große Ströme (bei 100 W: 8,33 A!). Dadurch treten an schlechten Kontakten hohe Temperaturen auf. Da die Leitungen oft nicht isoliert sind, stellen sie bei Überbrückung eine Brandgefahr dar. Normen sind erst in Vorbereitung. Auf dem Markt gibt es aber bereits Schutzeinrichtungen für gfrößere Beleuchtungsanlagen, die die Leistung überwachen und bei Über- oder Unterschreitung des eingestellten Sollwertes die Spannung abschalten.

Anschluß

Für die Durchgangsverdrahtung dürfen nur Hohlräume benutzt werden, die dafür vorgesehen sind. Dabei dürfen die Leitungen mehrerer Lampenstromkreise gemeinsam verlegt werden. Es müssen wärmebeständige Leitungen verlegt werden. Wenn der Leuchtenhersteller angibt, daß die Temperatur an der wärmsten Stelle des Verdrahtungsraumes unter 55 °C bleibt, dürfen auch nicht wärmebeständige Leitungen eingesetzt werden. Die Klemmen müssen befestigt und gegen zufälliges Berühren der aktiven Teile geschützt sein.

Lampengruppen, die auf die Phasen eines Vierleiter-Drehstromnetzes verteilt werden, sind wie Drehstromverbrauchsmittel zu behandeln. Der Drehstromkreis muß durch einen Schalter freigeschaltet werden können. Die Leitungen müssen in einer mehradrigen Leitung in einem Rohr oder im selben Hohlraum verlegt werden.

Tabelle 7.4   Zuordnung der Leuchtenschutzart zu verschiedenen Raumarten

Raumarten	Beispiele	Schutzarten
Trockene Räume ohne Kondenswasserbildung und ohne brennbaren Staub	Industrieräume, Nebenräume, trockene, belüftete Keller usw.	**Mindestschutzart:** Schutz gegen mittelgroße Fremdkörper IP 20
Trockene Räume ohne Kondenswasserbildung mit wenig, nicht brennbarem Staub	Büros, Schulen, Banken, Verkaufsräume, Wohnräume, Flure und Treppenhäuser	Schutz gegen kornförmige Fremdkörper IP 40
Trockene Räume ohne Kondenswasserbildung mit viel nicht brennbarem Staub	Büros, Schulen, Banken, Verkaufsräume mit starkem Publikumsverkehr, Industrieräume	Schutz gegen Staubablagerung IP 50
Heiße Räume mit Temperatur über 35 °C	Räume in Hütten- oder Glaswerken, in Kesselhäusern, an Glüh-, Schmelz- und Trockenöfen, Einbauleuchten in beheizten Decken (z. B. Zent-Frenger-Decken)	je nach Raumart Aufschrift auf dem Leistungsschild der Leuchte z. B. T 45 °C (alt) oder t_a 45 °C (neu)
Baderäume und Duschecken	Baderäume und Duschecken in Wohnungen und Hotels	**Mindestschutzart:** für alle Leuchten Schutz gegen mittelgroße Fremdkörper IP 20, für Leuchten in Duschecken jedoch Schutz gegen kornförmige Fremdkörper und gegen Spritzwasser IP 44
	Gewerbliche Baderäume und Duschecken, in denen zu Reinigungszwecken abgespritzt wird	**Mindestschutzart:** Schutz gegen Staubablagerung und gegen Strahlwasser IP 55
Feuchte und nasse Räume sowie Orte im Freien	Spülküchen, Waschküchen, unbelüftete Keller, Anlagen im Freien (auch an geschützten Orten wie unter Vordächern), Straßenbeleuchtung	**Mindestschutzart:** Schutz gegen mittelgroße Fremdkörper und gegen Sprühwasser IP 23 **Schutzart*:** Schutz gegen kornförmige Fremdkörper und gegen Spritzwasser IP 44, Schutz gegen Staubablagerung und gegen Spritzwasser IP 54
	Räume, in denen zu Reinigungszwecken abgespritzt wird, wie Naßwerkstätten, Wagenwaschräume, Gewächshäuser, Bade- und Waschanstalten, Molkereien, Brauereien, chemische und galvanische Betriebe	**Mindestschutzart:** Schutz gegen Staubablagerung und gegen Strahlwasser IP 55 **Schutzart*:** Schutz gegen Staubeintritt und gegen Strahlwasser IP 65

Feuergefährdete Betriebsstätten trocken	Trockene Räume, in denen sich leicht entzündliche Stoffe den Leuchten so nähern können, daß Brandgefahr eintreten kann, wie Arbeits-, Trocken-, Lagerräume in Papier-, Textil- und Holzverarbeitungsbetrieben, Heu-, Stroh-, Jute-, Flachslager, Ölfeuerungsanlagen, in Zentralheizungen	**Mindestschutzart:** Schutz gegen Staubablagerung IP 50 **Leuchtenkennzeichnung:** [F] [F̅] gem. VDE 0710 Teil 5 Gehäusewerkstoffe von Leuchten ohne [F] [F̅] Kennzeichnung müssen schwer entflammbar sein. Bei Gefahr mechanischer Beschädigung, Gläser durch Schutzgitter schützen
Feuergefährdete Betriebsstätten feucht	Feuchte und nasse Räume sowie Orte im Freien, wo sich leicht entzündliche Stoffe den Leuchten so nähern können, daß Brandgefahr eintreten kann, wie Garagen, Lager	**Mindestschutzart:** Schutz gegen Staubablagerung und gegen Spritzwasser IP 54 – sonst wie vor –
Räume mit Wänden oder Decken aus brennbaren Baustoffen nach DIN 4102	Holzdecken	Leuchtenart mit [F̅] -Kennzeichnung nach VDE 0710 Teil 1
Ballwurfsichere Leuchten	Turn- und Sporthallen	je nach Raumart
Schockgeprüfte Leuchten	Räume, die starken Erschütterungen ausgesetzt sind, wie Luftschutzräume u. ä.	je nach Raumart
Leuchten für Molkereien	Molkereien	Schutz gegen Staubablagerungen und gegen Strahlwasser IP 55 «Molkereitauglich gem. Richtlinien für die Ausführung elektrischer Starkstromanlagen in Molkereien»
Explosionsgefährdete Betriebsstätten	Innenräume oder Orte im Freien, die durch explosible Staub-Luft-Gemische explosionsgefährdet sind (VDE 0165), wie Mehlmühlen, Arbeitsräume in der Zucker- und Kunststoffindustrie usw.	Schutz gegen Staubablagerung und gegen Spritzwasser IP 54 mit Schutz gegen mechan. Zerstörung und Begrenzung der Oberflächentemperatur
	Innenräume oder Orte im Freien, die durch explosible Gas- oder Dampf-Luft-Gemische explosionsgefährdet sind (VDE 0165), wie Arbeits-, Trocken-, Lagerräume in chemischen Betrieben, Spritzkabinen	Explosionsgeschützt (Ex). Schutz gegen Staubablagerung und gegen Spritzwasser IP 54

* **Gebräuchliche Schutzart**

197

Tabelle 7.5 Kennzeichnung von Leuchten für die Montage in und an Einrichtungsgegenständen (Möbelleuchten) nach VDE 0100 Teil 559 (siehe auch Abschnitt 8.12)

Einrichtungsgegenstände aus Werkstoffen	Leuchten für Entladungslampen* mit den Zeichen	Leuchten für Glühlampen mit dem Zeichen
die in ihrem Brandverhalten nichtbrennbaren Baustoffen im Sinne von DIN 4102 Teil 1, z.B. Metall, entsprechen		
die in ihrem Brandverhalten schwer- oder normalentflammbaren Baustoffen im Sinne von DIN 4102 Teil 1, z.B. Holz oder Holzwerkstoffe, auch wenn sie beschichtet, lackiert oder furniert sind, entsprechen	▽M̲ oder ▽M̲ ▽M̲	▽M̲ ▽M̲
deren Brandverhalten nicht bekannt ist; gilt auch, wenn sie beschichtet, furniert oder lackiert sind	▽M̲ ▽M̲	

* Auch Leuchten mit getrennt angeordneten Vorschaltgeräten nach VDE 0710 Teil 1, DIN 57710 Teil 14/VDE 0710 Teil 14 und DIN 57710 Teil 15/VDE 0710 Teil 15. In dieser VDE-Bestimmung bzw. diesen als VDE-Bestimmung gekennzeichneten Normen ist auch die Bedeutung der Kennzeichen festgelegt.

7.3 Steckvorrichtungen – Schalter – Trenner
(Teile 460, 537, 550)

Die Angaben, welche Bedingungen beim Trennen oder Schalten einzuhalten sind und wie die dazu zu verwendenden Betriebsmittel beschaffen sein müssen, sind in *VDE 0100* recht kompliziert in folgenden Teilen enthalten:

Teil 460 «Schutzmaßnahmen, Trennen und Schalten»
(s. a. Abschnitt 5.5.3)

Teil 460 aus dem Bereich der Schutzmaßnahmen enthält die beim Trennen und Schalten einzuhaltenden Bedingungen. Er ist Ersatz oder auch teilweiser Ersatz für eine Fülle von Angaben in anderen Normen. Diese mit den unterschiedlichen Übergangsfristen zu korrigieren (*Teile 410, 727, 728, 723 und 726!*) bzw. teilweise zu korrigieren ist schon eine Wissenschaft für sich. Neben dem Hinweis, daß alle zum Trennen und Schalten vorgesehenen Geräte *VDE 0100 Teil 537* entsprechen müssen, enthält der Text eine Mischung von Errichtungs- und Betriebsbedingungen, die für den Elektroinstallateur in Deutschland fast selbstverständlich sind, vor allem dann, wenn er die fünf Sicherheitsregeln der Berufsgenossenschaft kennt und beachtet.

- ☐ Der PEN-Leiter darf nicht geschaltet oder getrennt werden.
- ☐ Ein sicher geerdeter N-Leiter braucht nicht geschaltet zu werden.
- ☐ Jeder Stromkreis muß von den Versorgungsleitungen getrennt werden können.
- ☐ Es sind geeignete Maßnahmen gegen unbeabsichtigtes Einschalten zu treffen, auch bei oder nach mechanischen Wartungsarbeiten.
- ☐ Aus Gefährdungsgründen kann ein Not-AusSchalter oder ein Not-Halt erforderlich sein (s. a. *Teil 537*).
- ☐ Steckorrichtungen bis 16 A dürfen zum betriebsmäßigen Schalten verwendet werden.
- ☐ Falls gefährlich, muß eine Motorsteuerung so ausgeführt sein, daß nach Stillstand durch Spannungsausfall kein unbeabsichtigtes Anlaufen erfolgt.

Teil 537 «Geräte zum Trennen und Schalten»

Auch dieser Teil ist Ersatz oder teilweiser Ersatz für die *Teile 727, 728, 723 und 726*. (Wer jeweils die neueste Ausführung dieser Teile hat, braucht diese Hinweise auf Änderungen nicht zu beachten.)

Zunächst wird gefordert, daß ein Gerät zum Trennen oder Schalten die Forderungen von *Teil 460* (s. o.) erfüllen muß. Beim Trennen müssen alle

Leiter des Stromkreises ordnungsgemäß an der Trennstelle getrennt werden. Das muß sichtbar oder an einer Anzeige deutlich erkennbar sein! Können Trenner keine Leistung schalten, sind sie gegen zufälliges oder unbefugtes Öffnen zu sichern. Die Zuordnung zu den Stromkreisen muß deutlich erkennbar sein. Geräte zum Ausschalten für mechanische Wartung müssen für Handbetätigung vorgesehen sein. Im Grunde müssen sie einer Trennstrecke entsprechen.

Für betriebsmäßiges Schalten sind auch Schalteinrichtungen zugelassen, die keine deutlichen Trennstrecken haben (z.B. Thyristoren). Sie müssen selbstverständlich für die maximale Beanspruchung ausgelegt sein.

Neu sind Bestimmungen für Geräte über eine Not-Aus-Schaltung, die bisher nur in *Teil 723* enthalten waren (s. Abschnitt 8.11). Durch eine einzige Schalthandlung muß der Vollaststrom auch von fest gebremsten Motoren abgeschaltet werden. Durch handbetätigte, eindeutig rot auf kontrastierender Unterlage gekennzeichnete Schaltgeräte muß die Abschaltung erfolgen und auch nach Loslassen des Schaltgerätes (Drucktaster) bestehen bleiben. Bei Abschaltung über Schütze oder Leistungsschalter muß das Ruhestromprinzip angewendet werden (Abschaltung durch Spannungs- bzw. Stromunterbrechung). Die Not-Aus-Schalter müssen leicht zugänglich und leicht erkennbar sein.

Teil 550 «Steckvorrichtungen, Schalter und Installationsgeräte»

Eine wichtige Forderung: Der Überstromschutz eines Stromkreises mit Steckdosen muß nicht nur auf die Leitungen, sondern auch auf den Nennstrom der Steckdosen abgestimmt werden. Für Wechselstromnetze sind praktisch nur noch Schuko-Steckdosen zugelassen.

Für Drehstromsteckdosen gibt es zwei Möglichkeiten: Allgemein dürfen nur noch CEE-Steckvorrichtungen verwendet werden. In Hausinstallationen, Geschäftshäusern u.a.m. (siehe Aufzählung in der Norm) dürfen aber auch *Perilex-Steckdosen* nach DIN 49 445 bzw. DIN 49 447 eingebaut werden. Bei der festen Installation dürfen bei bestehenden Anlagen für fünfpolige Steckvorrichtungen auch vieradrige Zuleitungen verwendet werden.

Ortsveränderliche Drehstromleitungen bis zu einem Nennstrom von 32 A müssen grundsätzlich fünfpolig sein. An Verladeplätzen, an Abfüllstellen, in der Landwirtschaft und auf Baustellen dürfen bei Stromstärken über 32 A, falls die Verbraucher symmetrische Last darstellen, auch vieradrige Leitungen verwendet werden, die an beiden Enden mit fünfpoligen Steckvorrichtungen zu versehen sind.

Drehstromsteckdosen müssen so angeschlossen werden, daß sich ein *Rechtsdrehfeld* im Uhrzeigersinn ergibt, wenn man die Steckdose von vorne betrachtet. Verlängerungsleitungen müssen das Rechtsdrehfeld an der Kupplungssteckdose erhalten (Achtung bei Perilex-Steckdosen!).

Leider sind dieser Norm widersprechend CEE-Steckvorrichtungen mit VDE-Zeichen auf dem Markt, die einen Polwender enthalten. Bei Leitungen mit solchen Steckern ist nicht erkennbar, ob das Drehfeld am Anfang und am Ende übereinstimmt.

Weitere allgemeine Angaben

Tabelle 7.6 gibt einen Überblick über die Schutzarten und Kurzzeichen für Steckvorrichtungen und Schalter. Diese Bezeichnungen gelten damit auch für die vom Elektroinstallateur einzubauenden Installationsschalter und Steckdosen. Insbesondere bei diesen ist auf den bestimmungsgemäßen Gebrauch zu achten. Innerhalb der festen Anlagenteile stellen

Tabelle 7.6   Schutzarten und Kurzzeichen für Steckvorrichtungen und Schalter

Bei Steckvorrichtungen werden in VDE 0620 hinsichtlich der Schutzart unterschieden:

Schutzart	Kurzzeichen
A: Abgedeckte Ausführung (nicht wassergeschützt)	–
B: Geschützte Ausführung (tropfwassergeschützt)	♦
C: Abgedichtete Ausführung	♦ ♦
D: Druckwasserdichte Ausführung	♦ ♦ ♦

Bei Schaltern werden in VDE 0632 hinsichtlich der Schutzart unterschieden:

Schutzart	Kurzzeichen
O: Ausführung ohne Abdeckung (ohne Berührungsschutz)	–
A: Abgedeckte Ausführung (nicht wassergeschützt)	–
B: Geschützte Ausführung (tropfwassergeschützt)	♦
D: Abgedichtete Ausführung	♦ ♦
In Blatt 1 von DIN 49462 ist für spritzwassergeschützte Steckdosen als Kurzzeichen angegeben	⚠

Schalter und Steckdosen die Kontaktpunkte für den Bedienenden dar. Sie sind bei Leitungen unter Putz die Betriebsmittel, die am stärksten den beim Betrieb auftretenden mechanischen, klimatischen und sonstigen Beanspruchungen ausgesetzt sind. Sie müssen nicht nur hinsichtlich der Strombelastbarkeit und der Kurzschlußfestigkeit, sondern auch hinsichtlich Berührungs- und Brandschutz und hinsichtlich der technologischen Beanspruchung richtig ausgewählt werden.

Der günstige Anbringungsort ist maßgeblich für die Sicherheit. Die Zugänglichkeit (oder auch gerade die Nichtzugänglichkeit für Kinder) spielt eine Rolle. Besondere Sorgfalt ist dann erforderlich, wenn Schalter und Steckvorrichtungen in feuchten Räumen, in explosionsgefährdeten Betriebsstätten oder allgemein im Boden eingebaut werden sollen. Speziell beim Einbau von Steckdosen in den Fußboden ist zu klären, ob diese gegen das Eindringen von Feuchtigkeit und Staub genügend geschützt sind. Nach Möglichkeit sollten sie auch im Fußboden so angebracht werden, daß die Stecker seitlich eingeführt werden müssen. Spezielle Normen für Steckdosen in Fußböden gibt es nicht.

Schaltgeräte müssen so angebracht werden, daß sie weder durch betriebsmäßige Erschütterungen noch durch das Gewicht ihrer beweglichen Teile von selbst schalten können. In Stromkreisen mit einem geerdeten Leiter müssen einpolige Schalter in fest verlegten Leitungen im nicht geerdeten Leiter angeordnet werden. Die Befestigungsmittel von Steckdoseneinsätzen für UnterputzInstallationen müssen so ausgeführt sein, daß die Steckdosen beim Ziehen des Steckers nicht aus der Wand gerissen werden können.

7.4   Hebezeuge
(Teil 726/3.90)

Wie die Einordnung dieses Themas in *Teil 726* zeigt, ist hier in erster Linie an große Krananlagen mit entsprechenden Schaltanlagen, usw. gedacht. Mit der Errichtung derartiger umfangreicher Hebezeuge befassen sich normalerweise nur Spezialfirmen. Neben den detaillierten Bestimmungen von *Teil 726* sind Unfallverhütungsvorschriften der Berufsgenossenschaften zu beachten (UVV «Winden- Hub- und Zuggeräte, VBG 8» und UVV «Krane, VBG 9»). Für Hebezeuge auf Fördergeräten und Bandanlagen im Bergbau, über Tage und tagebauähnlichen Betrieben gilt *VDE 0168*.

Im Hinblick auf die Unfallgefahr sei auf die Bestimmungen für Steuerketten und Schaltgeräte bei flurbedienten Hebezeugen hingewiesen, die häufig auch von Elektroinstallateuren eingerichtet werden.

Bei flurbedienten elektrischen Hebezeugen müssen entweder in den Steuerketten unmittelbar über dem Handbereich oder bei geringer Kettenlänge in der oberen Befestigung Isolatoren eingebaut sein, oder es müssen Bedienungsschnüre aus isolierenden Stoffen verwendet werden. *Steuerketten* und *Bedienungsschnüre* sind dicht über dem Handgriff zwangsläufig so zu führen, daß sie sich nicht verschlingen können.

Flurbediente Hebezeuge müssen sich beim Loslassen der Betätigungsorgane selbsttätig stillsetzen. Dies gilt nicht für Betätigungsorgane in ortsfesten Steuerständen. Die Planung und die Ausführung der Elektroinstallation eines Hebezeuges, vor allem bei großen Krananlagen, sollte nicht ohne eine sorgfältige Beachtung von *VDE 0100, Teil 726/3.90* erfolgen. Hierin sind die einzelnen Bestimmungen klar und übersichtlich dargelegt.

7.5 Schaltanlagen und Verteiler
(Teil 729)

Es werden fabrikfertige und nicht fabrikfertige Schaltanlagen und Verteiler unterschieden. Elektroinstallationsfirmen verwenden in der Regel fabrikfertige. Für deren Übereinstimmung mit den geltenden Bestimmungen (s. u.) sind die Hersteller verantwortlich. Schaltanlagen und Verteiler müssen vom Hersteller mit einem Herkunftszeichen versehen werden.

VDE 0100, Teil 729 umfaßt daher nicht mehr die Herstelllung, sondern nur noch das Anschließen von Schaltanlagen und Verteilern. *(§ 30 von VDE 0100/5.73* war dabei noch bis zum 31.10.88 für bereits geplante oder im Bau befindliche Anlagen als Übergangslösung gültig.) Für fabrikfertige Schaltanlagen und Verteiler gelten folgende Normen:

☐ *VDE 0660, Teil 500* für Niederspannungs-Schaltgeräte-Kombinationen,
☐ *VDE 0659* für fabrikfertige Installationsverteiler,
☐ *VDE 0603* für Installationskleinverteiler und Zählerplätze bis 250 V gegen Erde,
☐ *VDE 0612* für Baustromverteiler mit einer Nennspannung bis 380 V Wechselspannung und für Ströme bis 630 A,
☐ *VDE 0660 Teil 500* für Schienenverteiler.

Darüber hinaus können noch weitere Normen zutreffend sein. Schaltanlagen und Verteiler stellen die Visitenkarte des Elektroinstallateurs dar. Öffnet man eine Verteilung und prüft sie, weiß man über die Qualität und Zuverlässigkeit des Elektroinstallateurs Bescheid.

Für den Elektroinstallateur beginnt alles mit der Auswahl. Hierbei sind zunächst die Betriebs- und Umgebungsbedingungen am Aufstellungsort zu berücksichtigen. Durch diese Bedingungen wird auch der IP-Schutzgrad nach *DIN 40 050* festgelegt (s. Tabellen 4.1 und 4.2). Üblicherweise wird IP 2X verlangt, an zugänglichen Oberflächen von Verteilungen sogar IP 4X. Nur in elektrischen Betriebsstätten oder abgeschlossenen elektrischen Betriebsstätten sind geringere Schutzgrade zulässig (s. Abschnitt 8.14).

Zu den Überlegungen gehört auch eine genügende Größe der Anlagen! In Schaltanlagen und Verteilungen soll ausreichend Platz, eventuell auch für Erweiterungen, vorhanden sein. Der Elektroinstallateur sollte sich gegen zu kleine, billige Ausführungen wehren und dem Planer bzw. dem Auftraggeber darlegen, daß ausreichend große Verteilungen wirtschaftlich sind. Das gilt insbesondere für Anschlußräume und die Übersicht.

Über den Anschlußstellen der Verteilung sollten Rangierräume für Kabel und Leitungen vorhanden sein, so daß diese übersichtlich und geordnet in die Verteilung eingeführt werden können. Kabel und Leitungen müssen deutlich gekennzeichnet werden. Die Zuordnung der Leiter zu ihren Stromkreisen muß eindeutig und dauerhaft erkennbar sein, entweder durch die Anordnung alleine oder durch eine Kennzeichnung in Verbindung mit den Schaltungsunterlagen. Entdeckt der Installateur bei seiner Arbeit Fehler in den Planungsunterlagen, so muß er unbedingt eine ordnungsgemäße Korrektur des Schaltplanes durchführen oder veranlassen.

Zu der Übersichtlichkeit gehört es auch, daß die Schutzleiterschiene und die N-Leiter-Schiene sowie deren eventuell vorhandene Verbindung deutlich erkennbar sind. Die Zuordnung der Überstrom-Schutzeinrichtungen oder Schalter zu den abgehenden Leitungen sollte bereits durch die räumliche Anordnung erkennbar sein. Ein häufig vorkommender Fehler, daß die N-Leiter nicht ordnungsgemäß den Stromkreisen zugeordnet sind, muß auf jeden Fall vermieden werden. Den sichersten Beweis hierfür erhält man durch eine Messung der Isolationswiderstände, wenn jeweils ein Stromkreis einschließlich N-Leiter für die Messung von der Spannung abgetrennt wird.

Ideal wäre es, wenn grundsätzlich nur Verteilungen mit N-Leiter-Trennklemmen verwendet würden, da dann die Messung der Isolationswiderstände einfacher durchführbar ist. Der Entwurf *VDE 0100, Teil 420 A 2 Schutzmaßnahmen, Schutz gegen thermische Einflüsse* sieht daher solche N-Leiter-Trennklemmen für alle Verteilungen, also auch in Wohnungen, vor.

Auf eine zuverlässige Verbindung des vom Netz kommenden PEN- bzw. N-Leiters muß besonders geachtet werden. Sie muß dauerhaft fest

204

und niederohmig sein. Es können erhebliche Schäden auftreten, wenn darauf nicht geachtet wird oder wenn sich diese Verbindung im Laufe der Zeit lockert.

Der N-Leiter legt den Mittelpunkt des Drehstromnetzes fest, damit auch die Spannung der Außenleiter gegen den N-Leiter. Das gilt auch für eine eventuelle unsymmetrische Belastung des Netzes. Fehlt der Hauptanschluß des N-Leiters, so sind die einphasigen Verbraucher weiterhin über den N-Leiter der Verbraucheranlage miteinander verbunden. Dieser liegt aber nicht mehr im Mittelpunkt des Netzes, sondern verschiebt sich je nach Belastungsart.

Ist z. B. zwischen L_1 und N ein Heizofen mit ca. 25 Ω zwischen L_2 und N aber ein elektronisches Gerät mit 1 MΩ angeschlossen, so liegen beide in Reihe zwischen L_1 und L_2, z. B. an 400 V. Die Spannung wird nun im Verhältnis der Widerstände aufgeteilt, so daß der Heizofen an weniger als 1 V, das elektronische Gerät aber an fast 400 V liegt. Dieses wird also zerstört. Da sich lockernde Kontakte zunächst Wackelkontakte sein können und undefiniert ein- und ausschalten, können zusätzliche Überspannungsspitzen auftreten, die den Schaden noch vergrößern.

Auf die Einhaltung der Schutzmaßnahmen gegen direktes Berühren auch beim Öffnen der Türen der Verteilung ist zu achten. Für Schaltanlagen werden in *Teil 729* neue Mindestmaße für die erforderlichen Gänge angegeben (*Bilder 1 und 2*). Bei Gängen von mehr als 20 m Länge müssen sie von beiden Seiten zugänglich sein. Türen müssen so angeordnet sein, daß sie auch geöffnet den Fluchtweg nicht versperren.

7.6 Elektromotorische Verbraucher und sonstige Betriebsmittel
(Teil 727)

Antriebe und Antriebsgruppen

Der *Teil 727/11.87* von *VDE 0100* wurde 1988 durch *Teil 460* und *Teil 537* ersetzt (s. Abschnitt 7.2). Trotzdem sind an dieser Stelle noch einige Ausführungen dazu angebracht.

Arbeitsmaschinen mit eingebauten oder angebauten elektrischen Betriebsmitteln werden weitgehend von den Lieferfirmen anschlußfertig hergestellt. Sobald der Elektrohandwerker mit dem Ein- oder Ausbau, der Änderung oder Reparatur von Elektrischen Antrieben von Be- und Verarbeitungsmaschinen befaßt ist, findet er diesbezügliche Hinweise in *Teil 460* und *Teil 537 von VDE 0100* und in *VDE 0113*.

Motorstrom-Schutzschalter (s. Abschnitt 5.1.4) werden in *VDE 0100* nur in *Teil 720* (feuergefährdete Betriebsstätten) und *Teil 705* (landwirtschaftliche Betriebsstätten) gefordert. Trotzdem sollte der Elektroinstallateur immer dann, wenn er Motoren anschließt, die unbeaufsichtigt laufen, einen Motorstrom-Schutzschalter einbauen und diesen ordnungsgemäß auf den Nennstrom einstellen.

Elektromotorisch angetriebene Verbraucher
(§ 33, teilweise noch gültig)

Schleifmaschinen müssen mit Schutzkleinspannung oder Schutztrennung betrieben werden. Betonmischmaschinen müssen mit Schutztrennung oder mit Schutzkleinspannung betrieben werden oder schutzisoliert sein, ausgenommen solche in stationären Betrieben, z.B. in Betonwerken, und solchen, die auf Baustellen angeschlossen werden (s. Abschnitt 8.6). *Elektrowerkzeuge* müssen *VDE 0740* entsprechen. In engen Räumen aus leitfähigen Stoffen dürfen Elektrowerkzeuge nur mit Schutzkleinspannung oder Schutztrennung betrieben werden (s. Abschnitt 8.16.3).

Beim Antrieb eines Werkzeuges über eine biegsame Welle muß diese vom Antriebsmotor durch Schutzisolierung getrennt sein. Als bewegliche Leitungen müssen mindestens HO7RN-F-Leitungen verwendet werden.

Elektromotorisch angetriebenes Spielzeug darf nur in Anlagen mit Nennspannung bis 25 V angeschlossen werden. Eine Verbindung mit dem Netz, auch mit dem Schutzleiter oder über Widerstände, darf nicht vorhanden sein (Schutzkleinspannung).

Sonstige Betriebsmittel

Sonstige Betriebsmittel, z.B. fest anzuschließende Wärmegeräte oder andere Geräte für den Hausgebrauch oder andere Zwecke, müssen den für sie zuständigen VDE-Bestimmungen entsprechen. Bei ihrem Einsatz ist immer zu prüfen, ob Einsatzort und die Art der Verwendung dem bestimmungsgemäßen Gebrauch entsprechen.

Die *§§ 33 bis 38* aus *VDE 0100/5.73* gelten weiter. Es gibt noch keine entsprechenden Texte in der harmonisierten Fassung. Für die Installation und Ausrüstung von Bearbeitungsmaschinen ist *VDE 0113* zu beachten.

8   Anlagen mit besonderen Anforderungen

Witterungs- und Temperatureinflüsse, Nässe und erhöhte Luftfeuchtigkeit, aggressive Stoffe, Dämpfe und Gase, können die Haltbarkeit und Lebensdauer der Isolation verringern. Minderung der Isolationswerte bedeutet Minderung der Sicherheit, d. h. Erhöhung der Gefährdung von Gut und Leben. In anderen Anlagen sind – bedingt durch die Art des Betriebes – bereits bei einwandfreiem und neuwertigem Zustand der Leitungen und Betriebsmittel lediglich infolge der vorhandenen Spannung oder bei Wärmeentwicklung und Funkenbildung Gefahren vorhanden.

Wo örtlich erhöhte Gefährdung möglich ist, müssen besondere Anforderungen an die elektrische Anlage gestellt werden. Jeder verantwortungsbewußte Elektroinstallateur muß bemüht sein, die Möglichkeit dieser erhöhten Gefährdung zu erkennen und ihr sachkundig mit geeigneten Mitteln und Maßnahmen zu begegnen.

Im Interesse größerer Sicherheit für die Benutzer und gleichzeitig als wertvolle Hilfe für die Errichtung werden in *VDE 0100* Mittel und Maßnahmen zur Minderung spezieller Gefahren in besonderen Räumen angegeben und erläutert. Der Umstand, daß zunehmend neue technische Verfahren angewandt und neuartige Stoffe verarbeitet werden, macht eine ständige Ergänzung und Überarbeitung der diesbezüglichen Bestimmungen erforderlich.

Durch die technische Entwicklung bedingt, schrumpft laufend der Anteil an normalen Räumen, für immer mehr werden Sonderbestimmungen erforderlich. Diese Sonderbestimmungen für bestimmte Räume sind in *VDE 0100, Reihe 700* enthalten. Für Anlagen, die insgesamt besonderen Bedingungen unterliegen, sind eigene VDE-Bestimmungen erstellt worden. Sie sind in der Reihe 100 von VDE zu finden. Einen Überblick über den derzeitigen Stand gibt Tabelle 8.1.

Die Bestimmungen nach Tabelle 8.1 sind üblicherweise nicht eigenständig, sondern setzen zunächst die Einhaltung der Forderungen von *VDE 0100* voraus. Fällt eine Anlage in ihren Geltungsbereich, so ist eine intensive Beschäftigung mit ihrem Inhalt erforderlich. In dieser Sicherheitsfibel können nur die Bestimmungen für die Sonderbereiche innerhalb von *VDE 0100* behandelt werden.

Der Elektroinstallateur ist als Planer und Errichter verpflichtet, sich darüber hinaus zu informieren, ob die zu errichtende Anlage insgesamt

Tabelle 8.1 Überblick über VDE-Bestimmungen (außer VDE 0100) für das Errichten besonderer Anlagen

DIN 57 101/ VDE 0101/11.80	Errichten von Starkstromanlagen mit Nennspannung über 1 kV
DIN 57 106 VDE 0106, Teil 1/5.82 Teil 100/3.83	Schutz gegen elektrischen Schlag Klassifizierung von elektrischen und elektronischen Betriebsmitteln Anordnung von Betätigungselementen in der Nähe berührungsgefährlicher Teile
DIN VDE 0107/11.89	Starkstromanlagen in Krankenhäusern und in medizinisch genutzten Räumen.
DIN VDE 0108/10.89 (8 Teile)	Starkstromanlagen und Sicherheitsstromversorgung in baulichen Anlagen für Menschenansammlungen
DIN VDE 0113/2.86	Elektrische Ausrüstung von Industriemaschinen
VDE 0118/2.70	Bestimmungen für das Errichten elektrischer Anlagen in bergbaulichen Betrieben unter Tage
DIN 57 128/ VDE 0128/6.81	Errichten von Leuchtröhrenanlagen mit Nennspannung über 1000 V
DIN 57 131/ VDE 0131/4.84	VDE-Bestimmung für die Errichtung und den Betrieb von Elektrozaunanlagen
DIN 57 141/ VDE 0141/7.76	VDE-Bestimmung für Erdungen in Wechselstromanlagen für Nennspannung über 1 kV
DIN 57 165/ VDE 0165/9.83	Errichten elektrischer Anlagen in explosionsgefährdeten Bereichen
DIN 57 166/ VDE 0166/5.81	Elektrische Anlagen und deren Betriebsmittel in explosivstoffgefährdeten Bereichen
VDE 0168/7.73	Bestimmungen für das Errichten und den Betrieb elektr. Anlagen in Tagebauen, Steinbrüchen u.ä.
VDE 0190/5.86	Einbeziehen von Gas- und Wasserleitungen in den Hauptpotentialausgleich von elektrischen Anlagen.
VDE 0800	Bestimmungen für Errichtungen für den Betrieb von Fernmeldeanlagen einschließlich Informationsverarbeitungsanlagen

unter eine Sonderbestimmung nach Tabelle 8.1 oder/und teilweise unter die besonderen Bestimmungen von *VDE 0100, Gruppe 700* fällt. Er hat dann diese Sonderbestimmungen und ggfs. Forderungen in den Bauscheinen zu beachten.

8.1 Explosionsgefährdete und explosivstoffgefährdete Bereiche

Die folgenden Ausführungen werden gemacht, obwohl darüber in *VDE 0100* selbst nichts ausgesagt ist. Da es aber in fast allen Betrieben explosionsgefährdete Bereiche gibt, sollen dazu einige kurze Aussagen und Hinweise gemacht werden.

Definition und Anwendung

Explosionsgefährdet sind Bereiche (auch im Freien), in denen sich nach den örtlichen oder betrieblichen Verhältnissen Gase, Dämpfe, Nebel oder Stäube, die mit Luft explosionsfähige Gemische bilden, in gefahrdrohender Menge ansammeln können.* In Zweifelsfällen sollte der Installateur das Gewerbeaufsichtsamt um eine Entscheidung bitten.

Für die Ausführung von Starkstromanlagen in diesen Räumen gelten *VDE 0165, VDE 0166* und die «Verordnung über elektrische Anlagen in explosionsgefährdeten Räumen». Explosionsgefährdete Bereiche finden sich in fast allen Betrieben, in denen z. B. mit Lacken und Lösungsmitteln gearbeitet wird.

Besondere Gefährdung

Erzeugung durch Explosionen durch elektrische Funken.

Grundsätzliche Schutzziele

Die Elektroinstallation einschließlich der angeschlossenen Verbrauchsmittel muß so ausgeführt sein, daß sie bei Vorhandensein eines zündfä-

---

* Sammlungen von Beispielen mit Angaben darüber, welche Anlagen und welche Teile von Anlagen explosionsgeschützt auszuführen sind, enthalten der Kommentar zur «Verordnung über elektrische Anlagen in explosionsgefährdeten Räumen», erläutert von Dittgens, Hagen, Nöthlichs, Carl-Heimanns-Verlag, Köln, sowie die «Explosionsschutz-Richtlinien der Berufsgenossenschaft der chemischen Industrie».

higen Gemisches keinen Funken erzeugen, der das Gemisch zünden kann. Im Innern von Betriebsmitteln auftretende Funken, z. B. bei Schaltern, dürfen keine Auswirkungen nach außen haben.

Zusätzliche Forderungen

Es dürfen nur Betriebsmittel verwendet werden, die entsprechend der vorhandenen Zündgruppe ausreichend explosionsgeschützt sind (siehe Tabelle 7.2). Bei Prüfungen müssen die Bereiche bei entsprechender Lüftung nicht explosionsgefährdet gemacht werden.

Elektrische Anlagen in diesen Räumen dürfen erst in Betrieb genommen werden, wenn der Errichter bescheinigt, daß die Anlage der «Verordnung über elektrische Anlagen in explosionsgefährdeten Bereichen» entsprechen. Nach einer Änderung oder Instandsetzung von Betriebsmitteln, von denen der Explosionsschutz abhängt, dürfen diese nur noch nach Prüfung durch einen Sachverständigen wieder in Betrieb genommen werden – es sei denn, der Hersteller des Betriebsmittels habe die Instandsetzung in seinem Werk ausgeführt.

Es darf zwar jeder anerkannte Elektroinstallateur auch Ex-Bereiche installieren. Er muß dazu aber anschließend eine gesonderte Installationsbescheinigung darüber abgeben, daß er alle einschlägigen Normen eingehalten hat. Hierdurch ist er juristisch für die richtige Ausführung der Anlage haftbar! Eine eingehende Auseinandersetzung mit den Normen, besser noch die Teilnahme an entsprechenden, auf dem neuesten Stand befindlichen Fortbildungsveranstaltungen, ist unbedingt erforderlich.

Diese sehr unvollständigen Ausführungen über explosionsgefährdete Bereiche können nur für den Elektroinstallateur den Hinweis geben, sich im Bedarfsfall intensiver mit den Bestimmungen und Verordnungen auseinanderzusetzen.

8.2 Feuchte und nasse Bereiche und Räume
(Teil 737)

Definition und Anwendung
(Teil 200, A 6.4)

Feuchte und nasse Bereiche und Räume sind Orte, in denen die Sicherheit der Betriebsmittel durch Feuchtigkeit, Kondenswasser, chemische oder ähnliche Einflüsse beeinträchtigt werden kann. Hierzu können gehören:
Großküchen, Spülküchen, Kornspeicher, Düngerschuppen, Milchkammern, Futterküchen, Waschküchen, Backstuben, Kühlräume, Pumpenräume, unbeheizte oder unbelüftete Keller, Räume, deren Wände und Fußböden sowie möglicherweise auch deren Einrichtungen zu Reinigungszwecken abgespritzt werden, wie Bier- und Weinkeller, Naßwerkstätten, Wagenwaschräume, Gewächshäuser, ferner Räume oder Bereiche in Bade- oder Waschanstalten, Duschecken, galvanische Betriebe.

Besondere Gefährdung

Feuchtigkeit in Verbindung mit Salzen, anderen chemischen Stoffen oder Schmutz ist leitfähig und chemisch aggressiv. Durch das Eindringen von Feuchtigkeit wird die Isolierung von Betriebsmitteln aufgehoben. Aktive Teile sowie auch deren Isolation sind Korrosion und anderen chemischen Zersetzungen ausgesetzt, die die Isolierung zerstören oder auch das Betriebsmittel (z.B. FI-Schutzschalter) in seiner Funktion unwirksam machen.

Grundsätzliches Schutzziel

Geeignete Schutzgrade für den Wasserschutz IP XX (s. Tabelle 4.2) sind zu wählen. Betriebsmittel müssen entweder völlig abgedichtet oder mit Austrittsöffnungen für Kondenswasser versehen werden. Korrosionsbeständige Werkstoffe sind zu verwenden.

Zusatzforderung *(nach Teil 737)*

Der *Teil 737 von VDE 0100* gibt nur sehr überschlägige Richtlinien an. Konkret wird lediglich gefordert, daß zumindest der Schutzgrad IP X1, in Bereichen und Räumen, in denen mit Strahlwasser umgegangen wird, mindestens IP X4 anzuwenden ist. Betriebsmittel, die nicht bereits durch ihre Bauweise den äußeren Einflüssen des Raumes oder der Betriebsstätte entsprechen, dürfen verwendet werden, wenn sie beim

Einrichten der elektrischen Anlage mit einem geeigneten zusätzlichen Schutz versehen werden. Hierbei ist darauf zu achten, daß dieser zusätzliche Schutz die Betriebsweise nicht behindert, z. B. die Wärmeabfuhr unzulässig verhindert.

Als Leitungen dürfen nur Feuchtraumleitungen mit Kunststoffumhüllungen verwendet werden (Tabelle 6.4). Als bewegliche Leitungen müssen mindestens HO7RN-F-Leitungen oder gleichwertige verwendet werden (Tabelle 6.5). Betriebsmittel müssen so ausgeführt sein, daß sich Kondenswasser nicht ansammeln kann.

Handleuchten müssen strahlwassergeschützt sein und in Räumen, in denen mit Strahlwasser umgegangen wird, müssen die Betriebsmittel dieser Beanspruchung gewachsen sein. Hierbei genügt nicht die Schutzart IP X5, die eine Reinigung mit Druckwasser, (Schlauch) nicht zuläßt. Metallteile, die ätzenden Dämpfen oder auch Dünsten ausgesetzt sind, müssen gegen Korrosion entsprechend geschützt sein.

8.3 Anlagen im Freien
(Teil 737)

Definition und Anwendung (Teil 200, 1.6)

Anlagen im Freien sind außerhalb von Gebäuden als Teil oder Teile von Verbraucheranlagen errichtete Anlagen auf Straßen, Wegen und Plätzen, z. B. in Höfen, Durchfahrten oder Gärten, auf Bauplätzen, Bahnsteigen, Rampen und Dächern, an Kranen, Baumaschinen und Tankstellen und Gebäudeaußenwänden sowie unter Überdachungen. Hierbei wird unterschieden in

☐ geschützte Anlagen im Freien, z. B. Anlage auf überdachten Bahnsteigen, Toreinfahrten oder überdachten Tankstellen und

☐ ungeschützte Anlagen im Freien, z. B. Anlagen auf Rampen, auf nicht überdachten Bahnsteigen.

Besondere Gefährdung

Zunächst wie bei feuchten und nassen Bereichen und Räumen entsprechend Abschnitt 8.2. Zusätzlich sind die Witterungseinflüsse vor allem Kälte und Wind mit Regen und Schnee, zu beachten.

Grundsätzliches Schutzziel

Zunächst wie bei feuchten und nassen Räumen nach Abschnitt 8.2. Zusätzlich muß Material eingesetzt werden, das den tiefsten Temperatu-

212

ren standhalten kann. Bei der Festlegung von Schutzgrad IP XX ist auf Wind und Schnee zu achten.

Zusätzliche Forderung

Die Angaben in *Teil 737 Abschnitt 5* sind sehr allgemein und kurz. Der Elektroinstallateur muß erheblich mehr berücksichtigen, als dort angegeben ist. Das gilt vor allem für die Auswahl der einzusetzenden Betriebsmittel. FI-Schutzschalter müssen z.B. in der Ausführung für tiefe Temperaturen gewählt werden (s. Bild 5.13). Bei der Auswahl von Leitungen ist zu klären, ob sie eventuell bei tiefen Temperaturen brüchig werden und ob sie der Sonneneinstrahlung auf Dauer gewachsen sind.

Während bei geschützten Anlagen im Freien üblicherweise die tropfwassergeschützte Ausführung IP X1 genügt, muß der Schutzgrad in ungeschützten Anlagen mindestens IP X3 sein.

Werden in Wohngebäuden Steckdosen mit 16 A zum Anschluß von Geräten verwendet, die im Freien betrieben werden, so müssen sie durch einen FI-Schutzschalter mit $I_{\Delta n} \leqq 30$ mA geschützt sein. Damit soll auch der Zusatzschutz bei direktem Berühren nach *Teil 410, 5.5* erzielt werden. In bestehenden Anlagen sollte der Elektroinstallateur dem Betreiber die Verwendung ortsveränderlicher FI-Schutzeinrichtungen nach *VDE 0661* empfehlen. Werden Steckdosen im Freien selbst installiert, müssen diese bei Nennströmen bis 32 A ebenfalls durch FI-Schutzschalter mit $I_{\Delta n} \leqq 30$ mA geschützt werden. Davon sind allerdings Bereiche ausgenommen, die nur elektrotechnischen Fachkräften bzw. unterwiesenen Personen (z.B. in Hochspannungsanlagen) zugänglich sind oder an elektrischen Betriebsmitteln angebracht sind, die nach VBG regelmäßig überprüft werden.

8.4 Räume mit Badewanne oder Dusche
(Teil 701 mit 701 A1)

Definition und Anwendung

Die harmonisierte Fassung von *VDE 0100* enthält keine Definition, während die Ausgabe *VDE 0100/5.73* zwischen *Baderäumen und Duschecken in Wohnungen und Hotels* und *sonstige Baderäume und Duschräume* unterschied.

Bewegliche Bade- oder Duscheinrichtungen mit eingebauten elektrischen Betriebsmitteln, sind ortsfeste Verbrauchsmittel, die begrenzt beweglich sind (nach *Teil 701, 2.2*).

Besondere Gefährdung

In Bereichen mit Badewanne oder Dusche sind die Personen während des Badens oder des Duschens unbekleidet, ohne isolierende Schuhe und gleichzeitig mit Erdpotential verbunden. Die Räume selbst werden durch die Feuchtigkeit selbst weitgehend leitfähig. Innerhalb der Badewanne ist zudem die Beweglichkeit eingeschränkt (Befreiung ist nicht immer möglich). Badezimmer stellen daher, wie die Unfallstatistik nachweist, einen besonderen Gefährdungsbereich dar. Bei Betriebsmitteln der Schutzklasse II (schutzisoliert) kann die Schutzwirkung durch Feuchtigkeit aufgehoben werden (Föhn in der Badewanne)! Die Bestimmungen für die Schutzmaßnahmen werden daher erheblich verschärft.

Grundsätzliches Schutzziel

Es muß jegliche Verschleppung von Spannungsunterschieden verhindert werden (vollkommener Potentialausgleich). Beim Anbringen von leitfähigen Einrichtungsteilen wie Handtuchhalter, Griffe usw. muß ein Anbohren von Leitungen ausgeschlossen sein. Bei Aufhebung der Schutzisolierung von Betriebsmitteln, z.B. durch Wasser, muß ein Zusatzschutz bei direktem Berühren vorhanden sein.

Zusätzliche Forderungen

Die Bestimmungen aus dem *Teil 701* sind bei Elektroinstallateuren zum Teil umstritten. Es sollte daher grundsätzlich auch der *Teil 701 A1* vom Mai 1985 zusätzlich hinzugezogen werden. Dessen Anwendung ist aber mit dem Auftraggeber abzusprechen.

Die Bilder 8.1a und 8.1b zeigen den sogenannten Schutzbereich nach *VDE 0100/5.73* der für alte Anlagen gültig ist. In *Teil 701* wird der Baderaum in vier Zonen entsprechend den Bildern 8.2 und 8.3 eingeteilt, wobei die Zonen 0 bis 2 den bisherigen Schutzbereich umfassen. Die Zonen 1 bis 3 erstrecken sich nach oben bis 225 cm über den Fußboden. Die Zone 0 umfaßt das Innere der Bade- oder Duschwanne. Betriebsmittel in den einzelnen Zonen müssen mindestens dem Schutzgrad nach Tabelle 8.2 entsprechen (s. a. Tabellen 4.1 und 4.2).

Eine Anpassung von bestehenden elektrischen Badezimmer-Installationen, die den gültigen Bestimmungen zum Zeitpunkt der Errichtung entsprachen, wird nicht gefordert. Es sollte jedoch immer versucht werden, auch bei alten Anlagen einen Schutz durch hochempfindliche FI-Schutzeinrichtungen nachträglich zu installieren (s. Abschnitt 5.3.7).

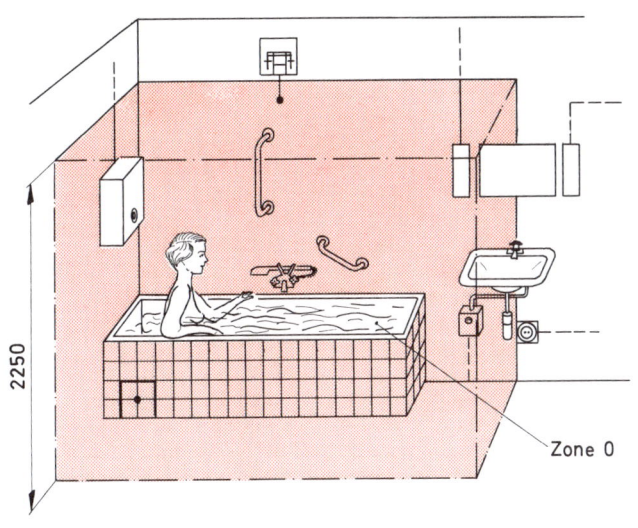

2250

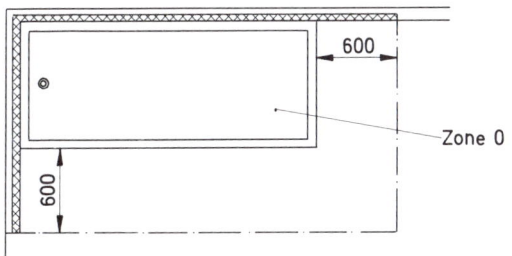

600

600

Zone 0

Zone 0

xxxxxxxx Mindestdicke 6 cm

Schutzbereich

——— Leitung auf Putz

———— Leitung unter Putz

Bild 8.1a Schutzbereich in Baderäumen nach *VDE 0100/5.73*

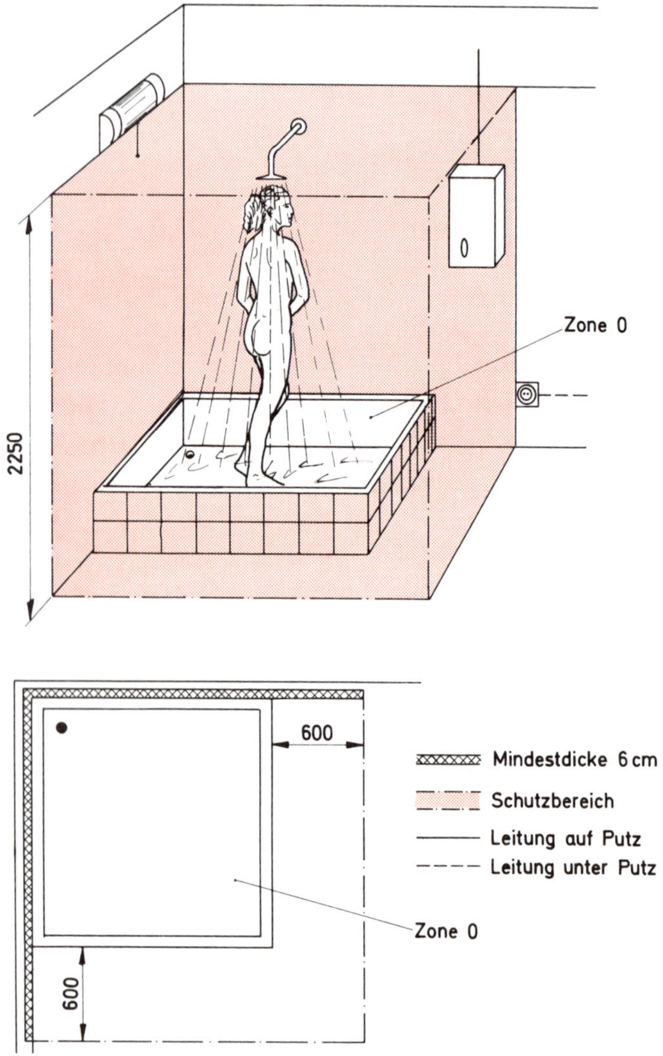

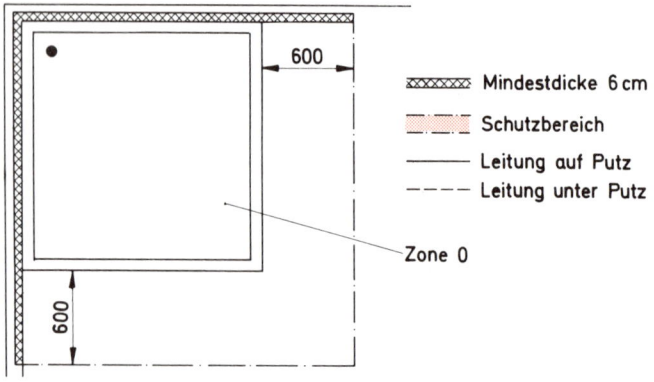

Zone 0

2250

600

600

Zone 0

××××× Mindestdicke 6 cm

Schutzbereich

—— Leitung auf Putz

----- Leitung unter Putz

Bild 8.1 b Schutzbereich in Duschecken nach *VDE 0100/5.73*

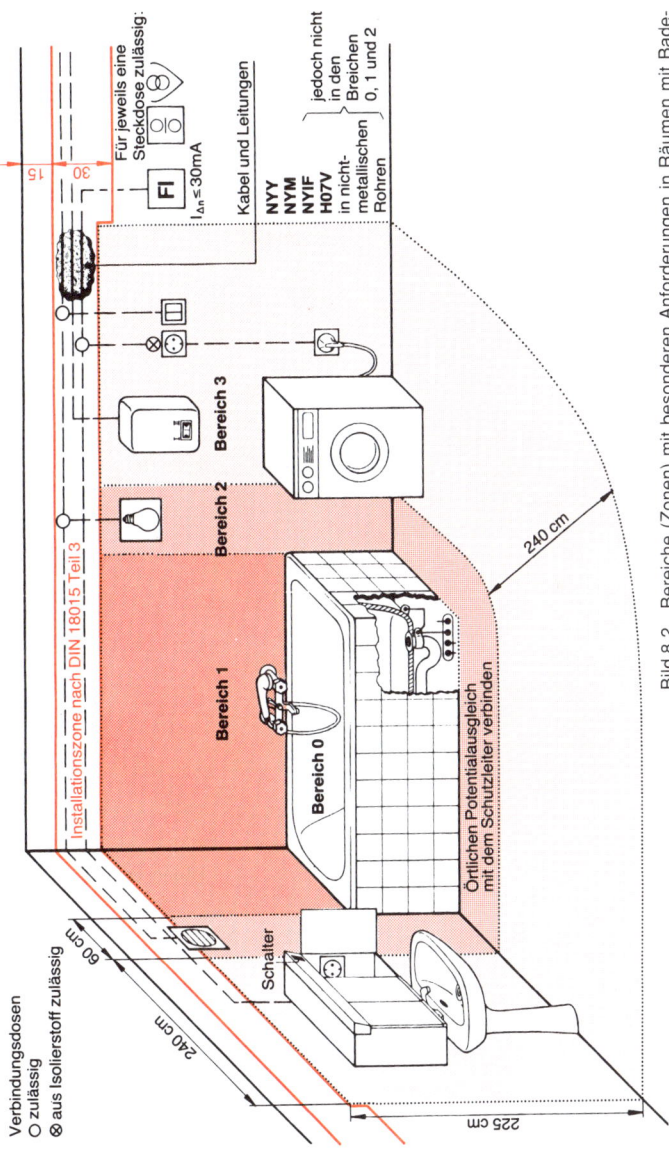

Bild 8.2 Bereiche (Zonen) mit besonderen Anforderungen in Räumen mit Badewanne oder Dusche entsprechend *DIN VDE 0100, Teil 701* (nach VEW-Informationsblatt)

a) Badewanne

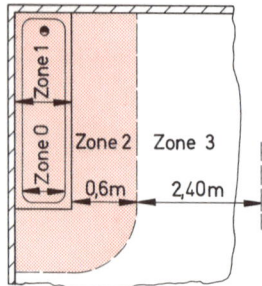

b) Badewanne mit fester Trennwand

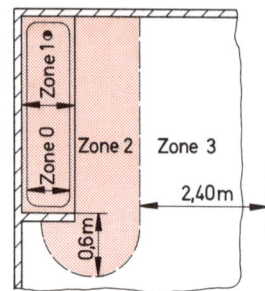

c) Duschwanne

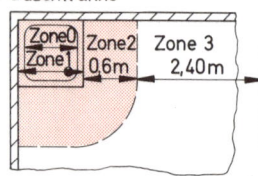

d) Duschwanne mit fester Trennwand

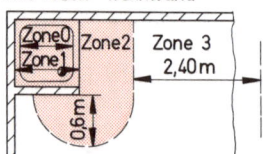

e) Dusche ohne Wanne

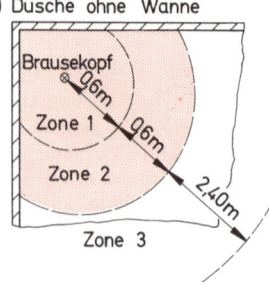

f) Dusche ohne Wanne, jedoch mit fester Trennwand

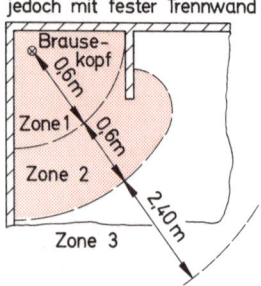

Bild 8.3 Einteilung der Zonen in Räume mit Badewanne oder Dusche (nach *VDE 0100, Teil 701*)

Tabelle 8.2 Mindestschutzgrade für Betriebsmittel in Räumen mit Bad oder Dusche nach DIN 40050
Berührungs- und Fremdkörperschutz mindestens IP 2X.
Wasserschutz nach folgender Tabelle

Bereich	Bäder, in denen sich häufig Nässe infolge Betauung bildet, z.B. in öffentlichen Bädern und Bädern in Sportanlagen	Bäder, in denen sich nur selten Nässe infolge Betauung bildet, z.B. Bäder im Wohnbereich
0	IP X7	IP X7
1	IP X5	IP X4, IP X5*
2	IP X5	IP X4
2	IP X5	IP X4
3	IP X5	IP X1**

* Die Schutzart IP X5 muß gewählt werden, wenn mit dem Auftreten von Strahlwasser zu rechnen ist, z.B. bei Massage-Duschen
** Nach DIN VDE0100 Teil 701 A1 (Änderung) Schutzart IP X0

Steckdosen sind nur in Zone 3 zulässig! Das gilt auch für Steckdosen im Spiegelschrank oder in Kombinationen mit einer Leuchte. Die Steckdosen müssen durch Fehlerstrom-Schutzschalter mit Nennfehlerströmen $I_{\Delta n} \leqq 30$ mA geschützt sein. Dem Elektroinstallateur wird dabei empfohlen, seine Kunden zu veranlassen, auch bestehende Anlagen auf diese Schutzmaßnahmen durch den Einbau eines derartigen Fehlerstrom-Schutzschalters oder zumindest durch einen LS/DI-Schalter (Abschnitt 5.1.5) umzustellen (für Neuanlagen sind LS/DI-Schalter nicht zulässig!). Der häufige Unfall mit Todesfolge in der Badewanne wird damit weitgehend ausgeschlossen.

Die Steckdosen in Zone 3 dürfen auch mit Schutzkleinspannung versorgt oder einzeln über Trenntransformatoren, z.B. Rasiersteckdosen, gespeist werden. Es ist ein wirksamer, *zusätzlicher Potentialausgleich* auszuführen, dessen Querschnitt mindestens 4 mm² Cu beträgt. Er muß mit dem Schutzleiter Verbindung haben. Diese Verbindung kann an zentraler Stelle, z.B. am Stromkreisverteiler der Wohnung oder am Hauptpotentialausgleich oder über eine Wasserverbrauchsleitung, die eine durchgehende Verbindung mit dem Hauptpotentialausgleich hat, hergestellt werden.

Metallene Tür- und Fensterrahmen, Haltegriffe, Handtuch- und Seifenschalenhalter, Metallrahmen-Duschabtrennungen müssen nicht in den Potentialausgleich einbezogen werden.

Leitungen mit Metallumhüllungen und Metallrohre zum Schutz von Leitungen dürfen nicht verwendet werden. In den Zonen 0 bis 2 sind nur

219

Tabelle 8.3 Übersichtstafel für Baderäume und Baustellen

	Räume mit Badewanne oder Dusche Teil 701 mit 701 A1	Baustellen Teil 704
Anlagen	Bilder 8.1, 8.2, 8.3	Einspeisung durch besondere Speisepunkte nach Teil 704,4.
Leitungen	**nicht zulässig:** Leitungen mit Metallmantel. Durchführen von Leitungen zur Versorgung anderer Räume. Leitungen in oder unter Putz im Schutzbereich **zulässig:** Mantel- sowie isolierte Leitungen in Kunststoffrohren, Stegleitungen nur außerhalb des Spritzbereichs	für bewegliche Leitungen: starke Gummischlauchleitungen (HO7RN-F oder AO7RN-F) für Elektrowerkzeuge und Leuchten: mittlere Gummischlauchleitungen HO7RN-F oder HO5RN-F mit max. 4 m Länge. Kupplungs- und Verbindungsstellen zusätzlich von Zug entlasten Leitungen mechanisch schützen.
Schalter und Steckvorrichtungen	nicht im Schutzbereich Zonen 0–2, Zone 3: Steckdosen ohne Schutzkontakt, Schutzkleinspannung oder Schutztrennung, mit Schutzkontakt: FI-Schutzeinrichtung mit $I_{\Delta n} \leqq 30$ mA	mindestens sprühwassergeschützt Steckvorrichtungen mit Isolierstoffgehäuse, auf einer Baustelle nicht unterschiedlich für gleiche Polzahl und Stromstärke
Schalt- und Verteilungsanlagen		mindestens Schutzart IP 43 aus Metall oder Isolierstoff
Leuchten	schutzisoliert, in Duschecken mindestens spritzwassergeschützt	Schutzkleinspannung oder sprühwassergeschützt IP X3 Handleuchten strahlwassergeschützt IP X5

	Räume mit Badewanne oder Dusche Teil 701 mit 701 A1	Baustellen Teil 704
Schutzmaß-nahmen gegen zu hohe Berührungsspannung	für alle elektrischen Betriebsmittel erforderlich, möglichst FI-Schutzschaltung mit $I_{\Delta n} \leq 30$ mA, alle metallisch leitfähigen Teile untereinander und mit dem Schutzleiter verbinden. Mindestquerschnitt für die Verbindung 4 mm² Cu. Verständigung von Elektro- und Wasserinstallateur erforderlich	Einspeisung über Baustromverteiler (VDE 0612) oder besonderen Abzweig ortsfester Verteilungen oder Transformator mit getrennten Wicklungen, hinter Baustromverteiler: FI-Schutzschaltung oder Schutztrennung, Schutzisolierung, Schutzkleinspannung IT-Netz mit Isolationsüberwachung.
Schaltgeräte		mindestens IP 44 außer Elektrowerkzeugen, Schalter allpolig, bei Motorbetrieb für Bedienenden leicht erreichbar, Elektrowerkzeuge durch Steckvorrichtung allpolig abschaltbar
Transformatoren, Maschinen und Zubehör		außerhalb von Schaltanlagen und Verteilern mindestens IP 44

Leitungen der Typen NYY und NYM zulässig, in Zone 3 auch Leitungen NYIF und H07V in nicht metallischen Rohren. Werden Leitungen auf, unter oder im Putz auf der Rückseite der in den Bildern 8.2 und 8.3 gekennzeichneten Begrenzungswände der Zone 2 verlegt, muß zwischen Leitung einschließlich Wandeinbaugehäusen und Innenseiten der Wände eine Wanddicke von mindestens 6 cm erhalten bleiben.

Leitungen, die zur Versorgung anderer Räume oder Orte dienen, dürfen durch Baderäume oder Duschecken nicht hindurchgeführt werden. Diese Bestimmungen für die Leitungsverlegung sollen die Gefahr beseitigen, daß Befestigungsmittel (Schrauben oder Nägel) auf Leitungen treffen und die befestigten Teile, z.B. metallene Handgriffe, unter Spannung setzen. Innerhalb der Zone 0 bis 2 dürfen keine Verteilerdosen, Schaltgeräte oder sonstigen Installationsgeräte angebracht werden.

Leuchten in Duschecken müssen mindestens spritzwassergeschützt sein, Wandleuchten in Baderäumen schutzisoliert. Wärmestrahler dürfen nicht innerhalb des Schutzbereiches angebracht werden (Zonen 1 bis 2). Auch alle anderen elektrischen Betriebsmittel in Baderäumen und Duschecken müssen in eine Schutzmaßnahme gegen zu hohe Berührungsspannung einbezogen werden. Hierbei ist möglichst die Schutzmaßnahme Fehlerstrom-Schutzschaltung mit Nennfehlerströmen $I_{\Delta n} \leqq 30$ mA anzuwenden (Übersicht s. Tabelle 8.3).

8.5 Schwimmbäder und Saunaanlagen

8.5.1 Schwimmbäder
(nach Teil 702)

Für Schwimmbäder gelten Definitionen, besondere Gefährdung und grundsätzliches Schutzziel sinngemäß wie bei Räumen mit Badewanne oder Dusche entsprechend Abschnitt 8.4.

Zusätzliche Forderungen

In *Teil 702* wird ein Schutzbereich definiert. Dieser umfaßt

□ nach oben über Standfläche   2,50 m,
□ seitliche Richtung vom Beckenrand   2,00 m,
□ nach unten ab Beckenboden   1,00 m.

Überdachte Schwimmbecken und Schwimmanlagen im Freien gelten als feuchte und nasse Räume. Unter besonderen Bedingungen kann der Bereich außerhalb dieses Schutzbereiches auch als trockener Raum gelten. Der Schutzbereich umfaßt sinngemäß die Zonen 0 bis 2 von Räumen mit Badewanne oder Dusche. Es sind grundsätzlich als Schutzmaßnahme nur die Schutzkleinspannung oder eine Fehlerstrom-Schutzeinrichtung mit $I_{\Delta n} \leqq 30$ mA zulässig (auch innerhalb sonst genullter Anlagen).

Die Unterwasserscheinwerfer, die nur von der Innenseite eines Beckens zugänglich sind, dürfen nur mit Schutzkleinspannung betrieben werden. Wichtig ist, daß um das Becken herum eine *Potentialsteuerung* verlangt wird. Da diese im Boden um das Becken verlegt werden muß, ist eine rechtzeitige Absprache mit der Baufirma erforderlich. Das betrifft auch die Forderung, daß die Eisenarmierungen und andere großflächigen Metallteile in einen Potentialausgleich einzubeziehen sind, der mindestens einem Querschnitt von 6 mm² Cu entspricht. Der *Teil 702* enthält eingehende Angaben, wie dieser Potentialausgleich auszubilden ist.

222

Da dieser Potentialausgleich bzw. die Potentialsteuerung erfahrungsgemäß Schwierigkeiten hinsichtlich Korrosion und/oder Abdichtung bringen kann, ist die oben erwähnte Koordinierung mit den anderen Bauhandwerkern bzw. mit dem Planungsbüro unbedingt erforderlich.

8.5.2 Saunaanlagen *(Teil 703)*

Definition
(VDE 0100, Teil 703)

Heißluftsaunen sind Räume oder Orte, in denen die Luft im Betrieb auf hohe Temperaturen erwärmt wird, die Luftfeuchtigkeit normal unter 30% liegt und diesen Wert auch selbst bei Aufgüssen nur kurzzeitig übersteigt. Dampfsaunen sind Räume oder Orte, in denen Dampf erzeugt bzw. in die Dampf hineingeleitet wird, wobei sich der Dampf an Decken und Wänden niederschlägt.

Besondere Gefährdung

Es besteht erhöhte Alterungsgefahr durch die hohen Temperaturen. Die Personen sind ohne isolierende Bekleidung.

Grundsätzliches Schutzziel

Es darf in Saunaräumen keine Potentialdifferenz auftreten. Die Einrichtungen müssen den erhöhten Temperaturen auf Dauer gewachsen sein. Der Brandschutz muß sichergestellt sein.

Zusätzliche Forderungen

Im Gegensatz zu Schwimmbädern gelten Heißluftsaunen als trockene Räume, Dampfsaunen dagegen als feuchte und nasse Räume. Bei der Auswahl der elektrischen Betriebsmittel ist generell auf die erhöhte Umgebungstemperatur zu achten. Innen unterhalb der Decke muß mit 140 °C gerechnet werden.

Elektrische Geräte in Saunaräumen müssen entweder mit Kleinspannung betrieben werden oder durch eine Fehlerstrom-Schutzeinrichtung mit $I_{\Delta n} \leqq 30$ mA unabhängig von der Netzform geschütz sein. Die Saunakabine ist entweder mit einem Sicherheitstemperaturbegrenzer oder mit Temperatursicherungen nach *VDE 0631* zum Abschalten der elektrischen Anlage auszurüsten. Beim Abschalten dürfen an der heißesten Stelle max. 165 °C vorhanden sein.

Die elektrische Einrichtung des Saunaraumes muß an einer leicht erreichbaren Stelle in der Nähe der Sauna durch einen Schalter freizuschalten sein. Alle nicht geerdeten Leiter müssen dabei gleichzeitig abgeschaltet werden. Die Beleuchtung sollte getrennt zu schalten sein. Innerhalb des Saunaraumes müssen wärmebeständige Leitungen nach *VDE 0250* und *VDE 0282 Teil 601* verwendet werden. In die Verteiler sind N-Leiter-Trennklemmen einzubauen, um die Isolationsprüfung der abgehenden Stromkreise durchführen zu können.

In dem seit Oktober 1983 vorliegenden Entwurf *VDE 0100, Teil 703 A 1* wird der Saunaraum in vier Bereiche eingeteilt. Der Bereich 1 umfaßt 50 cm um den Saunaofen herum. Es dürfen in ihm nur elektrische Betriebsmittel, die zu den Saunaheizgeräten gehören, angebracht werden. Der Bereich 2 schließt den Bodenbereich bis zu 50 cm Höhe ein. In ihm bestehen keine besonderen Anforderungen.

Der Bereich 4 reicht bis 50 cm unterhalb der Decke. Hier dürfen nur Steuergeräte von Saunaheizgeräten (Thermostate, Leitungsschutzschalter) sowie die zugehörigen Verbindungsleitungen installiert werden. Die elektrischen Betriebsmittel müssen eine Mindesttemperatur von 125 °C und die Isolation der verwendeten Leitungen eine Temperatur von mindestens 170 °C unbeschadet aushalten.

Zwischen Bereich 2 und Bereich 4 ist der Bereich 3, in dem elektrische Betriebsmittel den gleichen Temperaturen standhalten müssen, wie im Bereich 4. Steckdosen dürfen generell nicht in Saunakabinen angeordnet werden. Die Stromversorgung des Saunaheizgerätes ist zu unterbrechen, wenn im Bereich 4 die Temperatur von 140 °C überschritten wird. (Der Entwurf ist im April 1992 noch nicht als endgültige Norm verabschiedet.)

8.6   Baustellen
(Teil 704)

Definition und Anwendung *(Teil 704, 2.1 und Teil 200, A 1.7)*

Definiert werden die «Elektrischen Anlagen auf Baustellen». Was eine Baustelle ist oder nicht ist, geht nur indirekt aus dem Text hervor. Als elektrische Anlagen auf Baustellen gelten danach die elektrischen Einrichtungen für die Durchführung von Arbeiten auf Hoch- oder Tiefbaustellen sowie bei Stahlbau-Montagen.

Zu Baustellen gehören auch Bauwerke und Teile von solchen, die ausgebaut, umgebaut, instandgesetzt oder abgebrochen werden. Als Baustellen gelten nicht Stellen, an denen lediglich Handleuchten, Lötkolben, Schweißgeräte, Elektrowerkzeuge und andere ähnliche Handgeräte einzeln verwendet werden. Das gilt auch für die einzeln verwendete Betonmischmaschine, wenn diese über Schutztrennung oder Schutzkleinspannung betrieben wird oder schutzisoliert ist.

Besondere Gefährdung

Die Rationalisierung der Bauwirtschaft hat zu einer beachtlichen elektrischen Ausrüstung der Baustellen geführt. Die starke Beanspruchung der elektrischen Betriebsmittel durch den Baubetrieb erfordert wirksame Schutzmaßnahmen, wenn Gefahren für Leben und Gesundheit der Beschäftigten abgewendet werden sollen. Der Umstand, daß Anlagen auf Baustellen provisorisch (für ortsveränderlichen und vorübergehenden Gebrauch) errichtet werden, erhöht die Unfallgefahr. Die Tatsache, daß Bauarbeiter meist nur geringe elektrotechnische Kenntnisse haben und häufig im Akkord arbeiten, erschwert das Vermeiden von Unfällen durch die elektrische Anlage.

Grundsätzliches Schutzziel

Es muß eine sehr große mechanische Festigkeit von allen Leitungen und anderen Betriebsmitteln gefordert werden. Besonderer Wert muß auf die Zuverlässigkeit der Schutzleiterverbindungen gelegt werden. Die Aufrechterhaltung der Schutzmaßnahme ist durch häufiges Prüfen nachzuweisen. Neben dem Grundschutz und dem Fehlerschutz sollte möglichst ein Zusatzschutz auch bei direktem Berühren durchgeführt werden. Wegen der mechanischen Schäden vor allem an ortsveränderlichen Leitungen muß mit direktem Berühren gerechnet werden.

Leiter oder Inhaber von Baufirmen sind normalerweise keine Elektrofachleute. In der Mehrheit aller Fälle beauftragen sie daher einen in das Installateurverzeichnis eingetragenen Elektrofachmann, die elektrische Anlage auf der Baustelle zu errichten und sie zum Anschluß an das Versorgungsnetz bei dem örtlichen EVU anzumelden.

Mit der Anmeldung übernimmt der Elektroinstallateur die volle Verantwortung dafür, daß alle Sicherheitsbestimmungen beachtet, alle Teile der Anlage in einwandfreiem, den Bestimmungen entsprechendem Zustand sind und die Wirksamkeit der Schutzmaßnahmen geprüft wurde. Die Berufsgenossenschaft stellt ihren Mitgliedsfirmen Vordrucke zur Verfügung, auf denen sie sich für jede Anlage auf Baustellen bescheinigen lassen müssen, daß die vorstehend aufgeführten Anforderungen erfüllt sind.

In verhältnismäßig seltenen Fällen verfügen Bauunternehmen über eigene Elektrofachkräfte, die die elektrischen Anlagen auf den Baustellen errichten und anmelden. Die Verantwortung trägt dann der Leiter oder der Inhaber der Baufirma, auch wenn er selbst kein Elektrofachmann ist, da er bei der Auswahl seiner Fachleute die erforderliche Sorgfalt anwenden muß.

Einspeisung Baustromverteiler

Die erste Anforderung an elektrische Anlagen auf Baustellen betrifft die Einspeisung. Die elektrischen Betriebsmittel (Maschinen, Geräte, Werkzeuge, Leuchten) müssen über einen besonderen Speisepunkt versorgt werden. Speisepunkte sind in der Regel *Baustromverteiler*. Durch örtliche Gegebenheiten bedingt, können auch Abzweige ortsfester Verteilungen, die der Baustelle zugeordnet sind, in Frage kommen oder Trenntransformatoren mit getrennten Wicklungen. Wandsteckdosen in Hausinstallationen oder ähnlichen ortsfesten Anlagen gelten nicht als Speisepunkte.

Baustromverteiler werden entsprechend *VDE 0612* nach ihrem Verwendungszweck unterschieden in *Anschlußschrank, Verteilerschrank* und *Anschlußverteilerschrank*. Bevorzugte Nennstromgrößen von Baustromverteilern sind 25 A, 40 A, 63 A, 100 A, 250 A, 400 A, 630 A. Normale Nennspannung sind 230 und 230/400 V.

Es werden feste Schränke oder gekapselte Verteilungen aus Stahlblech oder schwer entflammbarem Kunststoff großer mechanischer Festigkeit gefordert. Sie müssen mindestens dem Schutzgrad IP 43 entsprechen. Der Schutzgrad muß auch bei angeschlossenen Leitungen der Betriebsmittel gewährleistet sein. Im Anschlußschrank muß der Bereich der Meßeinrichtungen (Anschlußsicherungen, Zähler, eventuell Wandler) mindestens Schutzgrad IP 54 entsprechen.

Im Inneren des Baustromverteilers ist ein Übersichtsplan (Bild 8.4) in dauerhafter Ausführung anzuwenden. Alle Aufschriften müssen lesbar und dauerhaft sein. Als Schutzmaßnahme ist die Fehlerstrom-Schutzschaltung anzuwenden. Für die in Richtung des Energieflusses hinter dem schutzisolierten FI-Schutzschalter liegenden Betriebsmittel ist außer der FI-Schutzschaltung (Nennfehlerströme für Steckdosen bis 16 A: $\leq$30 mA, sonst $\leq$0,5 A) nur Schutzkleinspannung, Schutzisolierung oder Schutztrennung als Schutzmaßnahme anzuwenden. Metallteile der Schränke müssen eine vorschriftsmäßig gekennzeichnete Anschlußstelle für den Schutzleiter haben. An sie sind der Erder und der gekennzeichnete Schutzleiter aller Steckvorrichtungen zu führen.

Die Baustromverteiler sind im allgemeinen Anschlußverteilerschränke. In ihnen sind plombierbare Anschlußsicherungen, Zähler, Fehlerstrom-Schutzschalter und Stromkreissicherungen eingebaut. Die Kraftsteckdosen und Schutzkontaktsteckdosen sind meist am unteren Rand oder seitlich angebracht.

Auf Baustellen, bei denen der Netzanschluß weiter als 30 m von der Verteilungsstelle liegt, oder wo bei größeren Baustellen mehrere Verteiler an den gleichen Zähler angeschlossen werden, verwendet man Anschlußschränke. Außer dem Zähler enthält der Anschlußschrank

226

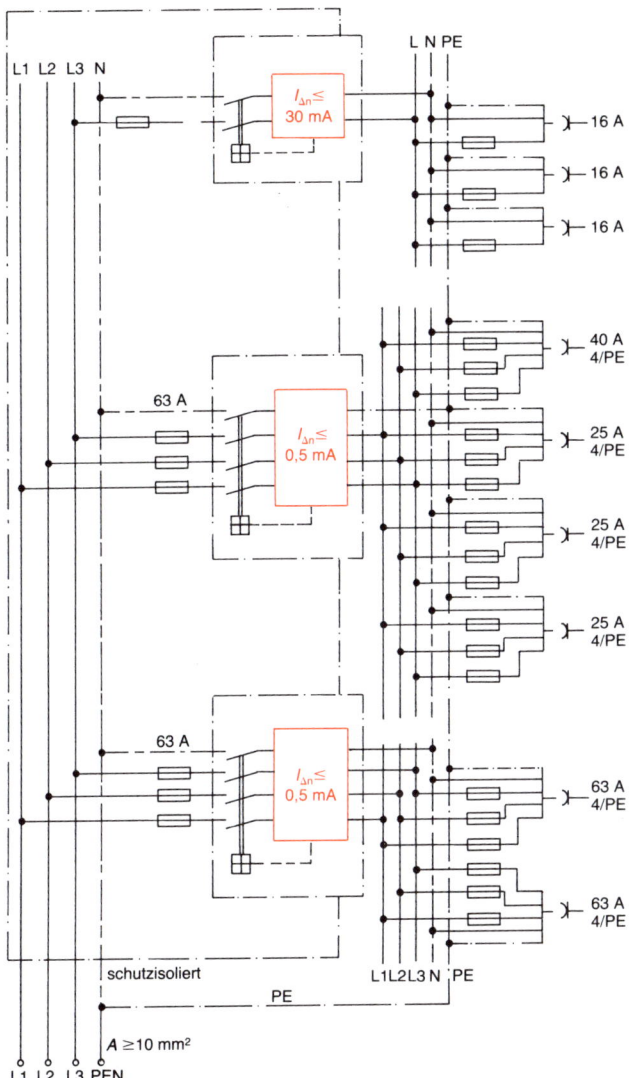

Bild 8.4 Schaltbild eines Baustrom-Verteilerschrankes

plombierbare Anschlußsicherungen, Fehlerstrom-Schutzschalter sowie Sicherungen und Klemmen für die anzuschließenden Verteiler-schränke.

Fehlerstrom-Schutzschalter können jedoch auch in die Verteiler-schränke eingebaut werden. Dann wird für die Verteilerschränke die Schutzmaßnahme Schutzisolierung benutzt. Um zu vermeiden, daß bei einem Isolationsfehler die ganze Baustelle abgeschaltet wird, können die Stromkreise der Verteiler auf mehrere Fehlerstrom-Schutzschalter auf-geteilt werden. Die Anwendung eines $\boxed{\text{S}}$-Schalters für die fest ange-schlossenen Betriebsmittel in Reihe mit 30-mA-Schaltern für die Steckdosenstromkreise ist zu empfehlen.

Baustellenanlagen müssen durch eine oder mehrere jederzeit zugäng-liche und gekennzeichnete Hauptschalter allpolig abschaltbar sein. Die Schaltstellung muß erkennbar sein. FI-Schutzschalter können als Haupt-schalter verwendet werden. Ferner sind steckbare Kleinst-Baustromver-teiler zulässig mit maximal zwei Steckdosen, eingebauter FI-Schutzein-richtung ($I_{\Delta n} \leq 30$ mA) und Schutzart IP 43.

Betriebsmittel auf Baustellen

Als *bewegliche Leitungen* sind starke, ölbeständige und schwer ent-flammbare Gummischlauchleitungen HO7RN-F bzw. AO7RN-F zu ver-wenden, für Elektrowerkzeuge auch HO5RN-F bis zu 4 m Länge. Durch geeignete Maßnahmen sind die Leitungen gegen mögliche starke mecha-nische Beanspruchung zu schützen. Kupplungs- und Verbindungsstel-len, vor allem hochgelegte, müssen von Zug entlastet sein. Leitungsroller müssen darüber hinaus *DIN VDE 0620* entsprechen.

Installationsmaterial (Installationsschalter, Steckvorrichtungen, Ab-zweigdosen usw.) muß mindestens den Schutzgrad IP X 4 haben. Es dürfen auf einer Baustelle für eine bestimmte Polzahl und Stromstärke nur Steckvorrichtungen gleicher Bauart verwendet werden.

So weit der Anschluß beliebiger Drehstrom-Verbrauchsmittel bis 32 A, 400 V, ermöglicht werden soll, sind hierfür fünfpolige Steckvorrichtun-gen zu verwenden (s. a. Abschnitt 7.3) Schaltgeräte, Anlasser, Transfor-matoren, Maschinen – nicht aber Elektrowerkzeuge – müssen minde-stens der Schutzart IP 44 entsprechen.

Elektromotorisch betriebene Geräte und Maschinen – nicht Elektro-werkzeuge – müssen durch einen vom Stand des Bedienenden aus leicht erreichbaren Schalter allpolig abschaltbar sein. Für Elektrowerkzeuge genügt eine einpolige Abschaltmöglichkeit, die allpolige Abschaltung kann durch die Steckvorrichtung erfolgen. Elektrische Maschinen, An-laß- und Regelwiderstände auf Kranen müssen mindestens der Schutzart IP 23 entsprechen. Verteiler erfordern mindestens die Schutzart IP 43.

228

Leuchten müssen *VDE 0710, Teil 4* entsprechen. Handleuchten, ausgenommen solche für Kleinspannung, müssen strahlwassergeschützt sein. Für feste Leuchten, ausgenommen solche für Kleinspannung, genügt die spritzwassergeschützte Ausführung IP X3. *Ampelanlagen* zur Regelung des Straßenverkehrs dürfen an sich auf Baustellen mit 220 V betrieben werden, unter der Bedingung, daß die Leitungen hochgelegt werden. Da aber niemand eine Gewähr dafür übernehmen kann, daß die außerdem für diese Spannung vorgeschriebenen Schutzmaßnahmen erfüllt bleiben, dürfte es sich empfehlen, solche Anlagen mit Kleinspannung zu betreiben.

Wesentliche Änderungen aus Teil 704 gegenüber VDE 0100/5.73 (§ 55 und § 33d)

Steckvorrichtungen müssen *VDE 0620 und VDE 0623, Teil 2* entsprechen, hierbei jedoch die Bedingungen für bewegliche Leitungen erfüllen. Schweißstromquellen brauchen nur in Schutzart IP 23 ausgeführt zu werden. Handgeführte Elektrowerkzeuge müssen mindestens die Schutzart IP 2X haben. Wärmegeräte müssen sprühwassergeschützt sein in der Schutzart IP X4.

Wichtigste Änderung ist, daß für Baustellen nicht mehr die Fehlerstrom-Schutzschaltung, d.h. also TT-Netz mit eigener Erde, verlangt wird, sondern lediglich eine Abschaltung des Netzes durch Fehlerstrom-Schutzeinrichtungen mit den oben bereits angegebenen Nennfehlerströmen. Damit ist also auch das TN-Netz mit Schutz durch Fehlerstrom-Schutzschalter ohne eine eigene Erde am Baustromverteiler zulässig. Der Elektroinstallateur sollte jedoch immer wieder versuchen, den Baustromverteiler zusätzlich sorgfältig mit einer sicheren Erdung zu verbinden (Übersicht s. Tabelle 8.3).

8.7 Feuergefährdete Betriebsstätten
(Teil 720)

Definition und Anwendung

Feuergefährdete Betriebsstätten sind Räume und Orte oder Stellen in Räumen oder im Freien, bei denen die Gefahr besteht, daß sich nach den örtlichen und betrieblichen Verhältnissen leicht entzündliche Stoffe in gefahrdrohender Menge den elektrischen Betriebsmitteln so nähern können, daß höhere Temperaturen an diesen oder Lichtbögen eine Brandgefahr bilden. Hierunter können fallen: Arbeits-, Trocken- und Lagerräume oder Teile von Räumen sowie derartige Stätten im Freien, z. B. in Papier-,

Textil- oder Holzverarbeitungsbetrieben, Heu-, Stroh-, Jute- oder Flachs-lager.

Besondere Gefährdung

Da die Anwendung des Stromes grundsätzlich mit Wärmeentwicklung verbunden ist, stellen elektrische Betriebsmittel, bei denen die Wärme-abfuhr nicht mehr hinreichend sichergestellt ist, bei Annäherung an leicht entzündliche Stoffe eine Brandgefahr dar. Diese Stoffe können ferner durch Lichtbögen und Kriechströme bei geschädigter Isolation in Brand gesetzt werden.

Grundsätzliche Schutzziele

Es muß für hinreichende Wärmeabgabe gesorgt werden. Die Isolierung ist besonders sorgfältig herzustellen. Bei ihrer Zerstörung muß kurzzei-tig eine Abschaltung erfolgen. Die Anlagen sind sorgfältig zu prüfen.

Besondere Bestimmungen

Der Elektroinstallateur muß zunächst beurteilen, wann eine feuergefähr-dete Betriebsstätte vorliegt. Er muß beurteilen, ob sich leicht entzündli-che Stoffe elektrischen Betriebsmitteln so nähern können, daß an ihnen hohe Temperaturen entstehen können, die zum Brand führen. Beson-ders zu beachten sind brennbare Stäube, die sich überall ablagern, z.B. auf Leuchten oder Motoren. Solche Räume sind während der Installa-tionsarbeiten üblicherweise noch nicht feuergefährdet, werden es erst später, wenn leicht entzündliche Stoffe in ihnen gelagert oder verarbei-tet werden. (*Leicht entzündliche Stoffe* sind brennbare, feste Stoffe, die der Flamme eines Streichholzes 10 s ausgesetzt wurden und dann nach entfernen der Zündquelle selbst weiterbrennen oder weiterglim-men.)

Die Streichholzprobe ist somit meistens vom Elektroinstallateur nicht durchführbar. Im Zweifelsfall sind behördliche Verordnungen zu beachten bzw. sind die Räume als feuergefährdet anzusehen. Bei Neuan-lagen ist der zusätzliche Installationsaufwand nicht wesentlich. In Räumen, die feuergefährdet werden und angepaßt werden müssen, kön-nen dagegen erhebliche Veränderungen erforderlich werden.

Schutzmaßnahmen

Die Leitungen müssen so bemessen sein, daß die Abschaltung bei Kurz-schluß zwischen zwei aktiven Leitern innerhalb von 5 s erfolgt. Als zusätzliche Schutzmaßnahme muß eine Fehlerstrom-Schutzeinrichtung mit $I_{\Delta n} \leq 0,5$ A eingesetzt werden. Damit ist bei TN-Netzen grundsätzlich ein TN-S-Netz erforderlich (s. Bild 3.6).

Zusätzlich zum normalen FI-Schutz gilt: Innerhalb der Umhüllung von Kabeln oder Leitungen beliebiger Bauart ist ein Schutzleiter (Überwachungsleiter) zu führen. Als Schutzleiter können verwendet werden:

☐ Leiter in mehradrigen Kabeln und Leitungen,
☐ isolierte oder blanke Leiter in gemeinsamer Umhüllung mit den Außenleitern und dem Neutralleiter, z.B.in Rohren oder Elektroinstallationskanälen,
☐ fest verlegte blanke oder isolierte Leiter,
☐ metallene Umhüllungen wie Mäntel, Schirme oder konzentrische Leiter bestimmter Kabel, z.B. NYCY, NYCWY,
☐ Metallrohre oder andere Metallumhüllungen, z.B. Installationskanäle, Gehäuse von Stromschinensystemen.

Bei Leiterquerschnitten unter 10 mm² muß eine Isolationsmessung aller Neutralleiter gegen Erde ohne Abklemmen dieser Leiter möglich sein, z.B. durch Einbau von Neutralleiter-Trennklemmen in die Schalt- und Verteilungsanlagen. Werden die Netze durch Fehlerstrom-Schutzeinrichtungen geschützt, die sich außerhalb der feuergefährdeten Räume befinden, so ist diese Isolationsmessung nach Abschaltung durch den FehlerstromSchutzschalter, der den N-Leiter ebenfalls trennt, gegeben. Werden jedoch hinter einem FI-Schutzschalter mehrere Stromkreise mit eigenen Überstrom-Schutzeinrichtungen angeschlossen, so sollten ebenfalls N-Leiter-Trennklemmen vorgesehen werden, um die Isolationswiderstände der Stromkreise auch einzeln messen zu können.

Motoren, die selbständig geschaltet, ferngeschaltet oder nicht ständig beaufsichtigt werden, müssen durch einen *MotorstromSchutzschalter* geschützt werden, der ordnungsgemäß auf den Nennstrom des Motors eingestellt ist (s. Abschnitt 5.1.4.).

Leitungen

Nicht isolierte Leitungen dürfen nicht offen, z.B. auf Isolatoren verlegt werden. Ausgenommen sind Schleifleitungen, wenn sich leicht entzündliche Stoffe in gefahrdrohender Menge nicht ansammeln können. Falls keine Verlegung unter Putz erfolgt, sollte der Elektroinstallateur nach Möglichkeit ausschließlich schutzisolierte Leitungen, also z.B. NYM, mit Schutzleiter verwenden. Werden Leitungen mit einem äußeren Metallmantel eingesetzt, muß dieser mit dem PE verbunden sein. Als bewegliche Leitungen müssen Gummischlauchleitungen verwendet werden, und zwar mindestens Typ HO7RN-F bzw. AO7RN-F (Tabelle 6.1).

Betriebsmittel

Tabelle 8.4 gibt nach Art der Feuergefährdung die zu erfüllenden Schutzgrade für unterschiedliche Betriebsmittel an (Bezeichnung s. Tabelle 4.1 und 4.2). Leuchten für Betriebsstätten, die durch Staub und/oder Fasern feuergefährdet sind, müssen die Zeichen ▽ ▽ tragen (Abschnitt 7.2).

Es ist besondere Sorgfalt darauf zu verwenden, daß heiße Lampenteile nicht aus der Leuchte herausfallen können. Gegebenenfalls sind Schutzgitter und Schutzkörbe anzubringen, wenn durch mechanische Beschädigung ein Herausfallen möglich ist. Das ist insbesondere bei modernen Halogenlampen zu beachten.

Wärmegeräte sind auf Unterlagen zu befestigen, die mindestens feuerhemmend sind. Vorrichtungen müssen verhindern, daß die Heizleiter von entzündlichen Stoffen berührt werden. Gehäuse zum Schutz gegen das Berühren betriebsmäßig unter Spannung stehender Teile dürfen keine höhere Temperatur als 115 °C annehmen.

Raumheizgeräte mit Wärmespeicherung, bei denen die Raumluft mit dem Speicherkern in Berührung kommen kann, dürfen in Räumen, die durch Staub oder Faserstoffe feuergefährdet sind, nicht verwendet werden. Bei Trocknungsanlagen mit Warmluftheizungen müssen Heizungen und Gebläse selbsttätig ausgeschaltet werden, wenn die Temperatur unzulässig ansteigt. Das gilt für alle derartigen Anlagen ohne Rücksicht darauf, mit welchen Mitteln die Heizung betrieben wird. Die zulässige Höchsttemperatur hängt von dem zu trocknenden Material ab. Sie beträgt z. B. 115 °C bei Holz, Heu oder Stroh.

Hauptschalter werden in *Teil 720* nicht verlangt. Der Verband der Feuerversicherer schreibt jedoch vor: «Die gesamte elektrische Anlage für feuergefährdete Betriebsstätten soll hinter dem Zähler im ganzen oder gebäudeweise durch Schalter (Hauptschalter) allpolig abschaltbar sein. Die Schaltstellung muß erkennbar sein, am besten durch Signallampen.»

Potentialausgleich

Wenn auch die Fehlerstrom-Schutzschaltung keinen zusätzlichen Potentialausgleich verlangt, so sollte sich der Elektroinstallateur doch überlegen, ob dessen Anwendung in feuergefährdeten Betriebsstätten nicht sinnvoll ist.

232

Tabelle 8.4 Mindestschutzgrade von Betriebsmitteln in feuergefährdeten Betriebsstätten nach Art der Feuergefährdung (aus Teil 720)

Betriebsmittel	IP-Schutzart		Ergänzende Anforderungen in der Norm
	Feuergefährdete Betriebsstätte		
	Feuergefährdung durch Staub oder/ und Fasern	Feuergefährdung durch andere leichtentzündliche feste Stoffe als Staub oder/ und Fasern	
Installationsschalter	IP 5X	IP 4X	
Steckvorrichtungen	IP 5X	IP 4X	abgedeckte Ausführung
Schaltanlagen	IP 5X	IP 4X	
Verteiler	IP 5X	IP 4X	
Anlasser	IP 5X	IP 4X	
Transformatoren	IP 5X	IP 4X	
Maschinen (Motoren, Generatoren)	IP X5	IP 4X	
Maschinen* mit Käfigläufer	IP 4X zugehöriger Klemmkasten IP 5X	IP 4X	
Schaltgeräte (Ausschalter, Motorschutzschalter)	IP 5X	IP 4X	
Stromschienensysteme nach DIN VDE 0100 Teil 520	IP 5X	IP 4X	
Handleuchten	IP 5X	IP 4X	
Leuchten (s. a. Tab. 7.4)	IP 5X	IP 4X	Abschnitte 6.2.2 bis 6.2.4
Elektrowärmegeräte**	IP 5X	IP 2X	

* Nicht handgeführte Elektrowerkzeuge entspr. DIN 57 740/VDE 0740.
** Herstellerangaben betr. Abstände zu brennbaren Stoffen beachten!

8.8 Landwirtschaftliche Betriebsstätten
(Teil 705)

Definition und Anwendung

Als landwirtschaftliche Betriebsstätten gelten solche Bereiche, die der Landwirtschaft dienen. Sie umfassen sowohl die Bereiche der Tierhaltung als auch die des Ackerbaus und des Gartenbaus.

Besondere Gefährdung

In landwirtschaftlichen Betriebsstätten bestehen infolge von besonderen Umgebungsbedingungen, z.B. durch Einwirkung von Feuchtigkeit, Staub, stark chemisch angreifenden Dämpfen, Säuren oder Salzen, erschwerende Bedingungen für die elektrischen Anlagen und Betriebsmittel. Sie stellen eine erhöhte Unfallgefahr für Menschen und Nutztiere dar. Zusätzlich kann durch Vorhandensein leicht entzündlicher Stoffe erhebliche Brandgefahr bestehen. Darüber hinaus ergeben sich weitere Gefahren in Räumen für die Intensivtierhaltung, auch für Kleinvieh, z.B. durch den Ausfall lebenserhaltender Systeme wie Lüftung oder Heizung.

Weite Bereiche landwirtschaftlicher Betriebsstätten gelten grundsätzlich als feuchte und zugleich feuergefährdete Betriebsstätten. Die Anforderungen an derartige Räume sind dann zusätzlich zu erfüllen (Abschnitte 8.2 und 8.7). Als feuchte und zugleich feuergefährdete Betriebsstätten gelten grundsätzlich:

- ☐ Ställe, auch Räume für Geflügelhaltung und Nebenräume von Ställen,
- ☐ Räume für Intensiv-Tierhaltung,
- ☐ Lager und Vorratsräume für Heu, Stroh, Häcksel, Kraftfutter und Düngemittel,
- ☐ Räume, in denen z.B. Körner, Grünfutter oder Kartoffeln aufbereitet werden (Trocknen, Dämpfen und dergleichen).

Besondere Schutzziele

- ☐ Nutztiere sind gegenüber Berührungsspannungen wesentlich empfindlicher als angezogene, trockene Menschen. Die maximal zulässige Berührungsspannung ist daher auf 25 V$\sim$ bzw. 60 V$_=$ begrenzt.
- ☐ Das überall vorhandene, leicht entzündliche Material erfordert einen besonders sorgfältigen Brandschutz.

234

□ Die Betriebsmittel unterliegen einer feuchten, aggressiven Umgebung und müssen entsprechend geschützt sein.
□ Bei Klimaanlagen in der Intensiv-Tierzucht muß diese zuverlässig sein! (eventuell mehrere Stromkreise).

Schutzmaßnahmen bei indirektem Berühren

Für landwirtschaftliche Betriebsstätten gelten grundsätzlich als maximal zulässige Berührungsspannung 25 V~. Damit kommen als Schutzmaßnahmen nur die Schutzkleinspannung mit max. 25 V~ oder das TT-Netz mit Schutz durch Fehlerstrom-Schutzeinrichtungen in Betracht.

Für diese FI-Schutzschaltung gelten für landwirtschaftliche Betriebsstätten einige besondere Bestimmungen. Es sind dies:

□ Es muß ein TT-Netz mit eigener Erdung verwendet werden! Der PEN-Leiter des einspeisenden TN-Netzes darf nicht mit dem Schutzleiter der Anlage verbunden werden, wenn diese Bedingung zu erfüllen ist.
□ Der Nennfehlerstrom für Steckdosenstromkreise darf max. 30 mA betragen, sonst max. 0,5 A.
□ Hinter dem Fehlerstrom-Schutzschalter ist grundsätzlich ein Schutzleiter mitzuführen, auch wenn die Betriebsmittel schutzisoliert sind.
□ Bis zu den Ausgangsklemmen der Fehlerstrom-Schutzeinrichtung muß für alle Betriebsmittel (Verteilungen, Schalter, Leitungsschutzorgane) die Schutzmaßnahme Schutzisolierung angewendet werden.
□ Im Standbereich der Tiere muß eine Potentialsteuerung eingebaut werden (Bild 8.5).

In diesen Potentialausgleich sind alle leitfähigen Teile der Umgebung einzubeziehen. Das gilt auch für angrenzende Bereiche, z. B. Wohnungen, soweit diese mit leitfähigen Teilen der landwirtschaftlichen Betriebsstätten verbunden sind. Dieses kann durch Konstruktionsteile, Rohrleitungen, Einrichtungsgegenstände, usw. erfolgen. Die in *VDE 0100/5.73, § 56* geforderten Isoliermuffen entfallen damit.

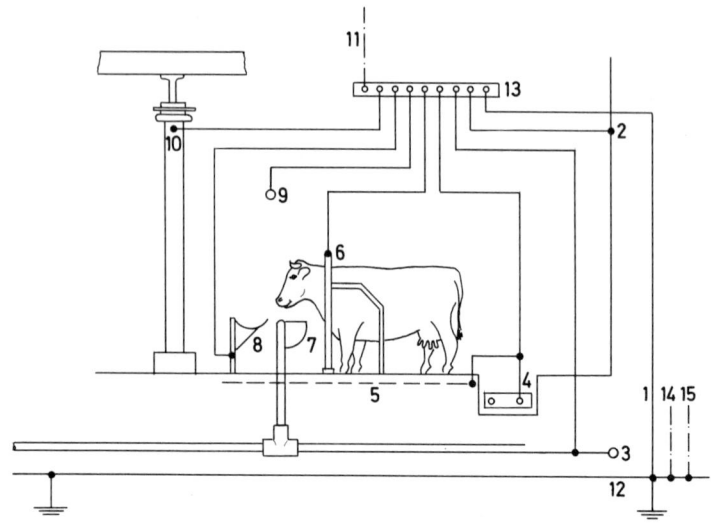

Bild 8.5 Potentialausgleich in landwirtschaftlichen Betriebsstätten (nach *VDE 0100, Teil 705*)

1 Erdungsleitung
2 Blech- oder Folienwände
3 Wasserleitung
4 Entmistung
5 Potentialsteuerung, z.B. Baustahlmatte
6 Anbindevorrichtung
7 Selbsttränke
8 Futteranlage
9 Melkanlage
10 Stahlkonstruktion
11 Schutzleiter (PE)
12 Fundamenterder, Erder, sonstige Erdung
13 Potentialausgleichsschiene
14 Blitzschutzerdung
15 Weidezaunerdung

Leitungen

Es sind Feuchtraumleitungen oder Kabel mit Kunststoffmänteln zu verlegen. Innerhalb von befahrbaren Hofräumen sind Kabel im Erdboden und Mantelleitungen mindestens 5 m über der befahrbaren Fläche zu verlegen. Nutztiere dürfen die Leitungen nicht erreichen können. Anschlußvorrichtungen zum Einhängen in Freileitungsteile dürfen nicht verwendet werden. Als bewegliche Leitungen sind Gummischlauchleitungen, H07RN-F zu verwenden.

236

Wenn Arbeitsmaschine, Motor und Schalter gemeinsam auf einem Gestell montiert sind, müssen die Leitungen auf ihm fest verlegt werden. In jeder landwirtschaftlichen Betriebsstätte dürfen für eine bestimmte Polzahl, Spannung und Stromstärke nur Steckvorrichtungen gleicher Bauart verwendet werden.

Der Überstromschutz von Leitungen muß stets am Leitungsanfang angeordnet werden. In Stromkreisen für Verbrauchsmittel dürfen nur Einbau-Leitungs-Schutzschalter nach *VDE 0641* oder Schutzschalter nach *VDE 0660 Teil 1* verwendet werden. Schraubsicherungen sind nicht zulässig. Beleuchtungs- und zweipolige Steckdosenstromkreise dürfen nur mit Einbau-LeitungsSchutzschaltern bis 16 A geschützt werden.

Die Anlage muß insgesamt oder zumindest für einzelne Gebäudeabschnitte durch jederzeit zugängliche und gekennzeichnete Schalter freigeschaltet werden können. Dabei müssen alle nicht geerdeten Leiter gleichzeitig abgeschaltet werden. Die Schaltstellung dieser Schalter muß eindeutig erkennbar sein. Aus dieser Maßnahme dürfen Stromkreise, deren Leitungen nur gelegentlich genutzt werden, z.B. während der Dreschzeit, ausgenommen werden. Diese Leitungen müssen einen eigenen Schalter zum Freischalten haben, der entsprechend zu kennzeichnen ist.

Sonstige Betriebsmittel

Steckvorrichtungen müssen an einer von leicht entzündlichen Stoffen freibleibenden Stelle angebracht werden. Sie sind gegebenenfalls gegen mechanische Beschädigung zu schützen. Von Nutztieren dürfen sie auf keinen Fall erreichbar sein. Innerhalb eines landwirtschaftlichen Betriebes darf nur eine Ausführung von Steckdosen je Polzahl und Spannung verwendet werden.

Landwirtschaftliche Betriebsstätten sind meist mit trockenen und nicht feuergefährdeten (Wohn-)räumen verbunden. Wenn die Möglichkeit besteht und genutzt wird, Verteilung, Schaltgeräte, Überstrom-Schutzeinrichtungen, Anlasser, Transformatoren und dergleichen dort unterzubringen, können die Betriebsmittel in normaler Ausführung verwendet werden. Andernfalls müssen sie den Schutzgrad IP 54 haben. Mit Ausnahme von Elektrowerkzeugen nach *VDE 0740* müssen *Maschinen* mindestens die Schutzart IP 44, Klemmkästen mindestens in Schutzart IP 54 ausgeführt sein.

Motorschutzschalter oder gleichwertiger Schutz wird gefordert für Motoren, die automatisch anlaufen oder ferngeschaltet werden. Auch für alle übrigen Motoren wird die Ausrüstung mit Motorschutzschaltern empfohlen.

Melkeinrichtungen müssen *VDE 0700, Teil 1 und Teil 221* entsprechen.

Leuchten sollen schutzisoliert sein. Die ausreichende Wärmeabfuhr muß gesichert sein. Leuchten dürfen nicht durch leicht entzündliche Stoffe zugedeckt werden.

Wärmegeräte zur Tierhaltung müssen so angebracht sein, daß sie von Tieren und brennbaren Stoffen mindestens 0,5 m entfernt sind, sofern der Hersteller nicht größere Abstände vorschreibt. Sie müssen ferner mechanisch sicher befestigt bzw. aufgehängt werden (Empfehlung aus § 56 der alten Fassung weiter beachten!).

Wärmegeräte für Kükenaufzucht erfordern Schutzisolierung oder Schutzkleinspannung. Sie sind von brennbaren Stoffen entfernt anzubringen. Zur Aufzucht von Jungschweinen in sogenannten Schweinebuchten gibt es fabrikfertige Heizmatten, die wie eine Fußbodenheizung in den Betonboden eingebaut werden.

Elektrozaungeräte müssen *VDE 0667 bzw. 0668* entsprechen und nach *VDE 0131* errichtet werden. In feuergefährdeten Betriebsstätten dürfen die Geräte nicht angebracht und die Zuleitungen nicht durch sie hindurchgeführt werden. Bei ihrer Wegführung von einem Gebäude ist eine ÜberspannungsSchutzeinrichtung (Ableiter mit Erdung) anzubringen.

Intensivtierhaltung

Die Intensivtierhaltung erfordert besondere Maßnahmen, um bei Störungen einzelner Geräte insbesondere die Versorgung mit Frischluft aufrecht zu erhalten. Bei mehreren Lüftern sind diese auf mehrere Fehlerstrom-Schutzschalter zu verteilen. Ist die Weiterführung bei einem Netzausfall durch andere Maßnahme nicht sichergestellt, muß eine netzunabhängige Meldung erfolgen. Zusätzlich wird auf die Druckschriften des Verbandes der Sachversicherer hingewiesen (s. Tabelle 1.7)

8.9 Ersatzstrom-Versorgungsanlagen
(Teil 728)

Definition und Anwendungsbereiche

Ersatzstrom-Versorgungsanlagen sind Versorgungsanlagen, die die elektrische Energieversorgung von Netzteilen, Verbraucheranlagen oder einzelnen Verbrauchsmitteln nach Ausfall oder Abschaltung der normalen Stromversorgung oder bei Nichtvorhandensein einer solchen übernehmen. Sie bestehen aus Ersatzstromerzeugern (z. B. durch Kraftmaschinen angetriebene Generatoren, Batterien, ggfs. mit zugehörigen Wechselrichtern oder Umformern), deren Schaltanlagen und Hilfseinrichtungen. Anlagen für unterbrechungsfreie Stromversorgung sind keine ErsatzstromVersorgungsanlagen im Sinne dieser Norm.

Besondere Gefährdung

Bei Ausfall der Netzversorgung müssen lebenswichtige Teile einer elektrischen Anlage weiterbetrieben werden, z.B. die Beleuchtung der Fluchtwege. Die Ersatzstrom-Versorgungsanlage muß gerade in derartigen Gefahrenmomenten tätig werden. Ortsveränderliche Ersatzstrom-Versorgungsanlagen, z.B. bei der Feuerwehr oder beim Katastrophenschutz, müssen bei besonderen Gefährdungen durch Brand- oder andere Unfälle einsatzfähig sein.

Grundsätzliche Schutzziele

Ersatzstromversorgungsanlagen müssen besonders zuverlässig arbeiten, da sie bei Netzausfall lebenswichtige Stromkreise zu speisen haben. Sie sollen beim Auftreten eines einzigen Erdschlusses nicht abgeschaltet werden. Daher ist das IT-Netz vorzuziehen.

Zusätzliche Forderungen

Übernimmt ein Ersatzstromerzeuger die Versorgung, müssen Außenleiter und Neutralleiter des Verteilungsnetzes abgeschaltet sein, und eine vom Verteilungsnetz unabhängige Schutzmaßnahme muß wirksam werden. Versorgen mobile Stromerzeuger Verbrauchsmittel über bewegliche Leitungen, ist das Schutzleitungssystem oder die Schutztrennung mit mehreren Verbrauchern anzuwenden.

Bewegliche Leitungen bei der vorübergehenden Errichtung eines Verteilungsnetzes müssen wenigstens HO7RN-F entsprechen. *Teil 728* enthält insbesondere bei Anwendung eines IT-Netzes einige über *Teil 410* hinausgehende Forderungen.

So ist jetzt ein Erdungswiderstand vom max. 100 Ω ausreichend. Dies gilt vor allem für ortsveränderliche Notstromaggregate. Bei diesen kann auf eine Isolationsüberwachung und auf die Abschaltung im Falle von zwei Fehlern verzichtet werden, wenn bei vollkommenem Doppelkörperschluß an jeder beliebigen Stelle die Spannung zwischen den Generatorklemmen auf weniger als 50 V sinkt.

In TN- und TT-Netzen dürfen als Schutzeinrichtungen nur Fehlerstrom-Schutzeinrichtungen verwendet werden. In der Praxis ist das bisher bei ortsfesten Anlagen nicht erfolgt.

239

Ersatzstrom-Versorgungsanlagen für Krankenhäuser bzw. generell für Räume mit Menschenansammlung müssen *VDE 0108* entsprechen.

Für das Trennen und Schalten sind *Teil 560 und Teil 537* zu beachten.

8.10 Fliegende Bauten, Wagen und Wohnwagen nach Schaustellerart
(Teil 722)

Definition und Anwendung

Fliegende Bauten sind bauliche Anlagen, die geeignet und dazu bestimmt sind, wiederholt aufgestellt und zerlegt zu werden, wie Karusselle, Luftschaukeln, Riesenräder, Roll-, Gleit- oder Rutschbahnen, Tribünen, Buden, Zelte, Bauten für Wanderausstellungen, bauliche Anlagen für artistische Vorführungen in der Luft und ähnliche Anlagen. Als fliegende Bauten gelten auch Wagen, die durch Zu- oder Anbauten in ihrer Form wesentlich verändert und betriebsmäßig ortsfest genutzt werden (z. B. Wagen nach Schaustellerart).

Besondere Gefährdung

Durch das häufige Ab- oder Umbauen sind die elektrischen Anlagen einer besonderen mechanischen Beanspruchung unterworfen. Ferner wird die Einspeisung bei jeder Ortsänderung erneuert. In oder auf diesen fliegenden Bauten ist mit starkem Publikumsverkehr zu rechnen. Die Bauten sind üblicherweise brennbar und unterliegen den Witterungseinflüssen.

Grundsätzliches Schutzziel

Die Speisepunkte müssen zuverlässig sein. Bei Anwesenheit von Großtieren ist die maximal zulässige Berührungsspannung auf 25 V$\sim$ zu begrenzen, nach Möglichkeit soll auch ein Zusatzschutz bei direktem Berühren erzielt werden. Mechanische Beanspruchungen und Feuchtigkeit dürfen die elektrische Anlage nicht beschädigen.

Besondere Forderungen

Für den Elektroinstallateur sind hier in erster Linie die Bestimmungen interessant, die die Speisepunkte für derartige Einrichtungen betreffen, weniger die Installation der fliegenden Bauten und Wagen selbst. Es werden daher nur diese Speisepunkte erläutert. Für die Installation innerhalb der fliegenden Bauten und Wagen sowie für die Speisung über eigene Stromerzeuger wird auf den Text dieses Teiles von *VDE 0100* selbst verwiesen.

Ideal wäre es, wenn die gesamte Sicherheit für derartige Anlagen in die Speisepunkte gelegt würde. Das könnte erreicht werden, wenn für jeden Stromkreis ein hochempfindlicher FehlerstromSchutzschalter in Verbindung mit Überstrom-Schutzeinrichtungen eingesetzt würde. Damit würde sowohl ein fast vollkommener Personen- als auch Brandschutz erreicht. Beim Einsatz von FI-Schutzschaltern mit $I_{\Delta n} \leqq 30$ mA wird dann auch der zusätzliche Schutz gegen direktes Berühren entsprechend *Teil 410* erzielt. Ferner ist es bei diesen Nennfehlerströmen unkritisch, wenn die Schutzleiter mehrerer Fehlerstromschutzschalter an denselben Erder angeschlossen werden. Dieser idealen Anordnung steht entgegen, daß dann die Speisepunkte sehr umfangreich werden. Ferner besteht bei fliegenden Bauten die Gefahr, daß hochempfindliche Fehlerstrom-Schutzschalter zu häufig auslösen und dann zur Aufrechterhaltung des Betriebes überbrückt werden.

Für die Speisepunkte von fliegenden Bauten und Wagen nach Schaustellerart genügt daher ein Fehlerstrom-Schutzschalter mit $I_{\Delta n} \leqq 0{,}5$ A, wobei jeder Abgang eine eigene ÜberstromSchutzeinrichtung haben muß. Der Erdungswiderstand muß kleiner als 30 Ω sein.

Speisepunkte und Steckdosen müssen den Umweltbedingungen angepaßt werden. Diese Speisepunkte sind schutzisoliert, die Steckdosen sind zumindest spritzwassergeschützt auszuführen. Werden Speisepunkte über Gummischlauchleitungen versorgt, müssen sie mindestens dem Typ HO7RN-F entsprechen. Sie müssen im Verkehrsbereich des Publikums bis zu 2 m über dem Boden zusätzlich mechanisch geschützt werden.

8.11 Unterrichtsräume mit Experimentierständen
(Teil 723)

Definition und Anwendung

Unterrichtsräume sind Räume in Ausbildungsstätten und Schulen, die der Wissensvermittlung dienen. Hierzu gehören auch Vorlesungs- und Praktikumsräume in Hochshulen. *Experimentierstände* sind Plätze, die in Unterrichtsräumen zum Experimentieren mit elektrischen Betriebsmitteln oder elektrischen Einrichtungen dienen. Diese Experimentierstände können zum Vorführen und Üben (Vorführstand) oder alleine zum Üben (Übungsstand) geeignet sein.

Die Neufassung *Teil 723/11.90* kennt den *Vorführstand* nicht mehr. In der älteren Fassung waren Vorführstände Experimentierstände mit Betätigungsorganen für die Not-AusEinrichtungen, an denen vorwiegend vorgeführt wurde, während Übungsstände Experimentierstände sind, die nicht zum Vorführen bestimmt sind.

Neben den VDE-Bestimmungen gelten für Schulen die bauaufsichtlichen Richtlinien in den einzelnen Ländern, die allerdings hinsichtlich der technischen Ausführungen auf VDE-Bestimmungen verweisen. Für den Betrieb gilt *VDE 0105, Teil 12*. Ferner sind die Unfallverhütungsvorschriften der einzelnen Länder zu beachten.

Besondere Gefährdung

Das Gruppenverhalten der Schüler ist zu beachten, verbunden mit verminderter Aufmerksamkeit und keinem Bewußtsein der Gefährdung. Beim Vorführen und Üben ist immer mit einer Möglichkeit des direkten Berührens zu rechnen, eventuell sogar absichtlich als Spaß herbeigeführt.

Grundsätzliches Schutzziel

Auch bei direktem Berühren eines Außenleiters soll keine Gefährdung bestehen.

Zusätzliche Bstimmungen

Der Elektroinstallateur hat weniger mit den Experimentierständen selbst, sondern vor allem mit deren Einspeisung zu tun. Die Experimentierstände dürfen nur einzeln, in Gruppen oder zentral über besondere Schaltgeräte eingeschaltet werden können. Diese Schaltgeräte müssen so ausgeführt oder angeordnet sein, daß sie gegen unbefugtes Schalten gesichert werden können. Bei der Abschaltung müssen alle nicht geerdeten Leiter gleichzeitig abgeschaltet werden können. Die Schaltgeräte müssen ferner zum Trennen geeignet sein.

Es muß eine leicht zugängliche Not-Aus-Einrichtung vorhanden sein, durch deren Betätigung sämtliche Stromkreise an allen Experimentierständen und Vorführständen des betreffenden Raumes im Gefahrenfall spannungsfrei gemacht werden können. Sie muß nach dem Ruhestromprinzip arbeiten. Die Betätigungsorgane für die NotAus-Einrichtung müssen leicht, schnell und gefahrlos erreichbar sein. Je eine Betätigungseinrichtung muß an den Ausgängen und an jedem Experimentierstand angeordnet sein. Das Schaltgerät für die Wiedereinschaltung muß eine

Vorrichtung gegen unbeabsichtigtes oder unbefugtes Einschalten haben. Die Not-Aus-Einrichtung muß *Teil 537* entsprechen.

Nach Möglichkeit soll der Schutz gegen gefährliche Körperströme durch die Anwendung der Schutzkleinspannung oder Funktionskleinspannung mit sicherer Trennung erreicht werden. Zusätzliche Schutzmaßnahmen werden erforderlich, wenn die verwendeten Spannungen die Werte von 25 V Wechsel- bzw. 60 V Gleichspannung überschreiten. Werden höhere Spannungen eingesetzt, so ist als zusätzlicher Schutz bei indirektem und gegen direktes Berühren die Fehlerstrom-Schutzschaltung mit $I_{\Delta n} \leqq 30$ mA anzuwenden.

Fremde leitfähige Teile sind entweder zu isolieren oder abzudecken oder zu umhüllen oder über Potentialausgleichsleiter miteinander oder mit dem Schutzleiter zu verbinden. Der wie in Bade- oder Duschräumen auszuführende Potentialausgleich mit einem Querschnitt von mindestens 4 mm² Cu muß mit dem Schutzleiter an zentraler Stelle verbunden werden. Die Fußböden sollen möglichst isolierend sein. Es kann auch eine isolierende Matte am Experimentiertisch verwendet werden.

Für Unterrichtsräume, die der elektrotechnischen Fachausbildung dienen, können generell Ausnahmen gemacht werden wenn sichergestellt ist, daß die Auszubildenden zumindest als unterwiesene Personen oder als elektrotechnische Fachkräfte im Sinne von *VDE 0105* zu betrachten sind. In diesen Ausnahmefällen muß jedoch der Fußboden im Bereich des Experimentierstandes isolierend sein.

8.12 Elektrische Anlagen in Möbel- und Einrichtungsgegenständen, z. B. Gardinenleisten, Dekorationsverkleidungen
(Teil 724 mit Bezug auf § 29 b) 1 und § 32)

Definition und Anwendung *DIN 68 880 (Teil 1)*

Möbel sind Einrichtungsgegenstände zum Aufnehmen von Gütern, zum Sitzen, zum Liegen oder zum Verrichten von Tätigkeiten. Anwendung findet diese Norm insbesondere beim Ausstatten von Möbeln mit Leuchten, Fernsehgeräten oder anderen elektrischen Verbrauchsmitteln sowie bei der Installation von Leuchten hinter brennbaren Gardinenleisten oder Ähnlichem.

Besondere Gefährdung

Grundsätzlich besteht bei derartigen Installationen erhöhte Brandgefahr beim Auftreten von Isolationsfehlern oder durch Wärmestau. Bei beweglichen Möbeln ist die Gefahr von mechanischer Beschädigung gegeben.

Besonderer Schutz

Auch bei Schäden an der Betriebsisolierung darf keine Brandgefahr entstehen. Betriebsmittel auf brennbarer Unterlage müssen immer feuersicher getrennt sein. Die Wärmeabgabe von Betriebsmitteln, vor allem Leuchten, darf nicht zu hohe Temperaturen an brennbaren Materialien erzeugen.

Zusätzliche Forderungen

Zunächst besteht das Problem, daß Lampen, Fernsehgeräte und Steckdosen, usw. häufig von Laien ohne Kenntnis der Gefährdung in Möbeln oder hinter Gardinenleisten eingebaut werden. Der Elektroinstallateur sollte beim Betreten von Wohnungen auf diese Tatsache achten und den Betreiber auf diese Gefahren aufmerksam machen, möglichst unter Zeugen.

Der häufigste Fehler besteht in der Anwendung von Steckdosen in Holzteilen bei Befestigung ausschließlich mit den Krallen ohne Hohlwanddose.

Nach der Norm müssen alle Gerätedosen, Verteilerdosen, Kleinverteiler, usw. als Hohlwanddosen mit dem Kennzeichen H verwendet werden. Sie müssen vor mechanischer Beschädigung geschützt sein. Bei aufgebauten Betriebsmitteln auf brennbaren Befestigungsflächen muß eine feuersichere Unterlage angebracht werden. Die Norm verweist dabei auf *VDE 0100/5.73, § 29 b 1)*.

Die generellen Grundsätze sind in *Teil 420 Schutz gegen thermische Einflüsse* enthalten. Ferner sind *Teil 559* bzw. *VDE 0710 Teil 14* zu berücksichtigen (s. Abschnitt 7.2).

Besondere Probleme stellen die Leuchten dar. Beim Einbau von Glühlampen ist einmal die Wärmeentwicklung, zum andern aber auch die Wärmestrahlung zu beachten. Das gilt besonders für Leuchten mit Halogenlampen. Leuchten innerhalb von Schränken sollen möglichst beim Schließen des Schrankes automatisch abgeschaltet werden. Das wird dann gefordert, wenn beim Schließen nicht verhindert werden kann, daß die Leuchten mit leicht entzündlichen Stoffen in Berührung kommen, z. B. bei Klappbetten.

Häufige Brandursache ist die Erhitzung von Vorschaltgeräten, wenn diese gealtert sind und einen Windungsschluß bekommen. Auf eine besonders feuersichere Anbringung ist daher zu achten. Hinsichtlich Auswahl der Leuchten wird auf Abschnitt 7.2 mit Tabelle 7.5 und Tabelle 8.5 verwiesen.

Tabelle 8.5 Kennzeichnung auf Leuchten hinsichtlich zulässiger und nicht zulässiger Montageart in Möbeln (s. a. Tab. 7.5)

Montage	Kennzeichen für die Montageart (MA)	
	geeignete MA	nicht geeignete MA
1. an der Decke		
2. an der Wand		
3. waagerecht an der Wand		
4. senkrecht an der Wand		
5. an der Decke und waagerecht an der Wand		
6. an der Decke und senkrecht an der Wand		
7. in der waagerechten Ecke, Lampe seitlich		
8. in der waagerechten Ecke, Lampe unterhalb		
9. in der waagerechten Ecke, Lampe seitlich und unterhalb		
10. auf dem Boden		
11. im U-Profil		

**Schutzklasse I
Schutzart IP20
Funkentstört**

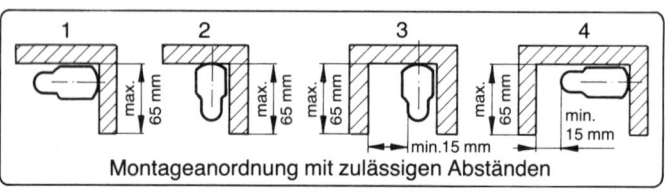

Montageanordnung mit zulässigen Abständen

a)

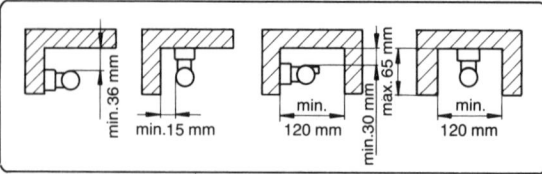

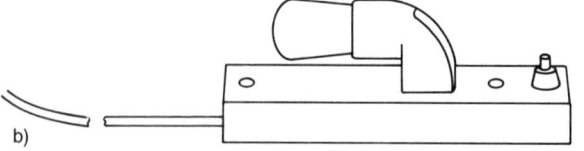

b)

Schutzklasse I
Schutzart IP20
Funkentstört

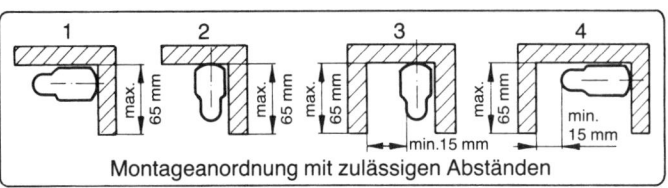

Montageanordnung mit zulässigen Abständen

c)

Bild 8.6 Beispiele für die Beschriftung von Leuchten hinsichtlich ihrer Anwendung in Möbeln (nach Kahnau)
a) Leuchte für Entladungslampen, geeignet für die Montage auch auf brennbaren Einrichtungsgegenständen, deren Brandverhalten nicht bekannt ist.
b) Glühlampenleuchte für die Montage auf brennbaren Einrichtungsgegenständen, deren Brandverhalten nicht bekannt ist.
c) Leuchte für Entladungslampen geeignet für die Montage auf brennbaren Gebäudeteilen und Einrichtungsgegenständen, Zündtemperatur $\leq$ 200 °C (s. a. Tabellen 7.4 und 7.5)

Problematisch, z. B. bei Einbauküchen, ist der Netzanschluß, der laut Norm ohne Schwierigkeiten zugänglich sein muß. Es genügt allerdings, wenn das vor diesem Anschluß stehende Möbelstück von einer Person weggerückt werden kann oder wenn durch eine Öffnung in der Rückwand die Anschlußstelle erreichbar ist.

Leiterquerschnitte unter 1,5 mm^2 sind normalerweise verboten. Lediglich bei Leitungen unter 10 m ohne Steckvorrichtungen zum weiteren Anschluß von Verbrauchsmitteln sind 0,75 mm^2 zulässig. Die Leitungen müssen so verlegt werden, daß sie nicht gequetscht oder durch scharfe Kanten beschädigt werden können. Sie müssen fest verlegt sein, oder durch geeignete Hohlräume geführt werden. Die Leitungen sind sorgfältig gegen Zug zu entlasten. Wie bei den Hohlwänden müssen die Leitungen an den Austrittsstellen entsprechend gesichert werden.

Es dürfen Mantelleitungen NYM oder Kunststoffaderleitungen verwendet werden, z. B. HO7OV-U in nicht metallenen Installationsrohren mit der Kennzeichnung «ACF». Flexible Schlauchleitungen müssen Gummischlauchleitungen mindestens HO5RRF oder gleichwertig entsprechen.

Tabelle 8.5 gibt einen Überblick über die Kennzeichnung von Leuchten hinsichtlich zulässiger und nicht zulässiger Montageart in Möbeln. Bild 8.6 zeigt drei verschiedene Aufschriften auf Leuchten mit Angabe der dadurch gekennzeichneten Verwendungsmöglichkeit auf brennbaren Gebäudeteilen und Einrichtungsgegenständen.

8.13 Zusätzlicher Schutz bei direktem Berühren in Wohnungen
(Teil 739)

Definitionen

Die Erläuterungen zum Begriff *direktes Berühren* enthält Abschnitt 3.1. Während in Kapitel 4 in erster Linie die Schutzmaßnahmen gegen direktes Berühren behandelt werden, wird in Wohnungen der Zusatzschutz bei direktem Berühren gefordert, wie er in *Teil 410, 5.5* angegeben ist.

Eine Wohnung ist die Summe der Räume, die die Führung eines Haushaltes ermöglichen, darunter stets eine Küche oder ein Raum mit Kochgelegenheit.

Besondere Gefährdung

Die Unfallstatistiken zeigen, daß tödliche Elektrounfälle in erster Linie in Wohnungen auftreten, in denen elektrotechnische Laien Elektrogeräte

248

handhaben. Für besondere Bereiche (Badezimmer, Schwimmbecken, Sauna) ist daher ein Zusatzschutz bei direktem Berühren durch hochempfindliche FehlerstromSchutzeinrichtungen bei der Errichtung der elektrischen Anlage zwingend vorgeschrieben *(Teile 701, 702, 703 und 737)*. Weitere Gefahrenquellen, z.B. Außensteckdosen oder solche in Hobbyräumen, sollen mit dieser Norm erfaßt werden.

Grundsätzliches Schutzziel

Im gesamten Wohnbereich soll ergänzend zu den Schutzmaßnahmen gegen direktes Berühren und bei indirektem Berühren ein Zusatzschutz bei direktem Berühren erzielt werden, wobei eine Person, die direkt berührt und gleichzeitig mit Erdpotential verbunden ist, zwar einen elektrischen Schlag erhält, der aber wegen der kurzen Abschaltzeit der Schutzeinrichtung nicht zu einem Elektrounfall durch den Körperstrom führt (s. Bild 1.1).

Zusätzliche Forderungen

Die Norm *empfiehlt* die Anwendung von Schutzeinrichtungen mit einem Nennfehlerstrom $\leqq 30$ mA, schreibt diese also nicht bindend vor. Es können damit nur Fehlerstrom-Schutzeinrichtungen gemeint sein, wobei offengelassen wird, ob es sich nur um FI-Schutzschalter nach *DIN VDE 0664 Teil 1* bzw. *Teil 2* oder auch um LS/DI-Schalter nach *DIN VDE 0641, Teil 4, Entwurf*, handeln darf.

Es sollen alle Steckdosenstromkreise geschützt werden, an die üblicherweise handgeführte elektrische Betriebsmittel angeschlossen werden. Ferner soll damit auch ein Schutz in alten Anlagen erreicht werden, an denen bisher keine Schutzmaßnahme bei indirektem Berühren angewendet wurde. Nach der Norm dürfen die Schutzeinrichtungen auch dezentral, z.B. für einzelne Steckdosen, angeordnet werden (s.a. Abschnitt 5.3.7.3).

In Stromkreisen ohne getrennten Schutzleiter, nach jetziger Bezeichnung also mit einem PEN-Leiter, ist Vorsicht geboten. Bei Anwendung von FI-Schutzeinrichtungen ohne Unterspannungsauslösungen können bei einer PEN-Unterbrechung Geräte unter volle Netzspannung über deren Innenwiderstand gesetzt werden, (s. Bild 5.32) ohne daß der FI-Schalter wirksam werden kann. Es muß bei dezentraler Anordnung sichergestellt sein, daß der PEN-Leiter nicht unterbrochen werden kann. Ein LS/DISchalter mit Unterspannungsauslösung schaltet bei einer derartigen Unterbrechung sofort ab. Die im *Anhang B* von *Teil 739* angegebene dezentrale Anordnung mit der Anmerkung für das TN-C-Netz ist nur mit äußerster Vorsicht anzuwenden.

Wird die FI-Schutzeinrichtung unmittelbar mit einer Steckdose verbunden, so muß sie *VDE 0664* entsprechen, und das ist in alten, klassisch genullten Anlagen gerade gefährlich.

8.14 Elektrische Anlagen auf Campingplätzen und in Caravans sowie in Booten und Yachten mit ihren Liegeplätzen
(Teil 721 und Entwurf Teil 708)

Definitionen und Anwendung

Der gültige Weißdruck enthält keinerlei Definitionen. Der harmonisierte Entwurf *Teil 708/3.90* gibt speziell für die unterschiedlichen Ausführungen von Wohnwagen mehrere Definitionen an. Da der Elektroinstallateur mit Wohnwagen selbst weniger zu tun hat, seien hier nur die Definitionen für die Aufstellung und die Stellplätze angegeben.

Ein *Caravan-Stellplatz* ist ein Platz, auf dem eine fahrbare Wohneinheit aufgestellt werden kann und die für diese Zwecke vorgesehen ist. Ein *Campingplatz* ist der Teil eines Geländes, das zwei oder mehrere Caravan-Stellplätze enthält. Als *elektrische Versorgungseinheit* für einen Caravan-Stellplatz wird eine Baueinheit bezeichnet, die die elektrischen Betriebsmittel enthält, um die Versorgungsleitungen von fahrbaren Wohneinheiten anzuschließen bzw. vom Netz zu trennen.

Besondere Gefährdung

Bei einem Caravan wird allenfalls die äußere Anschlußstelle bei einer TÜV-Prüfung besichtigt. Was im Caravan selbst gebastelt wurde, bleibt unbekannt. Die Anschlußleitungen sind vielfachen Beschädigungen ausgesetzt, werden überfahren und unterliegen der Witterung.

Besonderes Schutzziel

In Versorgungseinheiten selbst muß der Schutz bei indirektem und zusätzlich bei direktem Berühren sowie gegen thermische Belastung sichergestellt werden.

Zusätzliche Bestimmungen

Da der Elektroinstallateur in den seltensten Fällen die Wohnwagen selbst ausrüstet, sei hier nur auf die Versorgungseinheiten auf Campingplätzen und an Liegeplätzen für Yachten eingegangen.

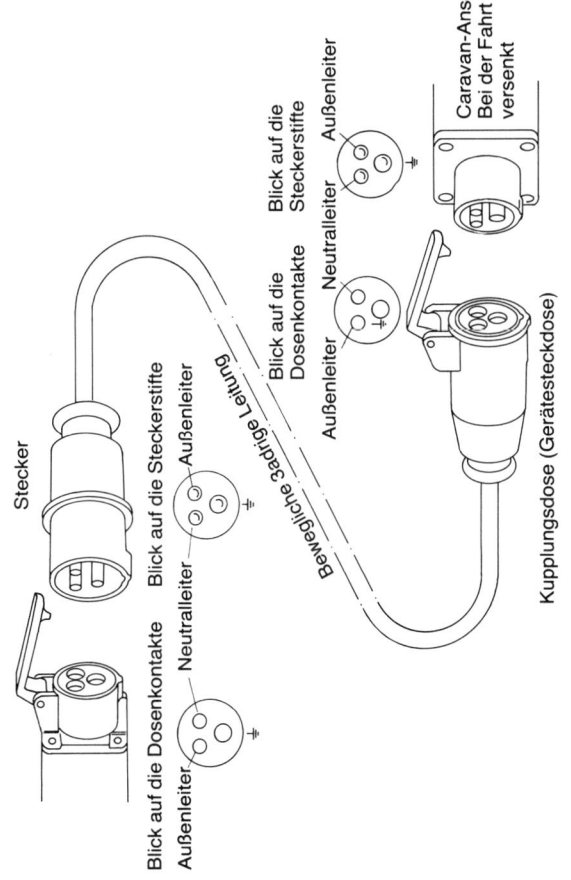

Platzanschluß
Steckdose geschützt durch FI/LS-Schalter 16 A, $I_{\Delta n} \leq 30$ mA.

Stecker

Blick auf die Steckerstifte   Außenleiter

Blick auf die Dosenkontakte   Neutralleiter

Blick auf die Dosenkontakte   Außenleiter

Bewegliche 3adrige Leitung

Blick auf die Dosenkontakte   Außenleiter   Neutralleiter

Blick auf die Steckerstifte   Außenleiter

Caravan-Anschluß, Bei der Fahrt versenkt

Kupplungsdose (Gerätesteckdose)

Bild 8.7   Richtiger Anschluß eines Caravans an die Versorgungseinheit.

Die *Versorgungseinheiten* müssen so aufgestellt werden, daß die Verbindung von ihnen zu den Caravans bzw. zu den Yachten nicht länger als 20 m ist. Während nach der gültigen Norm nur Steckdosen entsprechend *DIN 9462 Teil 1* bis max. 16 A in spritzwassergeschützter Ausführung zulässig sind, sieht der Entwurf *Teil 708* auch größere Stromstärken vor. Je Steckdose ist eine eigene Überstrom-Sicherung nach bisheriger Norm mit maximal 16 A vorzusehen. Je 6 Steckdosen dürfen an einen Fehlerstrom-Schutzschalter mit max. 30 mA Nennfehlerstrom angeschlossen werden. Es ist jedoch zu empfehlen, jede Steckdose durch einen FI/LS-Schalter zu schützen, weil dann nicht durch Fehler in einem Caravan mehrere Caravans spannungslos werden.

Die Steckdosen sollen 80 cm bis 150 cm über dem Boden angeordnet werden. Bei Liegeplätzen von Yachten sind sie vor Wellengang zu schützen. Die Verbindung zwischen Versorgungseinheit und Caravan muß über einen Gerätestecker mit Schutzkontakt nach DIN 49 462 Teil 2 (IEC-Steckvorrichtung) vorgenommen werden. Ein Beispiel für den richtigen Anschluß zeigt Bild 8.7.

8.15 Elektrische Betriebsstätten und abgeschlossene elektrische Betriebsstätten
(Teil 731)

Definition und Anwendung

Elektrische Betriebsstätten sind Räume und Orte, die im wesentlichen zum Betrieb elektrischer Anlagen dienen und in der Regel nur von unterwiesenen Personen oder Fachkräften betreten werden. Hierzu gehören z. B. Schalträume, Schaltwarten, Verteilungsanlagen in abgetrennten Räumen, abgetrennte elektrische Prüffelder und Laboratorien, Maschinenräume von Kraftwerken und dergleichen, deren Maschinen nur von elektrotechnisch unterwiesenen Personen bedient werden.

Abgeschlossene elektrische Betriebsstätten sind Räume und Orte, die ausschließlich zum Betrieb elektrischer Amlagen dienen und unter Verschluß gehalten werden. Der Verschluß darf nur von beauftragten Personen geöffnet werden. Der Zutritt ist nur unterwiesenen Personen bzw. Fachkräften gestattet. Hierzu gehören z. B. abgeschlossene Schalt- und Verteilungsanlagen, Transformatorenzellen, Schaltzellen, Verteilungsanlagen in Blechgehäusen und/oder in anderen angeschlossenen Anlagen, Maststationen.

Besondere Schutzziele

Da elektrische Betriebsstätten und abgeschlossene elektrische Betriebsstätten nur von elektrotechnischen Fachkräften oder zumindest von unterwiesenen Personen betreten werden dürfen, können die Forderungen an die Schutzmaßnahmen in gewissem Maße verringert werden. Dafür muß aber sichergestellt sein, daß diese Betriebsstätten eindeutig von anderen Anlagen getrennt werden und tatsächlich nur dem zugelassenen Personenkreis zugänglich sind.

Besondere Bestimmungen

Elektrische und abgeschlossene Elektrische Betriebsstätten sind gegen andere Bereiche mit mindestens 180 cm hohen Abgrenzungen zu versehen. Die Gitter dürfen eine Maschenweite von höchstens 4 cm haben. An allen Zugängen sind Warnschilder nach *DIN 40008 Teil 1 und Teil 3* anzubringen. Zugang an abgeschlossenen elektrischen Betriebsstätten darf nur durch verschließbare Türen oder verschließbare Abdeckungen möglich sein. Die Anordnung der Türen und die Abmessungen der Gänge müssen entsprechend *Teil 729* (s. Abschnitt 7.5) angeordnet werden.

In derartigen Betriebsstätten genügt als Schutz gegen direktes Berühren ein Schutz durch Hindernisse oder Abstand. Diese Hindernisse müssen zuverlässig und stabil sein, dürfen aber ohne Werkzeuge entfernbar sein. Der Schutz gegen direktes Berühren braucht erst bei Nennspannung über 50 V Wechselspannung oder 120 V Gleichspannung angewendet werden. Er kann entfallen, wenn er nach den örtlichen Verhältnissen entbehrlich oder der Bedienung und Beaufsichtigung hinderlich ist. Bei der Anordnung von Betätigungselementen in der Nähe berührungsgefährlicher Teile muß *VDE 0106, Teil 100* beachtet werden. Im Grunde sind die Schutzmaßnahmen bei indirektem Berühren entsprechend *Teil 410* anzuwenden. Ist das nicht möglich, so müssen die Betriebsmittel, die diesen Bedingungen nicht entsprechen, besonders gekennzeichnet werden.

8.16 Sonstige

8.16.1 Hilfsstromkreise
(Teil 725)

Für Hilfsstromkreise gilt ab 1.11.1991 der *Teil 725* mit einer Übergangsfrist für *VDE 0100/5.76 § 60* bis zum 31.10.1993.

Definition und Aufgabe

Entsprechend der Definition aus *VDE 0100 Teil 200* sind Hilfsstromkreise Stromkreise für zusätzliche Funktionen (neben der Energieübertragung), z. B. Steuerstromkreise (Befehlsgabe, Verriegelung) Melde- und Meßstromkreise.

Sie dienen der
☐ Signalbildung und Signaleingabe,
☐ Signalverarbeitung einschließlich Umformung, Speicherung, logischer Verknüpfung und Verstärkung,
☐ Signalausgabe,
☐ Anzeige und Aufzeichnung von Betriebs- und Grenzwerten elektrischer und physikalischer Größen, von Störungen, Schaltzuständen und ähnlichen Kriterien beim betriebsmäßigen Messen – Steuern – Regeln von Prozessen, Anlagen und Anlagenteilen.

Besondere Bedeutung und Schutzziele

Bei Hilfsstromkreisen ist deren ordnungsgemäße Funktion mehr als bei Energiestromkreisen Grundlage für die Vermeidung von Gefahren. Hierbei handelt es sich nicht nur um Gefährdungen durch direkte Durchströmung oder Brände, sondern zusätzlich durch Sekundärschäden, die durch fehlerhafte oder mangelhafte Steuerungen hervorgerufen werden können. Bei Fehlern in ihnen können z. B. Maschinen ungewollt anlaufen, es können Verriegelungen nicht funktionieren, das Ansprechen von Brandmeldern wird nicht weitergeleitet, Brandschutzklappen werden nicht geschlossen, usw. Die ordnungsgemäße Funktion dient direkt der Sicherheit. Durch Isolationsfehler, Kurzschlüsse oder Erdschlüsse können erhebliche Schäden an Personen oder Sachen hervorgerufen werden.

Zusätzliche Anforderungen

Hilfsstromkreise dürfen direkt mit den Hauptstromkreisen verbunden sein. In TN-Netzen (diese neue Norm verwendet bereits den Begriff «TN-System») müssen sie dann zwischen Außenleiter und N-Leiter angeschlossen werden. Werden sie von den Hauptstromkreisen über Transformatoren mit getrennten Wicklungen eingespeist, sollen die Transformatoren an die Außenleiter angeschlossen werden. Sind mehrere vorhanden, muß auf deren Sekundärseite Phasengleichheit bestehen. Der Anschluß über galvanisch trennende Transformatoren wird vor allem dann empfohlen, wenn die Hilfsstromkreise viele elektronische Betriebsmittel enthalten.

Bei Hilfsstromkreisen, die über Trenntransformatoren mit getrennten Wicklungen oder über eigene Spannungsquellen betrieben werden und die einpolig geerdet sind, muß die Erdverbindung zu Meßzwecken auftrennbar sein. Nur dann kann eine Messung des Isolationswiderstandes erfolgen. Hilfsstromkreise müssen betriebsfähig sein, wenn die Spannung von der Nennspannung von -15% bis +10% abweicht. Werden in Hilfsstromkreisen Betriebsmittel in der Hand gehalten, so soll die Spannung nicht höher als 230 V sein.

Für die Schutzmaßnahmen gegen Körperströme gilt generell *VDE 0100 Teil 410*. Der Schutz bei Überlast ist nicht erforderlich, weil man der Auffassung ist, daß Überlastungen nicht eintreten können. Es muß jedoch ein sicherer Schutz gegen die Wirkungen von Kurzschlüssen eingehalten werden. Dieser muß nach *VDE 0100 Teil 430* ausgeführt werden. Eine hinreichende Schutzeinrichtung auf der Primärseite von Transformatoren ist ausreichend.

Hinter Trenntransformatoren genügt üblicherweise eine einpolige Absicherung, wenn dadurch der kleinste Querschnitt des Hilfsstromkreises geschützt ist. Abweichend von *VDE 0100 Teil 520* müssen aus Gründen der mechanischen Festigkeit größere Mindestquerschnitte eingehalten werden, deren Werte aus der Norm zu entnehmen sind.

Hilfsstromkreise müssen so ausgelegt werden, daß durch Körper-, Erd- oder Kurzschlüsse keine gefährlichen Fehlschaltungen hervorgerufen werden können. bei geerdeten Hilfsstromkreisen muß der erste Körper- oder Erdschluß innerhalb von 5 s oder bei Bedarf auch schneller abgeschaltet werden.

Ungeerdete Hilfsstromkreise sind immer auf Isolationsfehler zu überwachen. In der bisherigen Norm mußte eine Isolationsüberwachungseinrichtung nur vorhanden sein, wenn durch zwei Körperschlüsse oder zwei Erdschlüsse Vorgänge ausgelöst werden können, die zu Gefährdung führen , z. B. zu unbeabsichtigtem Inbetriebsetzen eines Motors. Je nach den betrieblichen Verhältnissen war zu entscheiden, ob die Überwachungseinrichtung nur melden oder auch abschalten sollte.

Im Hinblick auf elektronische Schaltglieder muß Vorsorge getroffen werden, daß in diesen Hilfsstromkreisen der gesamte Ableitstrom so klein ist, daß er keine Betätigung eines Schaltgliedes bei einem einzelnen Erdschluß hervorrufen kann. Die Norm enthält weitere Angaben über die

Anordnung von Schaltgeräten, die Ausführung von Befehlsgeräten sowie zusätzliche Maßnahmen zum sicheren Abschalten bei Risiken für Personen.

8.16.2 Niederspannungsstromkreise in Hochspannungsfeldern
(Teil 736)

Niederspannungsstromkreise in Hochspannungsschaltfeldern dienen zur Messung, Steuerung oder auch für Sicherheitsschaltungen. Sie müssen generell so angeordnet sein, daß sie von der Hochspannung, auch von eventuell auftretenden Lichtbögen, nicht beeinträchtigt werden können. Die Schutzmaßnahmen nach *Teil 410* müssen angewendet werden. Die Betriebsmittel einschließlich der Verbindungsstellen sollen innerhalb von Schalttafeln in einem vom Hochspannungsteil abgetrennten Raum angeordnet werden (s. a. *Teil 729*).

8.16.3 Begrenzte, leitfähige Räume
(Teil 706)

Begrenzt bedeutet hier, daß die Bewegungsfreiheit und gegebenenfalls auch eine Fluchtmöglichkeit eingegrenzt sind. Sind die Räume, z. B. Kessel, Behälter, Rohrleitungen, Stahlgerüste, usw. gleichzeitig leitfähig, so dürfen für Leuchten nur die Schutzmaßnahme Schutzkleinspannung oder Schutztrennung angewendet werden. Bei der Schutztrennung muß die Auswahl und die Verlegung der Leitung besonders sorgfältig erfolgen (s. a. Abschnitt 5.2.2 und 5.2.4 mit dem Bild 5.17.)

Für handgeführte Elektrowerkzeuge in derartigen begrenzten, leitfähigen Räumen, ist nach wie vor *§ 33 e von VDE 0100/5.73* mit der Änderung in *VDE 0100 g/7.76* maßgeblich. Auch bei ihnen muß die Schutzkleinspannung oder die Schutztrennung angewendet werden. Trenntransformatoren bzw. Sicherheitstransformatoren sind immer außerhalb dieser Räume anzuordnen. Als bewegliche Leitungen müssen Leitungen mindestens der Bauart HO7RN-F bzw. AO7RN-F verwendet werden.

8.16.4 Elektrische Prüfstände, Justierräume, Laboratorien und Einrichtungen für Versuche *(§ 54)*

Definitionen für diese Räume sind in den VDE-Bestimmungen nicht enthalten. Grundsätzlich gilt, daß die nicht speziell mit den Prüfständen verbundenen Installationseinrichtungen die normalen Bestimmungen von *VDE 0100* entsprechen müssen.

256

Da bei den Prüfständen und Justierräumen auch ungeschützte Teile Spannung führen können, sind diese Räume mit festen Abgrenzungen zu versehen und mit Warnschildern zu kennzeichnen. Die für die Versuche verwendeten Betriebsmittel und Prüfobjekte brauchen den sonstigen Bestimmungen über die Schutzmaßnahmen nicht zu entsprechen. Der Standort für die Bedienenden soll allerdings möglichst gegen Erde isoliert sein.

Auf ausreichende Erdung ist zu achten. Meßleitungen, die an beiden Seiten Stecker führen, sind zulässig, es sollten aber möglichst solche mit geschützten Stiften verwendet werden. Für Prüfstände, vor allem bei Hochspannungsprüfungen, ist zusätzlich *VDE 0104 Errichten und Betreiben von elektrischen Prüfanlagen* zu beachten. Das gilt auch für Prüfstände in der Elektrowerkstatt, in der elektrische Geräte repariert und/oder geprüft werden.

8.16.5 Weitere Teile aus der Reihe 700

Folgende Teile aus der Reihe 700 «Bestimmungen für Betriebsstätten, Räume und Anlagen besonderer Art» wurden bereits in Kapitel 7 «Sonstige Betriebsmittel» behandelt. Das waren

☐ *Teil 726* Hebezeuge,
☐ *Teil 727* Antriebe und Antriebsgruppen,
☐ *Teil 729* Aufstellen und Anschlließen von Schaltanlagen,
☐ *Teil 732* Hausanschlüsse.

Ferner enthält Kapitel 6 unter Verlegung von Leitungen und Kabeln auch die Forderung aus dem *Teil 730*: Leitungen in Hohlwänden und Gebäuden aus vorwiegend brennbaren Baustoffen.

9 Prüfungen
(Teil 600)

9.1 Zum Prüfen (Allgemeines, Definitionen, Übersichten)*

Der Elektroinstallateur hat Prüfungen unter folgenden Gesichtspunkten und Fragestellungen durchzuführen:

☐ Entspricht die elektrische Anlage hinsichtlich ihrer Funktion den vereinbarten Verträgen bzw. dem Stand der Technik bzw. ist sie fachgerecht ausgeführt?

☐ Ist die Wirksamkeit der Schutzmaßnahmen gegen direktes und bei indirektem Berühren sichergestellt?

Bei Unterlassung der Prüfungen können zunächst zivilrechtliche Konsequenzen entstehen. Die Leistung gilt dann als nicht voll erbracht, sie braucht deshalb auch nicht voll bezahlt zu werden. Bei nicht erfolgten Prüfungen hinsichtlich der Schutzmaßnahmen ist bei einem Personen- oder Sachschaden zusätzlich mit strafrechtlichen Folgen zu rechnen.

Über durchgeführte Prüfungen sollte sich der Elektroinstallateur Aufzeichnungen machen, wenn auch nur in Form eines Tagebuches. Datum, Stromkreis bzw. Raum, durchgeführte Messungen und derartige Ergebnisse sollten festgehalten werden, eventuell mit Angabe der sonst noch anwesenden Personen und der angewendeten Meßgeräte. Der ZVEH hat ein geeignetes Prüfprotokollformular herausgegeben, das praktischerweise verwendet werden sollte (s. Bild 9.1). Die sicherheitstechnischen Prüfungen für alte Anlagen wurden entsprechend *VDE 0100 g/7.76* verlangt. Für ab November 1987 fertiggestellte Anlagen gilt *Teil 600*.

Folgende Änderungen zwischen der alten und der neuen Fassung sind zu beachten:

☐ Die Abschaltzeiten bzw. die Abschaltbedingungen sind entsprechend *Teil 410* verschärft worden.

---

* Eine umfassende Darstellung von Prüfungen siehe Winkler/Lienenklaus/Rontz: Sicherheitstechnische Prüfungen in elektrischsen Anlagen mit Spannungen bis 1000 V, VDE-Verlag, Schriftenreihe, Band 47

Übergabebericht + Prüfprotokoll

Blatt 2   ZVEH

Prüfprotokoll [1] **Nr.**   100626   **Auftrag Nr.** _____

Prüfung [4] durchgeführt nach: ☐ UVV „Elektrische Anlagen und Betriebsmittel" (VBG4)   ☐ nach DIN VDE 0100 T. 600
☐ _____   ☐ _____

Grund der Prüfung: ☐ Neuanlage   ☐ Erweiterung   ☐ Änderung   ☐ Instandsetzung

Besichtigung:

☐ Richtige Auswahl der Betriebsmittel   ☐ Wärmeerzeugende Betriebsmittel   ☐ Hauptpotentialausgleich
☐ Schäden an Betriebsmitteln   ☐ Zielbezeichnung der Leitungen im Verteiler   ☐ Zusätzlicher (örtlicher) Potientialausgleich
☐ Schutz gegen direktes Berühren   ☐ Leitungsverlegung   ☐ Schutzmaßnahmen mit Schutzleiter
☐ Sicherheits-Einrichtungen   ☐ Schutzkleinspannung/Schutztrennung   ☐ Schutzisolierung
☐ Brandschottung   ☐ Sichere Trennung der Schutz- und Funktionsklein-spannungs-Stromkreise von anderen Stromkreisen   ☐ _____

Erprobung: Bemerkungen: _____
☐ Funktion der Schutz-, Sicherheits- und Überwachungseinrichtungen   ☐ Rechtsdrehfeld der Drehstrom-Steckdosen   ☐ _____
☐ Funktion der elektrischen Anlage   ☐ Drehrichtung der Motoren   ☐ _____

Messung: Erdungswiderstand ___ Ω   ☐ Zuverl. Verbindung Schutzleiter   Bemerkungen: _____

Verwendete Meßgeräte nach DIN VDE 0413	Fabrikat	Typ	Fabrikat	Typ	Fabrikat	Typ
	Fabrikat	Typ	Fabrikat	Typ	Fabrikat	Typ

Stromkreis Nr.	Ort/Anlagenteil	Leitung/Kabel			Überstrom-Schutzeinrichtung		Z_s *) Ω oder I_k	Fehlerstrom-Schutzeinrichtung				U_L ≤___V
		Art	Leiter-anzahl	Quer-schnitt mm²	Art/Charak-teristik	I_n A	A R_{isol} MΩ	I_n/Art A	$I_{ΔN}$ A	I_{mess} A	U_{mess} V	
	Hauptleitung											
	Verteiler-Zuleitung											

☐ Prüfergebnis: Mängelfrei   ☐ Prüfplakette in Stromkreisverteiler eingeklebt   Nächster Prüfungstermin, z.B. gemäß Unfallverhütungs-vorschrift „Elektrische Anlagen und Betriebsmittel" (VBG 4): _____

Unterschriften   *) Nichtzutreffendes streichen!
Die elektrische Anlage entspricht den anerkannten Regeln der Elektrotechnik
Prüfer ®   Verantwortlicher Unternehmer ®

Ort   Datum   Unterschrift   Ort   Datum   Unterschrift

© 1990   Zentralverband der Deutschen Elektrohandwerke (ZVEH)   Bundesfachgruppe Elektroinstallation

Richard Pflaum Verlag GmbH & Co. KG   Formulardienst   Postfach 19 07 37   8000 München 19   –   Bestell-Nr. 997

260

☐ Im TT-Netz mit Schutz durch FI-Schutzschalter soll die Berührungsspannung bei Nennfehlerstrom statt bei Auslösestrom ermittelt
werden.
☐ Bei Anwendung von Ⓢ-FI-Schaltern sind die verringerten Erdungswiderstände zu beachten (s. Bild 5.13 b).
☐ Die Werte für Isolationswiderstände wurden geändert.

Das Prüfen einer elektrischen Anlage umfaßt

☐ Besichtigen,
☐ Erproben,
☐ Messen.

Die Definitionen entsprechend *Teil 600, 2.1* lauten:

☐ Besichtigen ist das bewußte Ansehen einer elektrischen Anlage mit
der Absicht, den ordnungsgemäßen Zustand bzw. Fehler festzustellen. Es ist Voraussetzung für das Erproben und Messen.
☐ Erproben umfaßt die Durchführung von Maßnahmen in elektrischen
Anlagen, wodurch die Wirksamkeit von Schutz- und Meldeeinrichtungen nachgewiesen werden soll, z.B. FI-Schalter, Isolationsüberwachungseinrichtungen, Not-Aus-Einrichtungen.
☐ Messen ist das Feststellen von Werten mit geeigneten Meßgeräten,
die für die Beurteilung der Wirksamkeit einer Schutzmaßnahme
erforderlich sind und die durch Besichtigen und/oder Erproben
nicht feststellbar sind.

Diese drei Tätigkeiten lassen sich als ein *System Prüfen* darstellen (Bild
9.2). Dabei ist die Eingangsgröße «Aufgabe – Prüfung», die Ausgangs-
größe «Ergebnis: gut oder fehlerhaft». An beherrschender Stelle steht bei
jedem Prüfen das Besichtigen. Mit ihm muß jede Prüfung beginnen. Die
Besichtigung führt unmittelbar zu einem großen Teil des Endergebnis-
ses.
Das Besichtigen ist gleichzeitig Voraussetzung für die beiden anderen
Tätigkeiten: Messen und Erproben. Durch Besichtigen wird festgestellt,
was und wo gemessen, was erprobt werden muß. Die Ergebnisse dieser
beiden Tätigkeiten können direkt in das Endergebnis eingehen oder
rückwirkend zusätzliche Besichtigungen erforderlich machen, die dann
erst zum Endergebnis führen.
Der Elektroinstallateur muß immer bedenken, daß dieses Prüfen in
einer *Umwelt* stattfindet, die gegebenenfalls wesentlichen Einfluß auf
diese Tätigkeit des Prüfens ausübt. Geräusche, schlechte Lichtverhält-

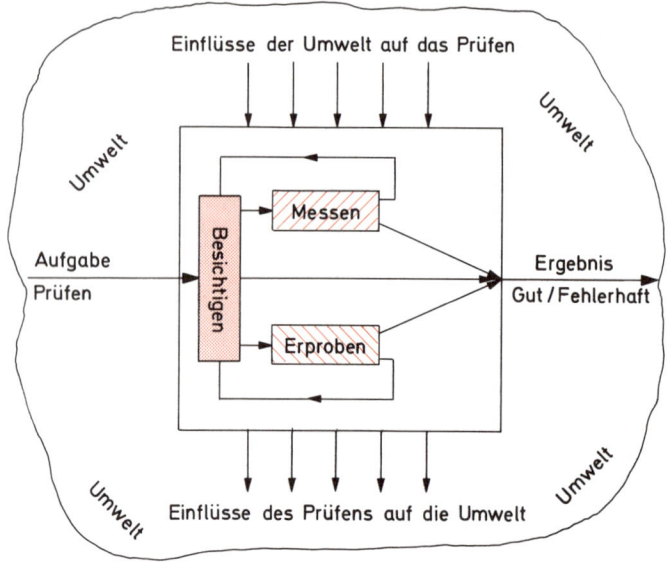

Bild 9.2 Das System «Prüfen einer elektrischen Anlage» in der Umwelt

nisse, räumliche Enge, Schmutz, usw. können dieses Prüfen erheblich beeinflussen. Ferner muß er sich klar sein, daß seine Prüftätigkeit auch einen Einfluß auf die Umwelt ausübt. Durch die Prüfung selbst dürfen keine Gefährdungen entstehen. Wird mit Netzspannung geprüft, muß sich der Prüfer vorher davon überzeugen, daß bei einer eventuell fehlerhaften Anlage kein Unfall eintreten kann. Müssen für die Prüfungen Stromkreise abgeschaltet werden, so muß er sich vorher davon überzeugen, daß eine solche Abschaltung zulässig ist, bzw. er muß diese Abschaltung rechtzeitig vorher ankündigen.

Besichtigen

Das Besichtigen beginnt für den Elektroinstallateur bereits bei der Auswahl der einzusetzenden Materialien und Betriebsmittel. Es setzt sich während der gesamten Installationsarbeiten fort.

> Der Elektroinstallateur prüft während seiner Tätigkeit fortlaufend durch Besichtigen. Er muß sich dessen verantwortungsvoll bewußt sein.

Prüfen obliegt grundsätzlich der Elektrofachkraft, die für die Baustelle verantwortlich ist. Sie hat sich durch Besichtigen davon zu überzeugen, daß ihre Mitarbeiter ordnungsgemäß arbeiten. Überträgt sie das Besichtigen, z.B. die richtigen Anschlüsse in Verteilerdosen, ihren Mitarbeitern, muß sie sich davon überzeugen, daß diese die ihnen übertragenen Aufgaben fehlerfrei durchführen.

Das Besichtigen muß auch die Betriebsmittel umfassen, die für das Errichten der Elektroinstallation verwendet werden, z.B. elektromotorisch angetriebenes Handwerkszeug.

Bei der Besichtigung ist nicht nur der augenblickliche Zustand zu berücksichtigen, es ist zu beachten, ob gegebenenfalls durch falsches Verlegen von Leitungen oder falsche Betriebsmittel in Zukunft Schäden auftreten können. Das gilt z.B. für Räume, die während der Arbeiten trocken sind, später aber Naßräume werden. Der Elektroinstallateur muß beurteilen, ob die von ihm errichtete Anlage den zu erwartenden mechanischen, thermischen und chemischen Beanspruchungen gewachsen sein wird. Das erfordert erhebliche technologische Kenntnisse.

Beispiele für spezielle Aufgaben des Besichtigens bei den einzelnen Schutzmaßnahmen sind in den Tabellen 9.1 und 9.4 enthalten.

Erproben

Durch Erproben soll festgestellt werden, ob die in der Anlage erforderlichen bzw. vorhandenen Einrichtungen für Sicherheitsaufgaben ihren Zweck ordnungsgemäß erfüllen, z.B. ob Schutz- und Meldeeinrichtungen ordnungsgemäß arbeiten. Das Erproben kann damit erst durchgeführt werden, nachdem die Anlage unter Spannung gesetzt worden ist.

Es umfaßt im wesentlichen das Betätigen der Prüfeinrichtungen an FI-Schutzeinrichtungen, die Feststellung der Wirksamkeit einer Not-Aus-Einrichtung einschließlich der verlangten Verriegelung sowie der Erprobung der Funktionsweise von Isolations-Überwachungseinrichtungen. Ferner ist festzustellen durch Erproben, ob erforderliche Melde- und Anzeigevorrichtungen, z.B. Rückmeldung der Schalterstellungsanzeige an ferngesteuerten Schaltern, ordnungsgemäß arbeiten. Zum Erproben wird auch die Feststellung des Rechtsdrehfeldes bei Drehstromsteckdosen gerechnet, wenn dieses auch nach anderer Meinung dem Messen zugerechnet wird.

Tabelle 9.1   Zusammenstellung der Prüfaufgaben entsprechend VDE 0100 Teil 600, VDE 0105, VDE 0107, VDE 0108 u. a.

Nr.	VDE-Bestimmung	Prüfaufgabe, Grenzwerte	Prüfverfahren	Meßger.-Nr. (s. Tabelle 9.2)
1	VDE 0100 für alle Schutzmaßnahmen mit Schutzleiter	Schutzleiterbesichtigung	Besichtigen	1, 2
		Vertauschungen der Leiter L mit PE	Gegen Erde: Spannungsmessung	3
		Vertauschung PE/N	Isolationsmessung	4
			Widerstandsmessung	5
		Niederohmige Verbindung des Schutzleiters PE	Widerstandsmessung mit Abschätzung des Betrages aus Querschnitt und Länge	5
2	VDE 0100 TT-Netz mit Überstrom-Schutzeinrichtung	Schutzerdungswiderstand $R_A \leqq 50\ V/I_a$ bzw. $\leqq 25\ V/I_a$	Erdungswiderstandsmessung	6
		Widerstand der Leiterschleife $R_{Sch} \geqq \dfrac{U_L}{I_a} = \dfrac{U_L}{k \cdot I_N}$	Schleifenwiderstandsmessung I_a nach Tabelle im Anhang Teil 600.	7
3	VDE 0100 TN-Netz mit Schutz durch Überstrom-Schutzeinrichtung	Kurzschlußstrom zwischen L und PE bzw. L und PEN $I_K \geqq I_a$ nach Tabellen im Anhang Teil 600	Schleifenwiderstandsmessung oder direkte Kurzschlußstrommessung	7
		Gesamterdungswiderstand $R_B \leqq 2\Omega$	Erdungswiderstandsmessung Evtl. Spannungswaage beachten!	6

264

4	Wie vor TN-S-Netz / VDE 0100 IT-Netz	Erdschlußfreiheit des abgetrennten Neutralleiters N	Isolationswiderstandsmessung	4
		Gesamter Erdungswiderstand $R_A \leqq 15\,\Omega$	Erdungswiderstandsmessung	6
		Erprobung von Isolationsüberwachungsgeräten und FI-Schaltern	Betätigung der Prüfeinrichtung (Erprobung)	
		Niederohmige Verbindung PE und leitfähige Konstruktionsteile	Widerstandsmeßverfahren	5
		Ansprechen des Isolationsüberwachungsgeräts bei Erdschluß im Netz	Erzeugen eines künstlichen Fehlers über Widerstand zwischen L und PE	2
5	VDE 0100 TN-Netz mit FI-Schalter	Erprobung	Betätigen der Prüftaste	8
		Messen daß $I_a \leqq I_{\Delta N}$	künstliche Fehler	
6	VDE 0100 TT-Netz mit FI-Schaltern	Erprobung Erdschlußfreiheit des N-Leiters hinter dem FI-Schalter	Betätigen der Prüftaste Isolationsmessung	4
		Auslösung durch künstl. Fehler $U_B \leqq 50\,(25)\ \text{V}$ und Auslösefehlerstrom $I_{Aa} \leqq I_{\Delta N}$ oder: Messung von U_B bei $I_A = I_{\Delta N}$	Messung von U_B und I_{Aa} bei langsam steigendem Fehlerstrom	8
			Konstantstrommethode	8
		und: Erdungswiderstand $R_A \leqq \dfrac{50\,(25)\ \text{V}}{I_{\Delta N}}$	Erdungswiderstandsmessung	6

Tabelle 9.1 (Fortsetzung)

Nr.	VDE-Bestimmung	Prüfaufgabe, Grenzwerte	Prüfverfahren	Meßger.-Nr. (s. Tabelle 9.2)
7	VDE 0100 Schutzkleinspannung	Messung ob Kleinspannung $U \leqq 50$ V· bzw. 25 V·	Spannungsmessung	3
		Messung der Erdschlußfreiheit	Isolationsmessung gegen Erde	4
8	VDE 0100 Schutztrennung	Messung der Schlußfreiheit zu anderen Netzen	Isolationsmessung gegen Anlagen höherer Spannung	4
		Messung der Sekundärspannung $U \leqq 250$ bzw. 380 V	Spannungsmessung	3
		Messung, ob Sekundärstromkreis erdschlußfrei	Isolationswiderstand	4
9	VDE 0100 Standortisolation Isolation von Wänden	Messung des komplexen Standortübergangswiderstandes $R_{St} \geqq 50$ kΩ	Spannungsteilerschaltung	3
10	VDE 0105, 12. 1. 2. 3 (zusätzlich zu VDE 0100)	Schutzleiteranschluß bei Betriebsmitteln $R_{PE} \leqq 0{,}3$ Ω (1) Ω	Widerstandsmessung oder Durchgangsprüfung mit möglichst großem Strom	15 oder 16
11	VDE 0105, 12. 1. 3. 1	Messung des Isolationswiderstandes von Anlagen mit angeschlossenen Betriebsmitteln	Messung des Isolationswiderstandes gegen Erde	4

12	VDE 0105, 12.1.3.2	Messung des Isolationswiderstandes von Betriebsmitteln Schutzklasse I: $R_{is} \geqq 0,5$ MΩ Schutzklasse II: $R_{is} \geqq 2$ MΩ	Isolationsmessung wie bei Anlagen	4 oder 15 oder 16
13	VDE 0107/11.89, 4.4.3	Messen, ob leitfähige Teile an PE anzuschließen sind $R_{is} \geqq 7,4$ kΩ bzw. 2,4 MΩ	Isolationswiderstandsmessung	4
14	VDE 0107, 4.4.4.b	Messung, ob bei vollem Betrieb Spannung an PE $U_{PE} \leqq 10$ mV	Spannungsmessung	3
15	VDE 0108 Tabelle 1	Messsung, ob Sicherheitsbeleuchtung $\geqq 1$ lx	Beleuchtungsmessung	14
16	VDE 0108 Tabelle 1	Messung, ob Sicherheitsbeleuchtung länger als 1 bzw. 3 Stunden brennt. Messung von Lade- und Laststrom der Batterie	Zeitmessung Strommessung	12
17	VDE 0113,13.1	Messung, ob der Isolationswiderstand zwischen Leitern und gegen Erde $\geqq 1$ MΩ	Isolationswiderstandsmessung	4
18	VDE 0113, 13.3	Messung, ob Widerstand zwischen PE und leitfähigen Teilen der Maschine $R_{PE} \leqq 0,1$ Ω	Widerstandsmessung	5
19	VDE 0141	Messung von Erdungswiderständen in Hochspannungsanlagen		6

Messen

Durch Messungen sollen die Daten ermittelt werden, die eine Beurteilung der ordnungsgemäßen Wirksamkeit von Schutzmaßnahmen ermöglichen, und die durch Besichtigen und Erproben nicht feststellbar sind.

Es genügt dabei fast immer, die zuverlässige Unter- bzw. Überschreitung von Grenzwerten zu ermitteln. Zur Beurteilung des ordnungsgemäßen Zustandes sind dabei nicht nur die in den VDE-Bestimmungen angegebenen Grenzwerte heranzuziehen, die ermittelten Meßwerte sind mit Fachkenntnis zu beurteilen. Der Isolationswiderstand eines Stromkreises ohne Verbrauchsmittel braucht nach den Bestimmungen bei einer Spannung von 230 V gegen Erde nur den Betrag von 0,5 MΩ zu haben.

Jeder Elektroinstallateur weiß aber, daß bei einer ordnungsgemäßen Installation dieser Wert über 1 MΩ liegen müßte. Bei einem Meßwert knapp über 0,5 MΩ muß er eine Fehlerstelle annehmen und diese suchen. Ähnliche Überlegungen sind bei der Widerstandsmessung an Schutzleiterverbindungen durchzuführen. Die Meßergebnisse sind hier zunächst anhand der Leitungslänge und anhand des Leitungsquerschnittes zu beurteilen. Dann ist erst zu fragen, ob sie den Vorschriften entsprechen, wenn überhaupt in den Bestimmungen Widerstandswerte angegeben sind.

Der Umfang von Messungen ist je nach Anlageart sehr unterschiedlich. Tabelle 9.1 gibt einen generellen Überblick. Sie umfaßt auch die Messungen bei Wiederholungsprüfungen sowie die für einige besondere Anlagen. In Verbindung mit den Tabellen 9.2 und 9.3 kann sich jeder Elektroinstallateur zusammenstellen, welche Meßgeräte für ihn erforderlich sind, ebenso wie aus Tabelle 9.7, die der *Tabelle 1 aus Teil 600* entspricht.

Die angegebenen Tabellen entsprechen dem *Teil 600 Erstprüfungen.* Sollen ältere Anlagen Wiederholungsprüfungen unterzogen werden, so muß die Tabelle aus *VDE 0100 g/6.77* oder eine ältere Ausgabe der Sicherheitsfibel herangezogen werden. Die Tabelle 9.4 enthält eine Zusammenstellung der Prüfaufgaben entsprechend der harmonisierten Neufassung von *VDE 0100,* die Grundlage für die Prüfung nach *Teil 600* ist. Sie gibt gleichzeitig einen Überblick darüber, was zusätzlich nach *Teil 410* alles bei der Installation zu beachten ist.

Bei der Auswahl der erforderlichen Meßgeräte sollte er das Merkblatt des Zentralverbandes des Deutschen Elektrohandwerkes «*Werkstattausrüstung für das Elektroinstallateur-Handwerk*» beachten.

268

Tabelle 9.2 Zusammenstellung der für schutztechnische Messungen in elektrischen Anlagen erforderlichen Meßgeräte nach Tabelle 9.1*

1.	Einpolige Spannungsprüfer nach DIN VDE 0680, Teil 6
2.	Zweipolige Spannungsprüfer nach DIN VDE 0680, Teil 5
3.	Vielfachmeßgeräte geeignet für die Energietechnik nach DIN VDE 0410 oder DIN VDE 0411 und DIN 43780 bzw. DIN 43745
4.	Meßgeräte für Isolationswiderstände nach DIN VDE 0413, Teil 1
5.	Meßgeräte für Schutzleiterwiderstände nach DIN VDE 0413, Teil 4
6.	Meßgerät für Erdungswiderstände mit Sonden nach DIN VDE 0413, Teil 5 oder Teil 8
7.	Meßgerät für Schleifenimpedanzen nach DIN VDE 0413, Teil 3
8.	Prüfgerät für den FI-Schutz nach DIN VDE 0413, Teil 6
9.	Hochspannungsprüfgerät, Prüfspannungen nach DIN VDE 0100, Teil 600
10.	Drehfeld-Richtungsanzeiger nach DIN VDE 0413, Teil 9
11.	Tastfinger zum Erproben des Schutzgrades IP XX nach VDE 0470
12.	Zeitmeßgerät (möglichst ab 0,2 s. dazu Uhr)
13.	Längen-Meßgerät für erforderliche Abstände
14.	Beleuchtungsmeßgerät ab 0,5 Lux
15.	Meßgerät zum Prüfen ortsveränderlicher Betriebsmittel nach DIN VDE 0404, Teil 1 und 2, entsprechend den Anforderungen von DIN VDE 0105
16.	Wie vor, jedoch entsprechend den Anforderungen nach DIN VDE 0701

* s. a. ZVEH, Werkstattausrüstung für das Elektroinstallateur-Handwerk

Tabelle 9.3 Erforderliches bzw. wünschenswertes Zubehör für sicherheitstechnische Messungen; Hinweise für eigene Überlegungen

1.	Meßleitungen verschiedener Längen, auch für Erdungs- und Schutzleiterprüfungen (aufgerollt)
2.	Anschlußzubehör, Adapter z. B. auch für den Anschluß an den PE in Steckdosen (auch für IEC-Steckdosen)
3.	Werkzeug in Sicherheitsausführung (isoliert)
4.	Schaltschrankschlüssel
5.	Schreibgerät mit Unterlage
6.	Taschenlampe, Lupe, Spiegel, Putzlappen
7.	Ersatzbatterien für Meßgeräte
8.	Persönliche Schutzausrüstung (Sicherheitshelm mit Gesichtsschutz, Handschuhe, Sicherheitsschuhe, entsprechende Kleidung
9.	Grundausstattung Verbandszeug (eventuell im Auto)

Zur Auswahl der Meßgeräte

Die Meßeinrichtungen müssen den in der Tabelle 9.7 angegebenen VDE-Bestimmungen entsprechen. In Tabelle 9.5 ist eine Zusammenstellung enthalten, die angibt, welche Meßgrößen bei welchen Meßbereichen unter welchen Bedingungen zu erfassen sind.

Der Elektroinstallateur wird grundsätzlich zu entscheiden haben, ob er für die einzelnen Aufgaben getrennte Meßgeräte kauft oder ein sogenanntes Universalgerät. Wählt er diejenigen für jeweils ein oder zwei Aufgaben, sind die Meßgeräte leicht. Die Messungen sind schnell durchzuführen, die Bedienung ist einfach. Es besteht keine Gefahr der Verwechslung von Skalen. Als Nachteil ist anzuführen, daß der Aufwand für alle erforderlichen Meßgeräte dann relativ groß ist.

Wählt man ein *Universalgerät*, so ist der Zeitaufwand für die einzelne Messung größer. Der Prüfende muß sich mehr mit dem Prüfgerät beschäftigen, an dem zwangsweise eine Fülle von Skalen und Einstellmöglichkeiten vorhanden sind, die er beherrschen muß. Leider sind neuere Universalprüfgeräte voll elektronisch und ermöglichen es dem Prüfenden nicht, den Prüfvorgang und die Richtigkeit der Anzeige zu überwachen. Sie zeigen zwar Fehler an, deren Ursache mit ihnen aber oft nicht zu ermitteln ist. Bei Meßgeräten, die nur eine Ja-Nein-Aussage machen, läßt sich der Sicherheitsabstand zu zulässigen Grenzwerten nicht erkennen.

Tabelle 9.4 Zusammenstellung der Prüfaufgaben entsprechend der harmonisierten Fassung von VDE 0100

Die Prüfaufgaben sind in folgende Gruppen eingeteilt:

1 Prüfungen der Gruppe 1:
Sie sind in allen Anlagen erforderlich.

2 Prüfungen der Gruppe 2:
Sie sind in Anlagen mit Schutzmaßnahmen ohne Schutzleiter zusätzlich zu denen der Gruppe 1 erforderlich.

3 Prüfungen der Gruppe 3:
Sie sind in allen Anlagen mit Schutz-, Erdungs- und/oder Potentialausgleichsleiter zusätzlich zu denen der Gruppe 1 erforderlich.

4 Prüfungen der Gruppe 4:
Sie sind in allen Anlagen mit Schutz-, Erdungs- und/oder Potentialausgleichsleiter entsprechend der verwendeten Schutzeinrichtung bzw. der angewendeten Schutzmaßnahme zusätzlich zu den Prüfungen nach Gruppe 1 und denen nach Gruppe 3 erforderlich.

1 Prüfaufgaben der Gruppe 1. Erforderlich für alle elektrischen Anlagen (Prüfung des grundsätzlichen Schutzes)

1.1 Besichtigen

Durch Besichtigen sind sinngemäß in allen Anlagen zu prüfen:

– richtige Auswahl der Betriebsmittel hinsichtlich ihres Einsatzortes und ihrer Anbringung (z.B. Beachtung der Schutzbereiche in Bade- und Duschräumen, Leitungsarten in feuergefährdeten Betriebsstätten usw.).
– alle Anlagenteile und Betriebsmittel auf äußerlich erkennbare Schäden und Mängel.
– die Schutzmaßnahmen gegen direktes Berühren (Beispiele siehe Anmerkung).
– die Einhaltung geforderter Schutzarten IP XX bzw. Schutzklassen.
– die richtige Zuordnung von Leiterquerschnitten zu den Überstromschutzorganen.
– die ordnungsgemäße Farbkennzeichnung der Leiter, vor allem die des N-Leiters und die des PE-Leiters.
– die ordnungsgemäßen Anschlüsse und Verbindungen (keine Vertauschungen) in Schalt- und Verteilerschränken, Verteilerdosen sowie Steckdosen und Schaltern u. a. m.
– das Vorhandensein ordnungsgemäßer Beschriftungen und eventuell erforderlicher Schaltpläne.
– die Vollständigkeit erforderlicher Einrichtungen zu Unfallverhütung und Brandbekämpfung wie Sicherheitsschilder.
– das Vorhandensein und die richtige Einstellung eventuell geforderter Überspannungs- oder Überstromschutzorgane für Betriebsmittel (z. B. Motorstromschutzschalter).

– die ordnungsgemäße Schottung von Leitungs- und Kabeldurchführungen.
– die ordnungsgemäßen Abstände von wärmeerzeugenden Betriebsmitteln gegenüber leicht entzündlichen Stoffen, z. B. bei Leuchtstoffleuchten, Strahlern und Elektrowärmegeräten.
– die ordnungsgemäße Reduzierung der Leitungs- und Kabelbelastung bei Kabelhäufungen.

Anmerkungen:
Bei Schutzmaßnahmen gegen direktes Berühren ist darauf zu achten, daß

– bei Schutz durch Isolierung die aktiven Teile vollständig mit Isolierung umgeben sind.
– bei Schutz durch Abdeckung oder Umhüllung aller aktiven Teile von Umhüllungen umgeben bzw. hinter Abdeckungen entsprechend der erforderlichen Schutzart angegeben sind.
– horizontale Oberflächen von leicht zugänglichen Abdeckungen oder Umhüllungen der erforderlichen Schutzart IP 4X entsprechen.
– Abdeckungen oder Umhüllungen sicher befestigt sind.
– wenn Abdeckungen entfernt, Umhüllungen geöffnet oder Teile von Umhüllungen abgenommen werden müssen, die zugehörigen Bestimmungen berücksichtigt sind.
– bei Schutz durch Hindernisse diese ihren Zweck erfüllen können.
– sich bei Schutz durch Abstand im Handbereich keine gleichzeitig berührbaren Teile unterschiedlichen Potentials befinden.

1.2 Erproben

In allen Anlagen muß u.a. erprobt werden:

– die Wirksamkeit von Schutzrelais, Verriegelungen.
– die Wirksamkeit von Not/Aus-Einrichtungen einschließlich deren Wiedereinschaltsicherung.
– die Wirksamkeit von Sicherheitsstromkreisen.
– die Funktion von Meldeanzeigeeinrichtungen, z. B. Rückmeldungen von Schaltstellungsanzeigen.
– die Erfüllung der IP XX-Schutzart mittels Tastfinger.

1.3 Messen

In allen Anlagen sind zu messen:

– Netzspannung, vor allem bei Netzen mit Schutz- oder Funktionskleinspannung (Spannungsmesser nach VDE 0410 bzw. 0411, spezifischer Innenwiderstand bis 10 kΩ je V Meßbereichsendwert).
– Isolationswiderstände aller Stromkreise (Meßgeräte nach VDE 0413 Teil 1).
– Rechtsdrehfeld in Drehstromsteckdosen (Phasenfolge).
– Schleifenimpedanz zwischen aktiven Leitern (Kurzschlußschutz).
– Polarität von Leitungen an Steckdosen und anderen Anschlußstellen.

2 Prüfungen der Gruppe 2 in Netzen mit Schutzmaßnahmen ohne Schutzleiter

2.1 Bei Schutzmaßnahmen ohne Schutzleiter ist durch Besichtigung zu prüfen, daß

- bei Schutzkleinspannung und Schutztrennung die Stromquellen, die Leitungen und die übrigen Betriebsmittel in der nach den Errichtungsnormen getroffenen Auswahl eingesetzt wurden.
- für Schutzkleinspannung eingebaute Steckvorrichtungen nicht für andere Spannungen verwendet werden können.
- bei zwingend vorgeschriebener Schutztrennung nur *ein* Verbrauchsmittel angeschlossen werden kann.
- bei Schutztrennung mit mehr als einem Verbrauchsmittel der Potentialausgleichsleiter nicht geerdet ist.
- die Schutzisolierung nicht durch leitfähige Teile oder durch Beschädigung unwirksam ist.
- die Standortisolation den Erfordernissen der Errichtungsnorm entspricht.
- beim Schutz durch nichtleitende Räume die Körper von Betriebsmitteln untereinander und gegenüber fremden, leitfähigen Teilen die erforderlichen Abstände haben.
- die Isolierung von Leitungen nicht beschädigt ist.

2.2 Erproben

Im Sinn dieser Bestimmung gilt die Hochspannungsprüfung mit Wechselspannung als Erprobung. Sie ist in Zweifelsfällen erforderlich bei:

- der Prüfung der Isolierung innerhalb der Schutzkleinspannung mit 500 V Wechselspannung, 1 Minute.
- der Funktionskleinspannung ohne sichere Trennung mit 1500 V Wechselspannung, 1 Minute.
- der Schutzisolierung z.B. bei Verteilungen, mit 4000 V Wechselspannung, 1 Minute.
- der Schutzmaßnahme durch nichtleitende Räume, Prüfung der Isolierung fremder leitfähiger Teile mit 2000 V Wechselspannung, 1 Minute.

2.3 Messen

Es ist durch Messen festzustellen, daß

- die für Schutz- und Funktionskleinspannung zulässigen Spannungswerte nicht überschritten werden.
- die Schutzkleinspannungsstromkreise und die der Schutztrennung erdfrei und nicht mit anderen Stromkreisen verbunden sind (Messungen des Isolationswiderstandes).
- der Potentialausgleichsleiter bei der Schutztrennung mit mehreren Verbrauchern nicht geerdet ist (Messen des Isolationswiderstandes gegen Erde).

– bei Schutz durch nichtleitende Räume der Widerstand der isolierenden Fußböden und isolierenden Wände die zulässigen Werte 50 kΩ bzw. 100 kΩ nicht unterschreitet.

3 Prüfungen der Gruppe 3, für alle Schutzmaßnahmen mit Schutz-, Erd- oder Potentialausgleichsleiter

3.1 Besichtigungen

Durch Besichtigen ist zu prüfen, daß

– die Schutz-, Erdungs- und Potentialausgleichsleiter richtig gekennzeichnet sind.
– die Schutz-, Erdungs- und Potentialausgleichsleiter mindestens die geforderten Querschnitte haben.
– die Schutz-, Erdungs- und Potentialausgleichsleiter einwandfrei verlegt, entsprechend geschützt und zuverlässig angeschlossen sind.
– die Schutzleiter nicht mit aktiven Teilen verbunden sind (Ausnahme PEN-Leiter).
– die Schutzleiter und die Neutralleiter nicht verwechselt sind.
– die Anschlußschienen bzw. Anschlußstellen an Schaltanlagen und Verteilern den Anforderungen entsprechen und richtig gekennzeichnet sind.
– die Schutzkontakte der Steckvorrichtungen wirksam sein können.
– in Schutzleitern keine Überstromschutzorgane und Schalter vorhanden sind.
– in PEN-Leitern keine Überstromschutzorgane vorhanden und PEN-Leiter für sich allein nicht schaltbar sind.

3.2 Erproben

Erprobungen werden nur in Verbindung mit den speziellen Schutzmaßnahmen entsprechend 4.2 durchgeführt.

3.3 Messen

Durch Messen sind zu ermitteln:

– die dem Querschnitt und der Leitungslänge entsprechende niederohmige Verbindung von Schutz-, Erdungs- und Potentialausgleichsleitern.
– der Erdausbreitungswiderstand.

4 Prüfungen in Netzen mit Schutzeinrichtungen gegen gefährliche Berührungsspannungen und/oder Brandgefahren, die in Verbindung mit Schutzleitern wirksam sind (zusätzlich zu den Prüfungen der Gruppen 1 und 3)

4.1 Besichtigen

Durch Besichtigen ist zu prüfen, daß

– die Schutzeinrichtungen, wie z.B. FI-Schutzeinrichtungen, FU-Schutzeinrichtungen oder Isolationsüberwachungseinrichtungen, den für den Einsatzort zuständigen VDE-Besitmmungen entwprechen.

– die Schutzeinrichtungen zuverlässig angeschlossen sind.
– die Schutzeinrichtungen den zu erwartenden Umweltbedingungen genügen.

4.2 Erproben

Das Erproben umfaßt:

– die Betätigung der Prüftaste bei FI- und FU-Schutzeinrichtungen zur Feststellung von deren Funktionsfähigkeit im TN-oder TT-Netz.
– die Betätigung der Prüftaste an Isolationsüberwachungseinrichtungen im IT-Netz.
– die Auslösung einer Meldung durch Erzeugung eines Isolationsfehlers über einen Widerstand von etwa 2 kΩ im IT-Netz mit Isolationsüberwachung.

4.3 Messen

Durch Messungen muß ermittelt werden, daß

– die Abschaltzeiten bei Schutz durch Überstromschutzorgane von 0,2 s bzw. 5 s nicht überschritten werden (Messung des Kurzschlußstromes bzw. der Schleifenimpedanz).
– die Auslöseströme von FI-Schutzeinrichtungen zwischen 50 % und 100 % ihrer Nennfehlerströme liegen (Prüfung nur mit sinusförmigem Wechselstrom erforderlich).
– die im TT-Netz beim Nennfehlerstrom von FI-Schutzeinrichtungen auftretende Berührungsspannung die zulässigen Werte von 25 V bzw. 50 V Wechselspannung nicht überschreitet ([S]-Schalter halbierte Werte).
– die Beträge der Erdungswiderstände die zulässigen Grenzwerte nicht überschreiten.
– bei Erdungswiderständen im TN- und TT-Netz mit Werten über 2 Ω die Bedingungen nach 6.1.3.3 aus Teil 410 von VDE 0100 eingehalten werden (Spannungswaage).

Tabelle 9.5   Zusammenstellung der wichtigsten zu messenden Meßgrößen mit Beträgen

Nr.	Meßgröße	Meßaufgabe	Meßbereiche, Grenzwerte	Bedingungen
1	Wechsel-spannungen	Netzspannungen	bis 500 (1000) V	$R_i \leqq 5000\ \Omega$ je Volt Meßbereichs-Endwert (s. Teil 600)
2		Berührungsspannungen	24 bis 50 bis 65 V	
3		Kleinspannungen	bis 25 bis 42 bis 50 V	
4		Erderspannungen bei Strom-Spannungs-Methode	wenige V bis 65 V	$R_i \gg R_{Sonde}$
5		FI- und FU-Schutzschaltungs-prüfung nach der Spannungs-Rückgangs-Methode	196−170−165 V	
6		Spannungsabsenkung bei Schleifenwiderstandsmessungen	200 bis 240 V	Hauptwertmesser, möglichst genau
7		Schutzleiterspannung	10 mV	nach VDE 0107
8	Gleich-spannungen	Netzspannungen	bis 750 (1500) V	$R_i > 200\ k\Omega$
9		Meßspannungen von Isolationsüberwachungsgeräten	24 bis 110 V	
10		Elektrolytische Störspannungen	bis ca. 1,5 V	z. B. bei Schutzleiterprüfungen. R_i groß!
11	Wechsel-ströme	Verbraucherströme	je nach Anlage	
12		Auslösestrom von FI-Schaltern	0,01−0,03−0,3−0,5−1 A	
13		Erdströme bei Erdungsmessungen	0,05−0,5−5 A	

276

14		Ableitströme bei Geräten	0,25 bis 15 mA	Hochfrequenz soll herausgesiebt werden
15	Gleichströme	Stromaufnahme von Geräten	je nach Anlage	
16		Ladeströme von Batterien bei Sicherheitsbeleuchtungen	je nach Batteriegröße	
17	Gleichstrom-widerstände	Isolationswiderstände	ca. 15 kΩ bis ca. 5 MΩ	Meßspannung bei 1 mA 250–500–1000 V
18		Ableitwiderstände von Fußböden	bis 10^9 Ω	Meßspannung $\geqq$ 100 V, Spezialsonde
19		Schutzleiterwiderstände bei Gleichstrom-Methode	0,1 bis 3 Ω	$I \geqq 0,2$ A U_M zwischen 4 und 24 V
20		Prüfung, ob Konstruktionsteile an PE anzuschließen sind (VDE 0107)	7 kΩ bzw. 2,4 MΩ	$U_M \geqq 100$ V
21	Wechsel-strom-widerstände	Isolation von Fußböden und Wänden	50 kΩ bzw. 100 kΩ	Meist nach Spannungsteiler-schaltung
22		Schleifenwiderstand	0,5 bis 4 Ω	Meist nach Spannungsteiler-schaltung
23		Erdungswiderstände	2 bis 2000 Ω	Bei Brücken: Messen mit netz-unabhängiger Frequenz
24		Schutzleiterwiderstände Wechselstrommethode	0,1 bis 3 Ω	$I \geqq 5$ A (nicht üblich)

277

Tabelle 9.5 (Fortsetzung)

Nr.	Meßgröße	Meßaufgabe	Meßbereiche, Grenzwerte	Bedingungen
25	Zeit	Abschalten von Schutzleitern	0,04 bis 0,2 s	
		Ableseverzögerung bei Isolationsmessungen	5 s bis 1 min	
26		Sicherheitsbeleuchtung	1 bis 3 Stunden	
27	Beleuch-tungsstärken	Sicherheitsbeleuchtungen	ab 1 lx	
28	Längen	Sicherheitsabstände	Handbereich u. ä.	

Tabelle 9.6   Zwölf Beurteilungsgesichtspunkte für die Auswahl geeigneter Meß-geräte

1. Gebrauchsanleitung vor dem Kauf lesen und auf Verständlichkeit prüfen! Gerät nicht nur vorführen lassen!
2. Meßmöglichkeiten feststellen (mit Meßbereichen)!
3. Wie sind die Fehlergrenzen? Wird VDE 0413 erfüllt?
4. Wie ist das Gerät zu bedienen? Hierzu unbedingt alle Meßaufgaben unter Praxisbedingungen erproben, nicht nur am Labortisch! Zeitaufwand für die einzelnen Messungen beurteilen.
5. Wie sind, wenn vorhanden, die einzelnen Skalen erkennbar oder zu verwechseln? Ist eine Digitalanzeige auch bei schlechtem Licht erkennbar?
6. Welcher Schutz gegen das Erzeugen von gefährlichen Spannungen durch die Messungen selbst ist gegeben?
7. Welcher Schutz für den Bedienenden und das Gerät selbst liegt vor? Ist z.B. das Ansprechen von Schutzeinrichtungen sofort zu erkennen?
8. Ist die mechanische Festigkeit für rauhen Betrieb ausreichend?
9. Wie groß sind Abmessungen und Gewicht?
10. Wie preisgünstig ist das Gerät?
11. Ist das Zubehör ausreichend?
12. Ist ein Reparaturdienst gesichert?

Beurteilungen (jedes Kriterium Noten 1 bis 5)

Nr.	Type	1	2	3	4	5	6	7	8	9	10	11	12	Gesamt

Tabelle 9.7   Übersicht über die Meßaufgaben nach *DIN VDE 0100 Teil 600* mit Angabe der zu verwendenden Meßeinrichtung (entspricht *Tab. 1 aus Teil 600*, mit Ergänzungen.)

Meßaufgabe	Nr.	Zu verwendende Meßgeräte nach folgenden Normen oder gleichwertige Meßgeräte
Spannung und Strom, allgemein	1	DIN VDE 0410 oder 0411
Spannungsprüfung, einpolig	2	DIN VDE 0680 Teil 6
Spannungsprüfung, zweipolig	3	DIN VDE 0680 Teil 5
Fehlerstrom, Fehlerspannung und Berührungsspannung	4	DIN VDE 0413 Teil 6
Isolationswiderstand	5	DIN VDE 0413 Teil 1
Schleifenimpedanz (Schleifenwiderstand)	6	DIN VDE 0413 Teil 3
Widerstand von Erdungsleitern, Schutzleitern und Potential-ausgleichsleitern	7	DIN VDE 0413 Teil 4
Erdungswiderstand		
– Kompensations-Verfahren	8	DIN VDE 0413 Teil 5
– Strom/Spannungs-Verfahren	9	DIN VDE 0413 Teil 3 und Teil 7
Drehfeld	10	DIN VDE 0413 Teil 9
Widerstand von Fußböden und Wänden gegen Erde		
– mit Gleichspannung	11	DIN VDE 0413 Teil 1
– mit Wechselspannung	12	DIN VDE 0413 Teil 5 DIN VDE 0413 Teil 7 oder DIN 43 780 oder DIN 43 751 Teil 1 bis Teil 3 (z. Z. Entwürfe)
Hochspannungsprüfung	13	DIN VDE 0432 Teil 2 und Teil 3
Isolationsüberwachung in IT-Netzen		
– Wechselspannungsnetze	14	DIN VDE 0413 Teil 2
– Gleichspannungsnetze	15	DIN VDE 0413 Teil 8
Durchgangsprüfungen	16	DIN VDE 0403

Zu empfehlen ist es, daß jede Montagekolonne ein Prüfgerät mit sich führt, das die Isolationswiderstände und die Schutzleiterverbindungen zu messen gestattet. Das kann im Verlaufe von Installationsarbeiten von Raum zu Raum erfolgen und ist wirtschaftlich durchführbar. Nach Fertigstellung der gesamten Anlage kann dann ein Universalgerät aus der Werkstatt geholt werden, mit dem die restlichen Messungen erfolgen.

Beim Kauf von Meßgeräten sollte man sich eine Reihe von Fragen stellen, die in der Tabelle 9.6 zusammengestellt sind. Der Elektroinstallateur muß sich die Prüfgeräte vom Verkäufer vorführen lassen und selbst erproben. Das sollte nicht nur unter günstigen Bedingungen, sondern unter denen einer Baustelle erfolgen (Tab. 9.7).

9.2 Prüfung von Isolationswiderständen

Eine ausreichend bemessene Isolation in ordnungsgemäßem Zustand ist die wichtigste Voraussetzung zum Vermeiden von Personen- und Sachschäden durch elektrische Anlagen. Aus diesem Grund werden an sie weit höhere Anforderungen gestellt, als es aus betrieblichen Gründen erforderlich wäre. Damit wird die Prüfung von Isolationswiderständen zu einem Schwerpunkt bei der Sicherheitsprüfung elektrischer Anlagen. Das Prüfen umfaßt dabei die beiden Tätigkeiten Besichtigen und Messen.

Besichtigen

Der weitaus größte Teil der Isolationsfehler kann durch Besichtigen festgestellt werden. Dazu gehören fast alle Schäden durch mechanische Beeinflussung wie überbrückte Abstände – auch Luftstrecken gehören zur Isolation –, Schädigungen an Gehäusen oder an Steckern oder an freiliegenden Leitungen, fehlerhafte Abdeckungen, verbrannte Isolation in der Nähe von schlechten Klemmverbindungen, u. a. m. Zumeist handelt es sich dabei um Schäden, die zu einem Unfall durch direktes Berühren führen können.

Messen

Bei den Anlagenteilen, die nicht besichtigt werden können, ist die Messung des Isolationswiderstandes erforderlich. Hierbei sollen die Stellen gefunden werden, die entweder durch zu große Fehlerströme zu Bränden führen können oder die durch ungewollte Verbindung aktiver Teile mit leitfähigen Körpern oder Armierungen in Wänden und ähnlichem gefährliche Berührungsspannung erzeugen können. Die unumstrittene Forderung, sowohl aus dem alten Teil *VDE 0100 g* als auch aus dem jetzt gültigen *Teil 600* lautet:

> Vor Inbetriebnahme einer elektrischen Anlage ist bei allen Strom-
> kreisen bzw. bei allen Teilen von Stromkreisen der Isolationswider-
> stand zu messen!

Die Erfüllung dieser Forderung stellt für den Errichter keine ungerecht-
fertigte Belastung dar. Sie bringt für ihn wirtschaftliche Vorteile. Werden
alle Stromkreise einer elektrischen Anlage nach Fertigstellung gemessen, läßt sich leichter nachweisen, daß später auftretende Schäden zu
Lasten der nachfolgenden Handwerker gehen.

Die erforderlichen Zeitaufwendungen für die Messung sind bei richtiger Organisation gering und machen sich bereits dadurch bezahlt, daß
die Installationsfehler sofort gefunden werden und dann noch im Rahmen der Installationsarbeiten selbst behoben werden können. Werden
Fehler erst nach Inbetriebnahme oder erst nach endgültigem Anschluß
der N-Leiter festgestellt, entstehen erheblich höhere Kosten für ihre
Beseitigung.

Die Forderung nach einer vollkommenen Messung aller Isolationswi-
derstände vor Inbetriebnahme ist realisierbar. Die Messungen müssen im
Verlauf der Installationsarbeiten erfolgen, solange z. B. die N-Leiter beim
TN-Netz noch nicht an die N-Schiene angeschlossen sind. Durch diese
Messung jeweils nach Fertigstellung eines übersehbaren Bereiches in
Verbindung mit der im Verlauf der Arbeiten durchgeführten Besichtigung und einer Messung der Schutzleiterverbindung gewinnt der Errichter die Sicherheit, eine im schutztechnischen Sinne einwandfreie
Anlage erstellt zu haben. Voraussetzung hierfür ist allerdings, daß, wie
schon empfohlen, jede Installationskolonne mit einem geeigneten robu-
sten Isolationsmeßgerät nach *VDE 0413, Teil 1* ausgestattet ist.

Zulässige Beträge der Isolationswiderstände

Die Errichtungsbestimmungen enthalten selbst eigenartigerweise keine
Angaben über die zulässigen Beträge der Isolationswiderstände. Diese
sind in *Teil 600* enthalten und wurden gegenüber der früheren Fassung
wesentlich geändert. Für alte Anlagen gilt: Der Betrag des Isolationswiderstandes darf für Leitungsabschnitte zwischen zwei Überstrom-
Schutzeinrichtungen bzw. hinter der letzten Überstrom-Schutzeinrichtung den Wert von 1000 Ω je Volt Nennspannung zwischen den Leitern
bzw. zwischen Leiter und Erde nicht unterschreiten.

282

Tabelle 9.8 Meßspannungen und maximal zulässige Beträge von Isolationswiderständen (entspricht *Tab. 2 von Teil 600*)

Stromkreis	Meßgleich-spannung V	Mindestwert des Isolations-widerstandes* $M\Omega$
Schutzleistungspannungsstromkreis, Funktionskleinspannungsstromkreis mit sicherer Trennung	250	0,25
Nennspannung $\leqq$ 500 V, soweit es sich nicht um Schutzkleinspannungsstromkreise oder Funktionskleinspannungsstromkreise mit sicherer Trennung handelt	500	0,5
Nennspannung > 500 V	1000	1,0

* Für Schleifleitungen oder Schleifringkörper, die unter ungünstigen Umgebungsbedingungen betrieben werden müssen, z.B. Krananlagen im Freien, Kokereien, Gießereien, Sinteranlagen, brauchen die in dieser Tabelle festgelegten Werte nicht eingehalten zu werden, wenn durch andere Maßnahmen, z.B. Erdung der fremden leitfähigen Befestigungsteile der Schleifleitung, Fernhalten brennbarer Stoffe von Schleifleitungen, dafür gesorgt ist, daß der Ableitungsstrom nicht zu gefährlichen Körperströmen oder Bränden führt.

Für neue Anlagen gilt entsprechend *Teil 600* nunmehr die Tabelle 9.8, wobei die *Meßspannungen* bei Belastung des Isolationsmeßgerätes mit 1 mA vorhanden sein müssen. Das entspricht der Nennspannung nach *VDE 0413, Teil 1, Isolationsmeßgeräte*.

Für Anlagen in feuchten oder nassen Räumen oder im Freien werden nunmehr keine Ausnahmen mehr gemacht. Jeder Elektroinstallateur weiß allerdings, daß bei ordnungsgemäßen Anlagen auch diese erhöhten Isolationswiderstandswerte weit überschritten werden müssen. Er muß die Ergebnisse von Isolationsmessungen entsprechend den technischen Gegebenheiten beurteilen und dann erst nach den Werten aus der Tabelle 9.8.

Sind an Stromkreise bereits Verbrauchsmittel angeschlossen, darf der Isolationswiderstand des ganzen Stromkreises gegen den Schutzleiter einschließlich der angeschlossenen und eingeschalteten Verbrauchsmittel den Wert von 300 Ω je Volt Nennspannung nicht unterschreiten (Angabe aus *DIN VDE 0105, Teil 1*). Auch dieser geringe Wert ist kritisch zu beurteilen und keineswegs grundsätzlich zu akzeptieren. In zukünftigen Ausgaben dieser Norm wird er mit Sicherheit erhöht.

Die Messung Leiter gegen Leiter ist nur erforderlich, wenn in der zu prüfenden Leitung kein geerdeter Leiter oder kein geerdeter Mantel mitgeführt wird. Die Messungen dürfen grundsätzlich bei Schalterleitungen in Lichtstromkreisen entfallen. Sind bereits Verbrauchsmittel angeschlossen, ist die Messung Leiter gegen Leiter nicht durchführbar. Wichtig ist, daß für die Isolationsmessung in Stromkreisen, die mit Schutzkleinspannung betrieben werden, als Nennspannung 230 V gilt.

Oft wird befürchtet, daß elektronische Bauteile bei der Isolationswiderstandsmessung zerstört werden könnten. Diese müssen jedoch gegen Erde wie das gesamte Netz isoliert sein. Bei einer Messung der aktiven Leiter gegen Erde müssen sie den Beanspruchungen genügen. Eine Messung Leiter gegen Leiter ist dann ebenfalls ungefährlich, da die Isolationsmeßgeräte beim Vorhandensein von Verbrauchern zwischen den Prüfpunkten keine hohen Prüfspannungen erzeugen können.

Islationswiderstände von Fußböden und Wänden

Die Messung der Isolationswiderstände von Fußböden und Wänden ist dann erforderlich, wenn der *Schutz durch nichtleitende Räume* angewendet wird. Als Isolationswiderstand wird hier der Wechselstrom-Widerstand bezeichnet. Er muß mit der Frequenz gemessen werden, die gegebenenfalls im Störungsfall wirksam ist. Bei der Messung mit einem Isolationsmeßgerät (Gleichspannung) treten allerdings keine wesentlichen Fehler auf. Nach *Teil 600* ist diese Verwendung eines Isolationsmeßgerätes zulässig.

9.3 Prüfung der Schutzleiter und Potentialausgleichsleiter

In Abschnitt 5.1.2 sind die Aufgaben der Schutz- und Potentialausgleichsleiter beschrieben. Die Grundregel 2 aus Abschnitt 1.5 weist bereits auf die Bedeutung von zuverlässigen Schutzleiterverbindungen hin. Neben der Prüfung des Schutzes gegen direktes Berühren durch Besichtigen und der Messung der Isolationswiderstände ist die Prüfung der Schutzleiterverbindung die wichtigste Tätigkeit zum Erfüllen sicherheitstechnischer Forderungen.

> Die Prüfung von Schutzleiter- und Potentialausgleichsleiterverbindungen durch Besichtigen und Messen muß vor Inbetriebnahme, nach Reparaturen und bei Wiederholungsprüfungen vollkommen durchgeführt werden!

Besichtigen

Die wichtigsten bei der Besichtigung zu beachtenden Punkte sind in Tabelle 9.4 aufgeführt.

Messungen

Überall dort, wo Schutzleiter und Potentialausgleichsleiter einer Besichtigung nicht zugänglich sind, ist die niederohmige Verbindung zu messen. Dabei sind Widerstandsmeßgeräte nach *VDE 0413 Teil 4* zu verwenden. Diese haben Meßbereiche ab etwa 0,2 Ω und werden, wenn man versehentlich an Netzspannung kommt, dabei nicht zerstört. Der Bedienende wird dann nicht gefährdet. Als sehr praktisch haben sich Meßgeräte erwiesen, die Spannungsmessung, Isolationswiderstandsmessung und Schutzleiter-Widerstandsmessung vereinigen. Als Zubehör ist ein langes Meßkabel mit definiertem Widerstand zu empfehlen (z.B. Querschnitt 0,75 mm² Cu, Länge 42,75 m, Widerstand 1 Ω). Damit können dann auch längere Schutzleiterverbindungen gemessen werden. Der Widerstandsbetrag des Meßkabels ist jeweils abzuziehen. (Bei Messungen von Isolationswiderständen ist dieses Kabel ebenfalls praktisch. Es wird an Erde bzw. an den Potentialausgleich angeschlossen.) Mit dieser Meßeinrichtung lassen sich Schutzleiterverbindungen innerhalb kürzester Zeit messen.

Zulässige Widerstandswert-Meßwerte

Die Meßergebnisse sind entsprechend dem Leiterquerschnitt und der Leiterlänge zu beurteilen, dann eventuell erst nach Forderungen entsprechender Schutzmaßnahmen.

Bei Anlagen mit Massivleitern sind Fehler durch wesentliche Widerstandserhöhungen sofort zu erkennen, auch wenn der Sollwert einer Schutzleiterverbindung so klein ist, daß er mit dem Meßgerät nicht mehr gemessen werden kann (z.B. Potentialausgleich im Badezimmer, l = 10 m, A = 4 mm² Cu, R = 0,05 Ω). Das gilt auch beim Prüfen von Schutzleiterverbindungen an elektrischen Maschinen nach *VDE 0113* oder Prüfungen in Krankenhäusern nach *VDE 0107* ($R \leqq 0,2 \Omega$).

9.4 Erdungswiderstand
(s.a. Abschnitt 5.1.3)

Zur Messung des Erdungswiderstandes wird über den Erdungsleiter, den Erder und den Erdausbreitungswiderstand ein Wechselstrom I_E geschickt. Dieser und die Spannung U_E zwischen Erder und einer Sonde werden gemessen. Der Erdungswiderstand ist dann:

$$R_A = \frac{U_E}{I_E}$$

Die *Sonde* muß dabei außerhalb des Spannungstrichters des Erders und aller mit ihm verbundenen leitfähigen Teile stehen. Diese Bedingung ist praktisch nur im freien Gelände zu erfüllen. Als ausreichender Abstand gilt überschlägig das Fünffache der linearen Ausdehnung des Erders. Diese Bedingung ist in bebauten Gebieten kaum zu erfüllen. Die Beträge bei der Messung von Erdungswiderständen sind daher immer kritisch zu beurteilen. Meistens, z. B. bei Blitzschutzanlagen, genügt es, durch eine Messung nachzuweisen, daß alle Erdungsleitungen niederohmig an den Erder angeschlossen sind.

Im einfachsten Fall kann eine Erdungsmessung mit der Netzspannung in der Schaltung nach Bild 9.3 erfolgen. Zu empfehlen sind jedoch die Erdungsmeßgeräte nach *VDE 0413, Teil 5* (Brückenschaltung) bzw. *Teil 7*, (Strom-Spannungs-Methode). Die Erdungsmeßbrücken arbeiten nach der Schaltung im Bild 9.4 und erfordern zusätzlich einen Hilfserder. Mit solchen Brücken können auch die spezifischen Bodenwiderstände, die Grundlage für die Planung von Erdungsanlagen sind, ermittelt werden (s. a. Tabelle 5.5).

Neuere Erdungsmeßgeräte arbeiten nach dem Strom-SpannungsVerfahren mit eigener Spannungsquelle. Auch diese benötigen einen Hilfserder. Schutztechnisch genügt in den meisten Fällen die Bestimmung des Erder-Schleifenwiderstandes (Abschnitt 9.5). Ist der so ermittelte Betrag kleiner als der zulässige Wert des Erdungswiderstandes, ist die Einhaltung der geforderten Bedingung nachgewiesen.

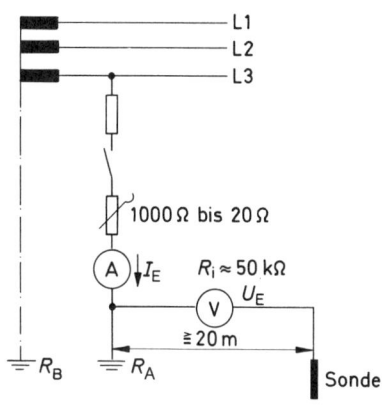

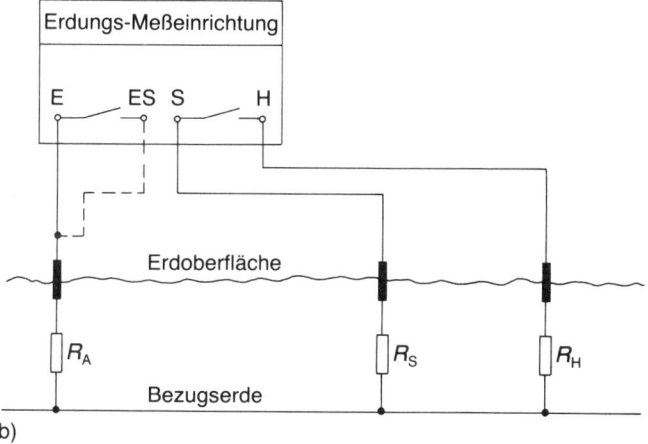

b)

Bild 9.3   Messung von Erdungswiderständen
a) Strom-Spannungs-Messung mit Sonde
b) Meßschaltung eines Erdungsmeßgerätes mit eigener Spannungsquelle

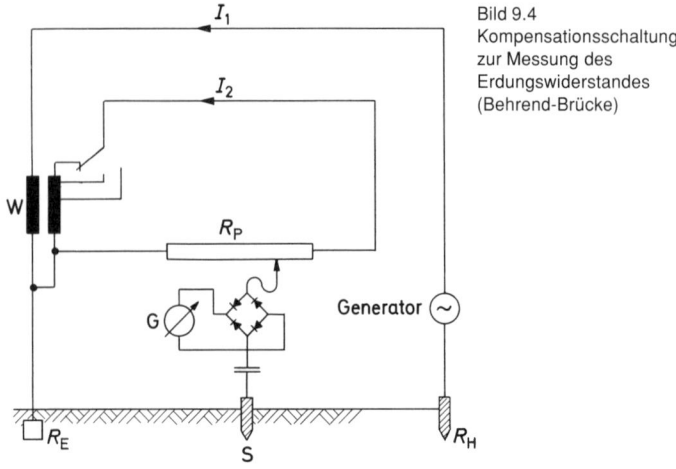

Bild 9.4
Kompensationsschaltung
zur Messung des
Erdungswiderstandes
(Behrend-Brücke)

9.5 Schleifenwiderstand (Netzimpedanz)

Definition

Der Schleifenwiderstand ist der Widerstand der gesamten Strombahn eines Kurzschluß- oder Körperschlußstromes. Außer dem Außenleiter kann die Strombahn bestehen aus:

☐ einem zweiten Außenleiter (bei Kurzschluß zwischen Außenleitern),
☐ dem N-Leiter (bei Kurzschluß zwischen Außenleiter und N-Leiter),
☐ dem PE bzw. PEN-Leiter (bei Körperschluß).

Den PE- bzw. PEN-Leitern können Erder, leitfähige Rohre oder Konstruktionsteile parallel geschaltet sein (s. Bild 5.21).

Aus dem Betrag des zu messenden Schleifenwiderstandes und dem jeweils zwischen den Leitern treibenden Spannung kann der bei sattem Kurz- bzw. Körperschluß zum Fließen kommende *Kurzschlußstrom* berechnet werden. Dieser muß entweder den Bedingungen für den *Kurzschlußschutz* nach *VDE 0100, Teil 430* oder denen des *Schutzes bei indirektem Berühren* im TN-Netz nach *Teil 410* entsprechen (erforderliche Stromwerte siehe Tabelle 5.7 oder Anhang von *Teil 600*).

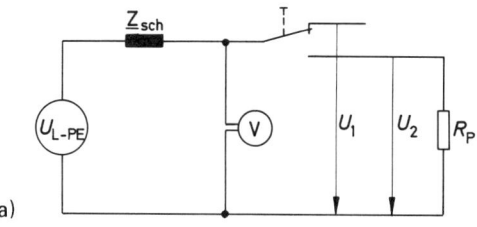

a)

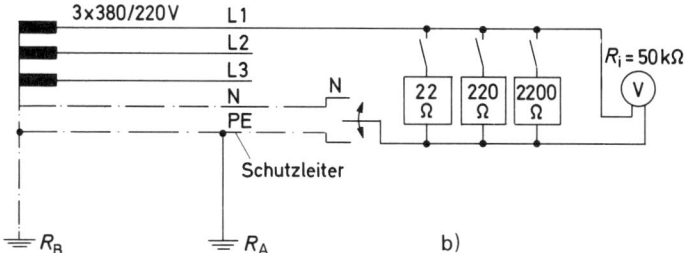

b)

Bild 9.5 Messung des Schleifenwiderstandes durch Belastung des Netzes mit einem Wirkwiderstand und Messung der dadurch entstehenden Spannungsabsenkung
a) Prinzip
b) Möglichkeit für ein Meßgerät zur Messung der Schleifenwiderstände zwischen L-N und L-PE.

Prüfgeräte

Prüfgeräte für diese Messungen müssen *VDE 0413 Teil 3* entsprechen. Auf dem Markt befindliche Ausführungen gestatten Messungen in Stromkreisen mit Überstrom-Schutzeinrichtungen bis etwa 35 A Nennstrom. Bei höheren Absicherungen und damit größeren Leiterquerschnitten kann nur durch vorherige Berechnung mit anschließender Besichtigung der Querschnitte und Prüfung der zuverlässigen Anschlüsse die Einhaltung der Abschaltbedingungen nachgewiesen werden.

Die Messung von Schleifenwiderständen wird vorzugsweise nur schwerpunktmäßig in Verbindung mit einer vollständigen Prüfung der Schutzleiterverbindungen durchgeführt (Abschnitt 9.3).

Die auf dem Markt befindlichen Meßgeräte sind in erster Linie zur Messung des *Fehler-Schleifenwiderstandes* zwischen einem Außenleiter und dem Schutzleiter gedacht. Dabei wird das Netz durch einen Wirkwiderstand R_P belastet (Bild 9.4) und die dadurch entstehende Spannungsabsenkung ΔU gemessen. Es ist dann:

$$R_{\text{sch}} = \frac{\Delta U}{U_0} \cdot R_P$$

U_0 ist die zwischen einem Außenleiter und dem Schutzleiter treibende Spannung.

Diese Meßmethode ist mit vielen *Fehlern* behaftet, die durch das Netz bedingt sind, z.B. durch Induktivität im Schleifenwiderstand. Hinsichtlich des Schutzes bei indirektem Berühren (TN-Netz) gilt:

Wird mit Meßgeräten nach *VDE 0413 Teil 3* gemessen, und ist der angezeigte Wert nicht größer als 50% bis 70% des zulässigen Wertes des Schleifenwiderstandes, so ist die Abschaltbedingung im TNNetz auch unter Berücksichtigung von Fehlermöglichkeiten erfüllt.

In einem Netz, das bei Einhaltung des zulässigen Spannungsfalles mit dem Nennstrom der Überstrom-Schutzeinrichtung belastet werden kann, ist diese Bedingung schon aus betrieblichen Gründen eingehalten, wenn kein Fehler im Netz vorliegt und der Schutzleiter den gleichen Querschnitt wie die Außenleiter hat. Die in den Bedienungsanleitungen gegebenen Hinweise auf die Unfallgefahr durch die Messungen selbst sind genauestens zu beachten.

Für größere Sicherungsstromstärken und auch für die Messung des Schleifenwiderstandes zwischen den Außenleitern sind auch Meßgeräte nach anderen Methoden auf dem Markt, die aber teuer und schwer sind und in erster Linie für die Messungen durch Versorgungsunternehmen geeignet sind.

290

9.6 Prüfung von Netzen mit Fehlerstrom-Schutzeinrichtungen
(TT- oder TN-Netze, IT-Netze)

Grundsätzliche Prüfungen

Als Schutzmaßnahme mit *Schutzleiter* sind diese Netze entsprechend Abschnitt 9.3 zu prüfen. Durch eine Messung des *Isolationswiderstandes* nach 9.2 ist nachzuweisen, daß der NLeiter und der PE-Leiter hinter der Fehlerstrom-Schutzeinrichtung nicht verbunden sind. Diese Messung muß auch die eventuell hinter Schützen oder Schaltern liegenden Bereiche umfassen. Bei ausgeschalteten Schutzschaltern ist das ohne Abklemmen des N-Leiters möglich. Sind jedoch hinter einem FI-Schutzschalter mehrere Stromkreise mit eigenen Überstrom-Schutzeinrichtungen angeschlossen, müssen diese gegebenenfalls durch Trennung des N-Leiters einzeln gemessen werden.

Im *TT-Netz* ist der Betrag des Erdungswiderstandes, wenn möglich, nach Abschnitt 9.4 zu messen.

Besichtigen

Durch Besichtigen ist festzustellen, ob die FI-Schutzeinrichtung für den Einsatzort richtig ausgewählt ist. Das betrifft sowohl den Nennfehlerstrom als auch den (Last-)Nennstrom als auch besondere Eigenschaften wie «frostsicher» oder «selektiv» $\boxed{\text{S}}$.

Erproben

Durch Betätigen der Prüftaste in der Schutzeinrichtung ist festzustellen, ob diese an sich in Ordnung ist. Damit ist dann noch nicht die Schutzschaltung insgesamt erprobt. Hierzu kann ein Schluß zwischen einem Außenleiter und einem PE-Leiter z. B. über einen *zweipoligen Spannungsprüfer* erzeugt werden. Diese einfache Testmethode kann zwar nicht als Messung bezeichnet werden, ist aber beim Fehlen eines speziellen Meßgerätes immer als überschlägige Prüfung durchzuführen. Es ist damit sichergestellt, daß der Schutzleiter an der Prüfstelle ordnungsgemäß angeschlossen ist und der Schalter an sich arbeitet.

Das geht jedoch nur bei hochempfindlichen FI-Schutzeinrichtungen unter Verwendung eines zweipoligen Spannungsprüfers, der aus Gefährdungsgründen zunächst hochohmig ist und erst bei Betätigung einer Belastungstaste einen Fehlerstrom erzeugt, der etwas größer als der Nennfehlerstrom des zu prüfenden Schalters sein muß. Es ist zu beachten, daß dabei ein unterbrochener PE-Leiter relativ niederohmig unter Spannung gesetzt wird!

TN-Netz

Zum Messen der ordnungsgemäßen Wirksamkeit wird ein künstlicher Fehlerstrom über einen Prüfwiderstand, der zwischen einem Außenleiter und dem PE-Leiter liegt, erzeugt. Hierbei gibt es grundsätzlich zwei Verfahren. Der Fehlerstrom kann, von kleinen Werten beginnend, langsam gesteigert werden. Er wird in dem Augenblick gemessen, in dem der FI-Schalter abschaltet. Man erhält somit den Auslösestrom des Schalters, der zwischen 50% und 100% des Nennfehlerstromes liegen muß.

Die andere Methode besteht darin, durch eine elektronisch geregelte Konstantstromeinrichtung genau den Nennfehlerstrom zu erzeugen. Hierbei wird festgestellt, ob die Fehlerstrom-Schutzeinrichtung bei ihrem Nennfehlerstrom ausschaltet. Die Prüfdauer wird dabei auf 0,2 s begrenzt. Da der PE-Leiter vor der Schutzeinrichtung mit dem N-Leiter zum PEN-Leiter verbunden ist, ist eine Spannungsmessung ergebnislos.

TT-Netz

Im TT-Netz muß bei beiden Methoden zusätzlich eine Spannungsmeßeinrichtung eingesetzt werden. Diese kann einmal zwischen den PE und eine Sonde geschaltet werden (Bild 9.6). Gelingt es, eine von allen anderen Erdungen unabhängige Sonde zu setzen, zeigt dieses Spannungsmeßgerät bei langsam steigendem Fehlerstrom die beim Auslösestrom auftretende Berührungsspannung an. Beim Verwenden eines Konstantstrom-Prüfgerätes wird die Spannung bei Nennfehlerstrom angezeigt.

Wie bei der Erdungsmessung sind solche Sonden in den meisten Fällen nicht anzubringen. Dann wird der Spannungsmesser entsprechend Bild 9.7 geschaltet. Der bei der Erzeugung des Fehlerstromes auftretende Spannungsrückgang ist nun ein Maß für die maximal mögliche Berührungsspannung. Liegen hierbei bereits vor der Messung Spannungen am Schutzleiter, so wird dies bei dieser Messung nicht bemerkt.

Aus den Beträgen von Spannung und Strom kann der Erdungswiderstand der Schutzschaltung bestimmt werden (Strom-Spannungs-Methode). Die auf dem Markt befindlichen Prüfgeräte automatisieren diese Messung weitgehend. Sie müssen *VDE 0413, Teil 6* entsprechen. Bild 9.8 zeigt die prinzipielle Anordnung eines solchen Prüfgerätes mit konstantem Prüfstrom.

Bild 9.6
Prüfung der FI-Schutzschaltung mit
Sonde und variablem Prüfwiderstand
(TT-Netz)

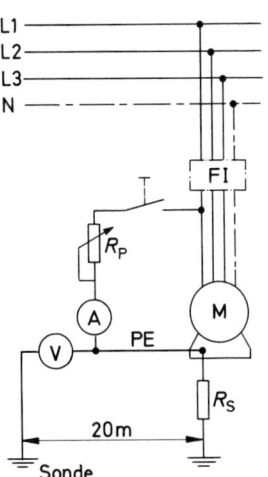

Bild 9.7
Prüfung der FI-Schutzschaltung ohne
Sonde mit variablem Prüfwiderstand
(TT- und TN-Netz)

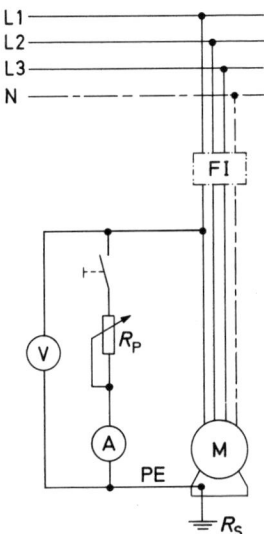

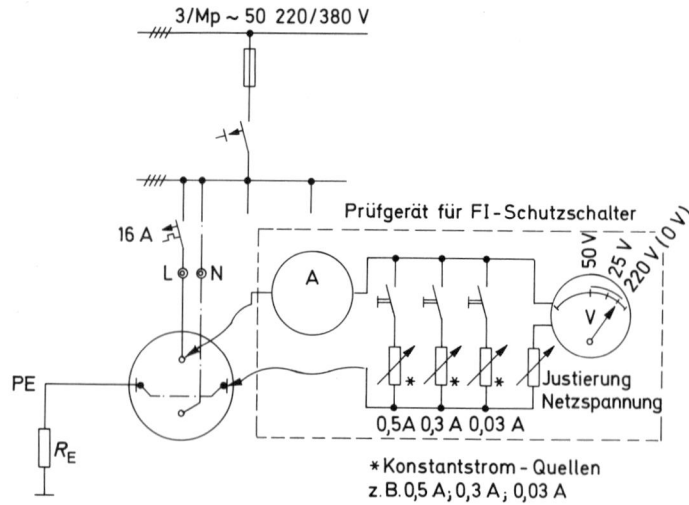

Bild 9.8 Prüfgeräte für FI-Schutzeinrichtungen nach der Konstantstrommethode, hier im TT-Netz (Prüfstrom = Nennfehlerstrom. Die Spannungsanzeige wird beim Abschalten durch den FI-Schalter gespeichert).

IT-Netz

Im IT-Netz, in dem die FI-Schalter entsprechend Abschnitt 5.3.2 eine andere Aufgabe haben, nämlich die Abschaltung bei Doppelfehlern, sind oben angegebene Meßmethoden nicht anwendbar und auch nicht erforderlich. Im Vierleiternetz genügt die Auslösung durch die Prüftaste.

Im Dreileiternetz ist das eventuell nicht möglich, wenn die N-Leiter-Klemmen nicht verwendet worden sind. Für die Erprobung kann dann auf der Sekundärseite der FI-Schutzeinrichtung eine Verbindung zwischen L1 oder L2 oder L3 nach N hergestellt werden, wodurch die Prüftaste funktionsfähig wird. Eine solche Verbindung kann dann für zukünftige Prüfungen bestehen bleiben.

294

Tabellenverzeichnis

Abkürzungen

AVBEltV	Verordnung über allgemeine Bedingungen für die Elektrizitätsversorgung von Tarifkunden vom 21. Juni 1979
BG	Berufsgenossenschaft
BGB	Bürgerliches Gesetzbuch
CENELEC	Europäisches Komitee für elektrotechnische Normung
DIN	Deutsches Institut für Normung e. V.
DKE	Deutsche Elektrotechnische Kommission im DIN und VDE
EG	Europäische Gemeinschaft
EVU	Elektrizitäts-Versorgungs-Unternehmen
FI-Schalter	Fehlerstrom-Schutzschalter
FU-Schalter	Fehlerspannungs-Schutzschalter
HD	Harmonisierungsdokument
IEC	Internationale Elektrotechnische Kommission
LS-Schalter	Leitungsschutzschalter
NH-Sicherung	Niederspannungs-Hochleistungssicherung
PE	Polyäthylen
PE	Schutzleiter
PEN-Leiter	Nulleiter
PVC	Polyvinylchlorid
TAB	Technische Anschlußbedingungen für den Anschluß an das Niederspannungsnetz
UVV	Unfallverhütungsvorschrift
VBG	Vorschriftenwerk der Berufsgenossenschaften
VDE	Verband Deutscher Elektrotechniker e. V.
VDEW	Vereinigung Deutscher Elektrizitätswerke e. V.
VdS	Verband der Sachversicherer
VOB	Verdingungsordnung für Bauleistungen
ZVEI	Zentralverband der Elektrotechnik- und Elektronikindustrie e. V.
ZVEH	Zentralverband der Deutschen Elektrohandwerke e. V.